操弄
【劍橋分析事件大揭祕】

TARGETED

THE CAMBRIDGE ANALYTICA WHISTLEBLOWER'S INSIDE STORY OF
HOW BIG DATA, TRUMP, AND FACEBOOK BROKE DEMOCRACY
AND HOW IT CAN HAPPEN AGAIN

BRITTANY KAISER

布特妮・凱瑟————著
楊理然、盧靜————譯

前往海牙，找約翰・瓊斯皇家大律師（John Jones QC）面試道蒂街國際法律事務所（Doughty Street International）的工作（通過面試，等他們確認經費）。（2014年11月）

亞歷山大・尼克斯在安永會計師事務所（Ernst & Young）報告閱聽人的平臺黏著度改變。（2015年，倫敦）

SCL 公司（戰略溝通實驗室）和劍橋分析公司的「核心成員」在亞歷山大家吃午餐。中間是莉薇亞・克莉珊多娃（Livia Krisandova），亞歷山大的專案經理兼私人助理。（2015 年，倫敦荷蘭公園）

世界經濟論壇（World Economic Forum）結束後，前往馬德里討論利比亞的數據驅動（data-driven）外交策略，以及奈及利亞大選的後續行動。（2015 年 1 月）

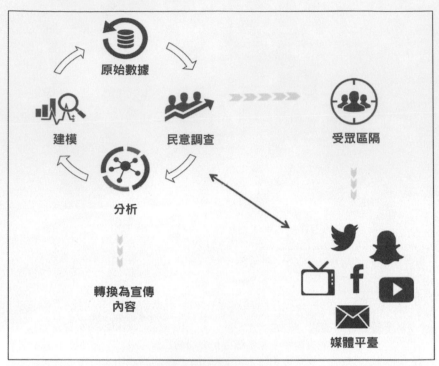

川普選戰報告中，個案研究的數據分析循環及「精準鎖定」（microtargeting）流程圖。
（2016 年 12 月）

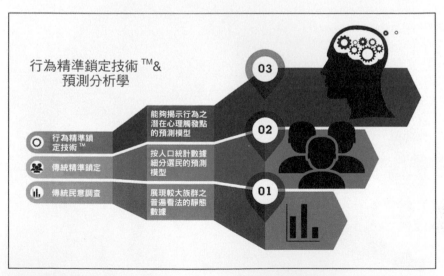

行為精準鎖定技術（behavioral microtargeting）和預測分析學（predictive analytics）的資訊圖表，用以說明行為建模（behavioral modeling）和傳統建模的不同。圖片出自 SCL 公司早期介紹手冊及銷售報告。

法國大選投票日當天，瑪琳・勒龐（Marine Le Pen）海報的眼睛被人挖掉，嘴上還有一塊像是希特勒小鬍子的洞。（2016年，法國加萊）

在2016年保守政治行動大會（CPAC）上與凱莉安・康威（Kellyanne Conway）同臺，討論「勝選率神話」（myth of electability）是如何消失的。劍橋分析是當年會議的贊助人。（2016年2月）

唐納·川普走進在迪士尼樂園幻想曲宴會廳（Fantasia Ballroom）舉辦的佛羅里達州共和黨會議，替人們在《時代》雜誌封面自己的大頭照上簽名。（2015 年 11 月，佛羅里達州奧蘭多）

馬克·滕博爾（Mark Turnbull，前全球政治戰略溝通實驗室 [Global Political of SCL Group] 總經理），在領袖經驗與發展會議（LEAD Conference）上報告川普大選的個案研究。（2017 年 9 月，新加坡）

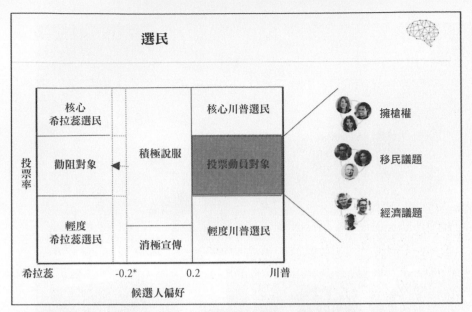

選民

核心
希拉蕊選民

核心川普選民

擁槍權

勸阻對象 ◀ 積極說服

投票動員對象

移民議題

投票率

輕度
希拉蕊選民

消極宣傳

輕度川普選民

經濟議題

希拉蕊　　　　　-0.2*　　　　0.2　　　　　川普

候選人偏好

川普選戰簡報中，說明如何針對不同選民投放訊息。競選團隊會說服被歸類為「勸阻」
（Deterrence）的族群不要去投票。

保守派團體「聯合公
民」（Citizens United）
的大衛・博西（David
Bossie）和艾蜜莉・康
乃爾（Emily Cornell）
所做的選後報告投影
片，呈現川普的超級政
治行動委員會「美國得
第一」（Make America
Number One）攻擊希拉
蕊的廣告。（2016 年
12 月）

從我的辦公桌上可以看到，克里斯·克里斯蒂（Chris Christie）坐在劍橋分析第五大道597號7樓辦公室的會議室桌前，他正在向麗貝卡（Rebekah）和亞歷山大抱怨他沒有得到川普政府內的職位。（2016年12月，紐約）

亞歷山大在 KIO Kloud Camp 報告數據驅動的商業及政治策略。（2017年9月，墨西哥城）

第一次在 Gigantic Studios 的剪接室，和 The Othrs 製片團隊觀看 Netflix 原創紀錄片《個資風暴》片段。（2018 年 12 月，紐約）

在「Bloomberg Sooner Than You Think」大會上，跟 Bloomberg Live 的國際線總編馬克·米勒（Mark Miller）討論數據監視與安全。（2018 年 9 月，新加坡）

劍橋分析公司・全球客戶分布圖

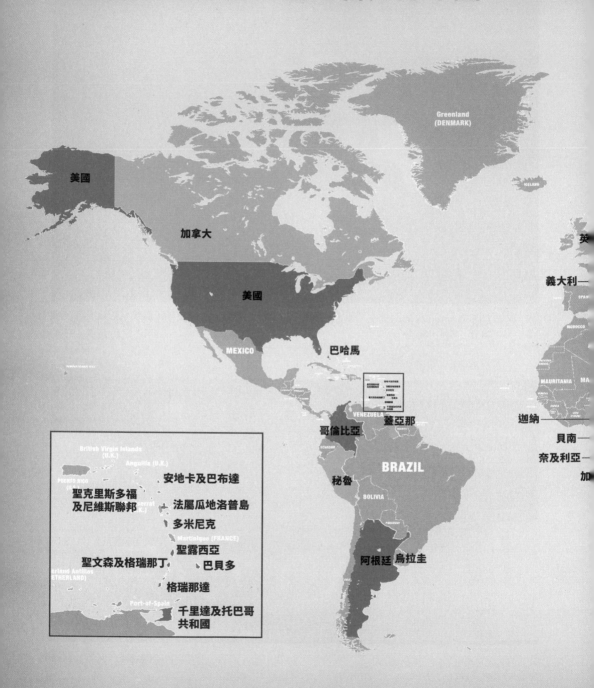

拉脫維亞
立陶宛
烏克蘭　摩爾多瓦
羅馬尼亞
阿爾巴尼亞

伊拉克
賽普勒斯
巴基斯坦　尼泊爾
印度

蘇丹
衣索比亞
肯亞

模里西斯

RUSSIA

KAZAKHSTAN
MONGOLIA

TURKEY
SYRIA
IRAN
AFGHANISTAN
TURKMENISTAN
CHINA

EGYPT
SAUDI ARABIA
OMAN
臺灣

YEMEN
泰國
菲律賓

SOUTH SUDAN
SOMALIA
MYANMAR (BURMA)

TANZANIA
印尼

ZIMBABWE

AUSTRALIA

NEW ZEALAND

目錄

To the Truth:

May it set us all free.

致真相：

願真相使我們自由

序章

遭到特別檢察官約談的
那一天

　　沒有什麼比跟聯邦探員一起坐車，更能讓你質疑自己的人生選擇了。2018 年 7 月 18 日上午，我心中就出現了這樣的想法。那時聯邦探員隨車陪著我蜿蜒穿過華盛頓特區的街道，前去參加特別檢察官（Special Counsel）羅伯特・穆勒（Robert Mueller）的約談。

　　其實，那天早上我坐了兩趟車。第一趟車帶我去了美國司法部（Department of Justice）隨機挑選的一間咖啡店。當我一開始滑進車子的後座時，司機得到的指示是這樣的：司法部的人會等到最後才選一個地方，沒有事先計畫，也沒有事先告訴任何人。然後等我們上路了之後，司機才會透過無線電得知我們的目的地。抵達咖啡店的時候，第二趟車的司機就在路邊等待。和第一趟車一樣，第二位司機也穿著深色西裝，戴著墨鏡，同樣地也有另一位探員在車上，而車窗都裝上了隔熱紙。搭上第二趟車時，我從車窗望出去，城市裡閃閃發光的建築和街道，明亮、白熾、閃現而又消失，就像相機的閃光燈一樣從我們車旁掠過。

　　在我上了車，坐在兩位律師之間的後座位子上時，實在很難不去思考自己到底是怎麼走到今天這一步，才會要去和聯邦特別檢察官談論我在劍橋分析公司（Cambridge Analytica）中所做的一切。現在，這家

公司已經成為惡名昭彰的政治傳播公司（political communications firm）。
想當初，我是懷著讓我自己和家人過得更好的希望而進入這家公司。
結果現在事情卻變得如此荒唐，而且一切似乎都扭曲到無法挽回了。
我的初心只是想要學習如何善用數據資料，但在幫助父母度過經濟難
關的過程裡，我也漸漸犧牲了自己的政治理念和個人價值觀。我也很
想知道，到底我的天真和野心是怎麼讓自己站到了歷史錯誤的一邊。

　　在5年之前，我加入了劍橋分析的母公司「SCL集團」（SCL
Group）。具體來說，當時我加入的是他們集團的「SCL社會公司人道
援助部門」（humanitarian division, SCL Social），而我是在公司執行長亞歷
山大·尼克斯（Alexander Nix）的手下做事。在這個嶄新開端之後的幾
年裡，一切的發展都超出了我的想像。我做為一名終身民主黨人，多
年來一直是支持進步價值的運動人士，也因此我說服自己以不接觸公
司的共和黨客戶為藉口，開始在劍橋分析公司工作。但過了沒多久，
因為人道主義的相關計畫實在難以獲得穩定的資金，而其他部門的成
功也在誘惑著我，於是我開始逐漸偏離自己的原則。在劍橋分析公司
裡，我第一次在職業生涯中賺到了一大筆錢，而他們也讓我相信，自
己正在從無到有和大家一起建立革命性的政治傳播公司。

　　在這個過程中，我見識到了劍橋分析公司所颳起的巨大影響力：
**一方面公司盡可能獲取美國公民的個人資料，另一方面則利用這些個
資去影響他們的投票行為。**其中我也見識到臉書公司對於隱私政策的
隨便態度，也看到聯邦政府完全忽視了對個資的法律監管，而這些都
促成了劍橋分析公司的巨大影響力。但其中最重要的是，我了解到劍
橋分析公司是怎麼利用個資的力量，幫助唐納·川普（Donald Trump）
贏得總統大選。

決定揭開「劍橋分析事件」的一切黑幕故事

　　車繼續開著，我和我的律師靜靜地坐在後座，我們每個人都在為即將到來的事情做準備。我們也都知道，我將會完整分享我所知道的一切。現在的問題只是大家到底想知道些什麼。大多數的人似乎都想要知道這些事到底是如何發生的，也想要我從專業和個人觀點提供答案。我能找到各種各樣的理由，來解釋為何我的價值觀變得如此扭曲，例如從我的家庭財務狀況到我當時相信希拉蕊無論如何都會贏的謬論。但這些都只是故事的一部分。也許最真實的原因是，在這過程中的某處，我迷失了方向，也迷失了自己。

　　在剛開始做這份工作的時候，我曾以為自己是個行家，早已知道政治這行有多麼憤世嫉俗、有多麼混亂，但結果是我一次又一次地發現當時的自己實在是過於天真了。

　　而現在，就是我必須糾正錯誤的時候。

　　汽車平穩駛過華盛頓特區的街道，我開始感覺到我們快要到達目的地了。特別檢察官的團隊曾警告我，當我一抵達要接受審問的那座大樓，就會有大批記者在等著我，所以不要感到害怕或驚訝。本來他們說那座大樓很安全，但據說現在已非如此。因為記者們發現那座大樓就是用來約談證人的地方。

　　司機跟我說，一位記者正躲在信箱後面。他認出了那是 CNN 的記者，因為他曾經看到她穿著高跟鞋，在大樓裡閒晃了 8 小時。「妳看，他們為了追新聞，什麼事都做得出來！」他喊道。

　　當我們接近那棟大樓，轉了一個彎正要進入後面的車庫時，司機叫我把臉從窗戶邊移開，雖然說，窗戶早已貼上了深色隔熱紙。為了這次和特別檢察官的面談，我被告知要把這天完全空出來。他們同時也警告我，沒有人知道我得花多少時間作證，也沒有人知道我會被盤問多久。但不管多久，我都準備好了。畢竟，現在的處境是我自己造成的。

一年前，我決定挺身而出，在我所熟悉的黑暗之處點亮一盞明燈，成為一名吹哨者（whistleblower）。我這麼做的理由，是因為當我面對現實，看著劍橋分析公司所做的一切之後，我清楚地發現自己是多麼誤入歧途。此外我也認為這麼做，是能彌補我所犯下錯誤的唯一方法。但其實更重要的理由，是因為我想把自己的故事講給任何願意傾聽的人聽。也只有透過這個故事，才能讓我們學習接下來即將發生的事，並做好準備。這就是我現在的使命：對劍橋分析公司的運作方式以及大數據（Big Data）所帶來的危險發出警告。這樣一來，下次兩黨選民才可能更加理解，我們的民主正在面臨怎麼樣的資訊戰（data wars）威脅。

　　司機把我們帶進地下室車庫，愈開愈深，不斷繞著彎道往下而去。

　　為什麼要帶我們到如此之深的地方？我不禁想著這個問題。但其實，答案我早已明瞭：如今，保有隱私是一件困難的事。

第1章

他們顛覆了全球選舉生態

2014 年初

　　我第一次見到亞歷山大‧尼克斯（Alexander Nix）的時候，是透過一層厚厚的玻璃。要觀察像他這樣的人，這或許是最好的方式。

　　當時，我的好朋友切斯特‧費里曼（Chester Freeman）匆忙間為我安排了一次商務午餐約會，但我遲到了。切斯特和往常一樣，扮演著我的守護天使。我在那裡見到了他的三位朋友，其中兩位我認識，但另一位不認識。他們三個人全都在尋找同時擁有政治和社交媒體專業的人才。我認為這兩項都是我政治專長的一部分，畢竟我曾參與過歐巴馬總統在 2008 年的競選活動。而現在，雖然我還在忙著寫博士論文，但我也在尋找一份薪水不錯的工作。因為我迫切需要穩定的收入（當時除了切斯特以外，我幾乎對所有人都保守了這個祕密），來照顧我自己並且幫助我在芝加哥的家人。對我來說，出席這頓商務午餐，就是想要獲得一份短期、有利可圖的顧問工作。而我很感激切斯特即時的幫助。

　　但當我抵達時，午餐已經快結束了。我那天早上有約，雖然後來匆忙趕到那裡，但我還是遲到了。我到倫敦梅菲爾區（Mayfair）的時候，發現切斯特和他那兩個我已經認識的朋友，已經在壽司店外擠作一團，在寒風中抽著飯後煙，順便望著街區中的喬治亞式公寓、富麗

堂皇的酒店和名牌精品店。他的這兩位朋友來自中亞的一個國家，而他們也和切斯特一樣，是為了公事中途路過倫敦。他們是來向切斯特尋求幫助，希望能在他們國家即將到來的某場重要選舉中，找到能幫助他們進行數位傳播（digital communications）（透過電子郵件和社交媒體活動）的人才。雖然我跟他們兩位都不是很熟，但我知道他們都是有權勢的人，而且我也喜歡他們。切斯特安排我們聚在一起吃午餐，其實就只是想幫我們大家一個忙。

竟然有公司專門幫各國政治人物打選戰？
我從來沒聽過……

現在，為了表示歡迎，切斯特幫我捲了一根菸，湊過來幫我點著。然後我和切斯特以及他的兩位朋友就開始聊起彼此的近況。我們一邊愉快地聊著天，一邊抵擋著強風。切斯特站在午後的陽光下，滿臉通紅，露出開心的神情，而我忍不住好奇他所提到的旅行。他最近被一個小小島國的總理任命為商務和貿易關係領域的外交官。想當初我在 2008 年的美國民主黨全國代表大會上第一次見到他時，他還只是一個 19 歲的理想主義青年，頭髮蓬亂，穿著一件藍色花樣的短袖襯衫（dashiki）。那年的全國代表大會在丹佛舉行，我和切斯特都在丹佛野馬隊體育館（Broncos Stadium）外排著長長的隊伍，等著看希拉蕊·柯林頓（Hillary Clinton）公開宣布支持巴拉克·歐巴馬（Barack Obama）成為民主黨的總統候選人。就是在那時，我們遇見了，然後開始聊天。

從那時開始，我們經歷了漫漫長路，現在我們兩人都擁有了豐富的政治經驗。從前我和他一直都有個共同的夢想，那就是「長大後」想從事國際政治或外交方面的工作，而最近他就驕傲地傳給了我一張照片，上面是他接受外交職位時的證書。儘管現在站在我面前的切斯

特，看上去就是一位新上任的外交官，但我依然把他當作是剛開始認識的那個喋喋不休的天才朋友，他就像我的兄弟一樣親密。

當我們抽著菸時，切斯特提到他最後一刻才把大家找齊，約成這頓午餐。所以他要為了時間的倉促向我致歉。然後，他為了向在此集合的每個人致意，便朝玻璃窗裡頭做了個手勢。透過玻璃窗，我瞥見了他邀請來的另外一個人——那個仍然坐在餐廳裡面的人。而這個人即將從此改變我的一生，也即將改變整個世界。

這傢伙看上去就像是倫敦梅菲爾區常見的普通商務人士，而他正把手機緊緊貼在耳朵上。但在切斯特繼續介紹他之後，我開始知道他並不是一般的商務人士而已。他的名字叫亞歷山大・尼克斯，是一家英國選舉公司的執行長。切斯特接著說，這家公司是「戰略溝通實驗室」（Strategic Communications Laboratories），簡稱 SCL 公司。當下我對這家公司的名字感到有點興趣，因為它就像是某個董事會想讓一家廣告公司聽起來更科學一點，所以取了這個名字。而事實上，SCL 公司是一家非常成功的公司，切斯特說道。在它成立的 25 年裡，在世界各地簽下了許多合約，並幫助世界上的許多政治人物打贏選戰。這家公司的基本目標，就是讓政治人物掌握權力，成為總統和總理，並盡可能確保他們留在那個位子上。最近，SCL 公司一直在幫助某國的總理競選連任，而這位總理就是切斯特現在的上司。我認為切斯特就是這樣認識尼克斯的。

我花了一點時間來消化這一切。切斯特在那天下午把我們大家聚在一起時，無疑產生了一種潛在的利益衝突糾葛。畢竟，我去參加聚會是為了向兩位朋友談生意上的事，但現在看來，選舉公司的執行長也在那裡做同樣的事。我突然想到，我展現出來的特質是愛遲到、年輕還有缺乏經驗，所以毫無疑問地，這位執行長非常可能已經拿到切斯特那兩位朋友的生意。

我透過窗戶凝視著那個人。我現在把他看作了一個不平凡的人。他的手機還放在耳邊，突然間他看上去變得非常嚴肅又非常專業，而

#SCL公司 #劍橋分析 #個資搜刮

我顯然沒辦法和他相比。當我這麼一想時，我感到失望，但我還是努力不讓自己的失望流露出來。

「我想說，妳可能會想要認識他，」切斯特說道，「他認識很多人，交友廣泛。」我想，他的意思大概是說這對我未來找工作有幫助。「或者，認識他至少能為你的博士論文提供有趣的素材。」切斯特如此建議。

我點了點頭，切斯特可能是對的。儘管我因為一個可能流失的工作機會而感到失望，但從學術角度來說，我還是感到很好奇。這樣一家公司的執行長到底是在做些什麼？畢竟，我從來沒聽說過「選舉公司」。

根據我過去的選戰經驗，例如參與歐巴馬競選團隊，或是最近在倫敦擔任美國民主黨國外組織「海外民主黨人」（Democrats Abroad）的志工，還有參加為希拉蕊助選的超級政治行動委員會（super PAC），我知道競選經理（campaign manager）是負責跑選戰活動，他們都在美國工作。當然，這些經理還會聘請選舉團隊，包括一小群高薪的專家菁英，還有許多低薪的工作人員、志工和無薪實習生（後者就是我過去的工作）。在 2008 年歐巴馬的選戰結束之後，我也遇過一些後來成為專業選舉顧問的人，譬如大衛・阿克塞羅德（David Axelrod），他曾是歐巴馬的首席策略顧問，後來跑去幫英國工黨選舉；還有吉姆・梅西納（Jim Messina），他曾被稱為「你從未聽說過華府最有權勢之人」。[1]梅西納曾幫助歐巴馬在 2012 年的競選活動，後來成為歐巴馬的白宮幕僚長。在那之後，他繼續為大衛・卡麥隆（David Cameron）和德蕾莎・梅伊（Theresa May）等外國領袖提供建議。儘管如此，我從來沒有想過會有整家公司在做這樣的事：努力幫外國的政治人物打贏選戰。

我透過餐廳的玻璃窗，既好奇又迷惑地打量著尼克斯的身影。切斯特是對的。儘管現在的我可能找不到什麼工作，但或許將來的我會找到。而且無論如何，我可以利用這個下午做些觀察和研究。

亞歷山大・尼克斯是個迷人的男人，
他正計畫壟斷美國各式選舉業務

　　這間餐廳很舒適，一進門就能感覺到上方明亮的燈光，映入眼簾的是白色木地板和米色牆壁，而牆上整齊地掛著日本藝術品。我走到桌邊，打量著我一直在外面看著的那個人。他剛好講完了電話，於是切斯特把我介紹給他認識。

　　現在我能近距離觀察他，我發現尼克斯根本不是典型的梅菲爾商務人士。他有一種英國的「貴族感」（posh）：衣著看起來完美無瑕又正統。他穿著一套訂制的深藍色西裝，一條絲織領帶打在上過漿的襯衫領口，他從頭到腳都是正統薩佛街（Savile Row）的風格，而皮鞋也是擦得閃閃發亮。在他身邊有一個磨舊的真皮公事包，上面有一把老式的銅鎖，這看起來像是他祖父傳給他的。雖然我是純正的美國人，但我從高中畢業後就一直在英國生活。所以當我看到一個英國上流社會成員的時候，我一眼就能認出來。

　　但其實，我更想把亞歷山大・尼克斯歸類為「上上流」階級（up-per-upper crust）。他看起來有英國貴族寄宿學校的派頭（後來得知他念的就是著名的伊頓公學 [Eton]），他的毛髮修剪整齊，配上鋒利如箭頭般的下巴，略微削瘦，看起來不是會花任何時間在健身房的人。他的眼睛引人注目，瞳孔是不透明的亮藍色；他的膚色光滑幾乎沒有皺紋，看起來好像他的生命中從來沒有出現過什麼需要擔心的事。換句話說，他的臉就是特權階級的象徵。當他在這間倫敦西區的餐廳裡站在我面前時，我很容易就能想像到他戴著頭盔，騎著一匹飛奔的馬球小馬，手裡拿著特製木槌的畫面。

　　我試著猜測他的年齡。如果他真的像是切斯特所說的那麼成功，那麼他很可能比我大至少 10 歲。他的姿勢挺拔而有自信，但同時又顯得有些放鬆，這些姿態似乎透露了他中年早期的人生，那裡頭有些貴族式的生活，又夾雜著一點菁英主義。尼克斯看上去好像是含著金

　#SCL公司　#劍橋分析　#個資搜刮

湯匙出生的人，但如果切斯特是對的話，他善用了他的金湯匙，但最後還是靠著自己的能力獨立生活。

尼克斯熱情地跟我打招呼也熱情和我握手，就好像把我當作是老朋友一般。他們訂的大桌位子很隱密，當我們走到位子坐下來時，尼克斯很快又很有禮貌地將注意力轉向切斯特的另外兩位朋友，繼續進行他們在我到達之前的對話。

帶著些許的加速，尼克斯開啟了推銷模式。我自己也經常這麼做，所以我很清楚那是什麼狀態。畢竟，為了在經濟上支援自己完成學業，我自修學會了如何向客戶推銷自己所能提供的顧問服務。但是，我可以看出尼克斯在這方面是多麼熟練。我既沒有他一半的魅力，也沒有他一半的經驗，當然也沒有他的優雅。他的話術就像他那雙昂貴的皮鞋一般閃閃發亮。

我聽著他滔滔不絕講起他公司悠久的歷史。SCL 公司成立於 1993 年。從那時起，這家公司已經參與了 200 多次的選舉活動，並曾在全世界大約 50 個國家進行國防、政治和人道援助計畫。當尼克斯一一列出這些國家時，聽起來就像是聯合國小組委員會的名單：阿富汗、哥倫比亞、印度、印尼、肯亞、拉脫維亞、利比亞、奈及利亞、巴基斯坦、菲律賓、千里達及托巴哥（Trinidad and Tobago）等等。尼克斯告訴我們，他已經在 SCL 公司工作了 11 年。

尼克斯的經歷和他的工作量讓我感到震驚，也讓我感到自卑。我不禁注意到，在 SCL 公司成立的那一年，我才 6 歲。也就是說，在我上幼兒園、小學和高中的那段時間裡，尼克斯早就在建立一個小而強大的帝國。雖然與我同齡的人相比，我的履歷看起來相當好。畢竟，我在參與歐巴馬競選活動的實習之後，到國外生活並做了大量的國際性工作。儘管如此，我還是無法與尼克斯競爭。

「所以，我們公司的業務現在拓展到了美國。」尼克斯說道。他的聲音藏不住內心的熱情。

就在最近，SCL 公司展開了一個新計畫，尼克斯的短期目標是在

即將到來的 2014 年 11 月美國期中選舉（midterms）之中，盡可能接下多份工作。然後繼續努力，直到壟斷美國各式選舉的業務。當然，如果可行的話，這個計畫也將包括美國總統大選。

這是一個大膽的想法。但是他的確已經獲得了一些著名候選人和助選組織的期中選舉合約。他簽下了像是阿肯色州國會議員湯姆·柯頓（Tom Cotton）這樣的人物，柯頓是畢業於哈佛大學的天才兒童，當兵時參加過伊拉克戰爭，目前正在競選參議員。在北卡羅來納州，尼克斯簽下了所有的共和黨候選人。他還抓住了與聯合國大使約翰·波頓（John Bolton）做生意的機會，波頓當時負責了一個超級政治行動委員會，該委員會勢力強大，財力雄厚。而波頓這個人我再了解也不過了，他是個充滿爭議的政治人物。

雖然我在英國生活了多年，但我仍然認識一些美國新保守主義（neoconservative）的著名人士，例如波頓。他是那種難以忽視的人：就像強硬鷹派中的避雷針，總是站在最顯眼的位置。最近他和其他新保守主義者被發現是一個神祕組織「風潮」（Groundswell）背後的首腦和金主。這個組織的目的就是破壞歐巴馬總統的工作，並且炒作希拉蕊·柯林頓在班加西事件的爭議（Benghazi controversy）。[2] 後者的爭議我個人非常熟悉。因為我曾在利比亞工作過，也認識克里斯多福·史蒂文森（Christopher Stevens）大使。在我的看法中。史蒂文森大使在班加西事件中之所以喪命，部分原因是美國國務院的決策失誤。

我坐在那裡小口喝著茶，仔細地記下了尼克斯的客戶名單。乍看之下，這些客戶可能和許多其他的共和黨人沒什麼不同。但其實這些人的政治立場和我的政治理念完全背道而馳。某種程度來說，這個名單就是我心目中英雄（例如歐巴馬和希拉蕊）的死敵列表。在我看來，尼克斯提到的這些人就是政治賤民（pariah），或者更好的說法是政治食人魚（piranhas），我從來不敢想像我能在牠們的池塘裡安全悠游。

先別管我對那些聘請尼克斯的特殊利益團體是多麼厭惡（他們的遊說議題廣泛，內容從擁槍權到反墮胎遊說都有）。但必須強調的是，在我

的一生中，我所支持的理念很明顯地傾向於左派。

尼克斯讓自己、讓他的公司、讓他想方設法拉攏的人們和團體都感到興奮。你可以從他的眼裡看出這些。他說他忙得不可開交，對未來充滿希望，而 SCL 公司甚至不得不分拆出一家全新的公司，為的就是處理公司在美國的業務。

這家新公司就叫做「劍橋分析」。

「劍橋分析」與有史以來最大的個資搜刮行動

當時尼克斯表示，這家公司還成立不到一年，但是它很快會贏得全世界的注意力。因為，劍橋分析公司即將引爆一場革命。

尼克斯所說的革命，就是關於大數據以及其中的資料分析技術。

在現在的數位時代，**數據資料是「新的石油」**，而蒐集數據資料則會是一場「軍備競賽」，他如此說道。他的劍橋分析公司已經蒐集了大量關於美國公眾的個人資料，其規模和範圍都是前所未見。據他所知，這是有史以來最大的資料蒐集行動。該公司龐大的資料庫中保存著美國 18 歲以上每個人約 2,000 ～ 5,000 項個人資料點（individual data points）（也就是個人資訊片段）。這相當於 2.4 億人的資料。

尼克斯停頓了一下，然後看看切斯特的朋友們，又看看我，似乎要讓這個數字沉澱一下。

但僅僅擁有大數據並不能解決問題，他說。知道如何處理它才是關鍵。這就涉及到更科學、更精確的群體分類方法，例如把人們歸類為：「民主黨人」、「環保主義者」、「樂觀主義者」、「社會運動人士」等等。多年來，劍橋分析公司的母公司 SCL 公司，一直在使用行為心理學中最複雜的方法來辨識和分類人群，這讓公司有能力把美國大眾堆積如山的個人資料變成一座金礦。

尼克斯向我們介紹了他的內部團隊，成員包括資料科學家（data

scientist）以及心理學家。他們透過精確的研究和學習，已經知道他們想發送訊息的對象是什麼樣的人，也知道要向他們發送什麼訊息，以及如何準確地把訊息傳遞給他們。他聘請了世界上最聰明的資料科學家，這些人能透過手機、電腦、平板電腦或電視等資訊產品，同時透過任何你能想像得到的媒介（例如從音訊媒體到社交媒體），對個人進行如同雷射般的精準攻擊。這就是所謂的「精準鎖定」（microtargeting）技術。劍橋分析公司可以找出目標個體，並改變他們的想法、行為和投票選擇。尼克斯說，公司把客戶的錢花在真正有效的溝通上，並且已經取得了顯著的成果。

他說，這就是劍橋分析公司將要贏下美國大選的方式。

尼克斯說話的時候，我瞥了一下切斯特，希望能和他四目相接，然後看看他對尼克斯會有什麼想法。但我沒有引起他的注意力。至於切斯特的朋友們，當尼克斯開始談論他的美國選舉公司時，我從他們臉上可以看到適時的驚歎。

劍橋分析公司之所以會出現，是因為它能填補市場上的一個重要缺口。它的成立，就是為了滿足那些長久以來被壓抑而因此沒有被滿足的需求。從 2007 年以來，以歐巴馬為首的民主黨人一直主導著數位傳播領域。相比之下，共和黨人在這方面的技術創新則嚴重落後。但在共和黨於 2012 年慘敗之後，劍橋分析公司開始將共和黨人所缺乏的技術提供給他們。這也讓兩個政黨在美國的代議民主制度中開始能更平等地競爭。

至於尼克斯能為切斯特的朋友們做些什麼呢？因為他們國家的網路滲透率偏低，所以還沒有大數據這樣的東西。但 SCL 公司還是能幫助他們，譬如利用網路社群媒體來傳播他們想投放的訊息。與此同時，SCL 公司也可以幫忙進行更傳統的選舉活動，例如從撰寫政綱和政治宣言，到挨家挨戶遊說，再到分析目標受眾等等，他們無所不包。

切斯特的兩位朋友開始稱讚尼克斯。我跟這兩個人都已經很熟

了，所以我可以看出尼克斯的話是多麼地讓他們驚豔。我知道他們的國家沒有足夠的基礎建設來實行尼克斯在美國的計畫，而且尼克斯的策略聽起來也得花上不少錢。所以即使像是這兩位財力雄厚的人士，也很可能負擔不起。

對我而言，尼克斯分享的事情讓我感到震驚，震驚到幾乎讓我暈頭轉向。我以前從來沒有聽說過這樣的事。他所描述的，完完全全就是利用人們的個資來影響他們的行為，進而改變世界各地的經濟和政治情況。他讓許多事情聽起來變得很簡單，譬如改變選民的習慣，以及控制他們做出不可逆的投票選擇。當然最後的投票不一定違背選民的意願，但很可能改變他們的正常判斷。

我總是會在一個地方最動盪的時候，進入那裡的中心

但與此同時，我必須承認（即使只是在心中）我也對他的公司所能做到的一切感到敬佩。從我參與政治選戰的第一天開始，我就對大數據分析這個主題產生了特別的興趣。我不是開發人員，也不是資料科學家。但和其他千禧世代一樣，我樂意接納各種新科技，也從小就過著數位化的生活。我會把數據資料看成人生中不可分割的一部分。我當時的想法是，即使在最壞的情況下，數據資料無害而且有用；而在最好的情況下，它甚至可以推進社會改革。

我自己在參與選戰的過程中也曾使用過數據資料，當然那只是非常基本的使用方式。我除了擔任過歐巴馬新媒體團隊的無薪實習生以外，還在四年前以志工的身分參加了霍華德・迪安（Howard Dean）的初選選戰，之後也加入了約翰・凱瑞（John Kerry）的總統選戰。此外，我也當過民主黨全國委員會（DNC）和歐巴馬進行參議員選舉時的志工。雖然我們只是簡單使用資料向尚未決定的選民們發送電子郵件、說明他們關心的事，但這在當時這已經是「革命性」的做法。例如，

當霍華德‧迪安首次嘗試透過網路去接觸選民時，他的競選團隊便因此打破了在此之前的所有募款紀錄。

我對數據資料的興趣也來自我對革命的第一手知識。一直以來做為一個書呆子，我一直在學校裡念書。但我也一直和外面更廣闊的世界保持連結。事實上我總是認為，學校裡的學者必須找到方法，把他們在象牙塔裡想到的崇高思想，轉化成為真正對社會有用的東西。

雖然當年歐巴馬的勝選，代表的是和平的權力交接，但也可以說那是我人生中第一次經歷的革命。在歐巴馬第一次贏得總統大選的那個夜晚，我參加了芝加哥當地的熱烈慶祝活動。那場數百萬人參與的街頭慶祝派對，讓人感覺就像是一場政變。

我也曾有幸在一些國家經歷過危險的革命，那時的我在第一線看過寧靜革命、看過剛剛爆發不久的革命，也看過即將爆發的革命。在讀大學的時候，我在香港念了一年書。在那裡，我與一些當地運動人士一起當起志工，透過一條被稱為「地下鐵路」（underground railroad）的祕密路線，將來自北韓的難民經中國而運到安全的國家。大學一畢業，我就在南非的一些地方待了一段時間，與曾經幫忙推翻南非種族隔離制度的前游擊隊戰略顧問一起進行計畫。在阿拉伯之春剛結束時，我曾在後格達費時代的利比亞（post-Gaddafi Libya）做事，而且在那之後的多年中，我都繼續對利比亞的民間外交感興趣並參與其中。我想，你可以說我有一種奇怪的習慣，我總是會在一個地方最動盪的時候進入那裡的中心。

我還曾經研究如何利用數據資料來做好事。我曾探討數據資料如何讓人獲得權力，並探討這些獲得權力的人是如何利用數據資料來追求社會正義，例如在某些情況下揭露貪汙事件並讓做壞事的人曝光。在 2011 年，我的碩士論文就把維基解密（Wikileaks）所揭露的政府資料做為主要素材來源。這些資料讓我們知道了許多伊拉克戰爭期間所發生的事，例如它們揭露了許多反人類罪行。

從 2010 年開始，維基解密的創辦人、也是激進駭客（hacktivist）

（這個詞來自於「社運人士」[activist] 加上「駭客」[hacker]）的朱利安‧亞桑傑（Julian Assange）透過廣泛散布最高機密以及加密檔案，從虛擬世界向那些在現實世界犯下反人類罪行的人宣戰。事實證明，那些最高機密和加密檔案對美國政府和美國軍方非常不利。這些被稱為「伊拉克戰爭檔案」的資料，引發了熱烈的公眾議論，讓我們開始思考如何保護公民自由和國際人權免於受到權力濫用的侵害。

現在，做為我博士論文的一部分（論文主題是關於外交和人權），也做為我之前工作的延續，我打算把我對大數據的興趣，和我過去對政治動盪的經驗結合起來，我想研究看看大數據是否能拯救更多生命。其中，我對所謂的「預防性外交」（preventive diplomacy）特別感興趣。現在，聯合國和非政府組織已經在全球各地開始使用即時數據資料，以防止各式暴行的發生，譬如防止類似於 1994 年盧安達種族滅絕的暴行。預防性外交的概念是，如果暴行相關的可能資料能讓關鍵決策者早點看到的話，他們就可以採取行動提早預防這樣的悲劇。預防性的數據資料監控（例如從麵包價格，到推特上出現愈來愈多的種族辱罵）可以提供維和組織他們所需的資訊，以便在衝突升級之前辨別、監控並和平地干預那些高危險的社會。此外，適當地蒐集和分析資料，也可以防止人權侵犯、戰爭罪行，甚至戰爭本身。

亞歷山大‧尼克斯使用個資的動機，讓我感到相當不安

關於尼克斯提到的那些 SCL 公司所擁有的能力，不用說，我當然理解其中隱含的後果。他對數據資料的高談闊論，還有他對革命的言論，都讓我對他的動機和他的方法可能帶來的危險後果感到不安。這都讓我在當下並不想分享自己對數據資料的看法，或分享自己關於數據資料的經驗。那天在倫敦看到尼克斯已經準備好和切斯特的朋友們結束對話，準備離開時，我心中只覺得感激不盡。

幸運的是，尼克斯沒有特別注意我。當他不再談論他的公司時，我們有稍微聊到我之前在政治選舉中的工作。但讓我感到鬆了一口氣的是，他沒有問到關於歐巴馬新媒體團隊的事，也沒有問到我在預防或揭露戰爭罪和刑事司法（criminal justice）方面的研究。當然，他也看不出我在預防性外交中對於資料使用的熱情。但是，我卻看出了尼克斯的本質：他把資料當作達到目的的手段。而且顯然在他的合作對象中，有許多我認為是敵對陣營的美國人。所以當時沒有與尼克斯深入交談，讓我感覺似乎逃過了一劫。

　　我認為切斯特的朋友不會和尼克斯一起合作。尼克斯的出現和推銷演說對他們來說（甚至對這家餐廳來說），都太巨大也太奢侈了。尼克斯很有熱情、很迷人，也很有說服力，他甚至會用精心雕琢的英式風度來隱藏自己的驕傲，但他的野心也遠遠超出這兩位朋友的需要。然而，尼克斯似乎沒有注意到這兩人的保留態度。當尼克斯拿起隨身物品準備離開餐廳時，他仍然喋喋不休地說著可以怎麼樣運用特別的群眾分類方式來幫助他們。

　　當尼克斯從桌邊站了起來時，我注意到自己還有時間向切斯特的朋友們推銷我的計畫。我打算在尼克斯一走出餐廳後，就私下向他們說明出一個簡單而謙虛的提議。但當尼克斯起身要走的時候，切斯特便示意我一起陪他走出去道別。

　　外面很冷，下午的陽光逐漸減弱，我和切斯特還有尼克斯站在一起，度過了幾秒鐘尷尬的沉默。但從我認識切斯特開始，他就無法忍受任何尷尬的沉默。

　　「嘿，我的民主黨朋友，你應該和我的共和黨朋友出去玩！」他脫口而出。

　　聽到切斯特突然這麼說，尼克斯露出一種奇怪的眼神，混雜了驚慌和惱怒。他顯然不喜歡被別人嚇到，也不喜歡被人指使。儘管如此，他還是把手伸進西裝外套的口袋，掏出一疊雜亂的名片開始翻看。許多他從口袋裡拿出來的名片顯然不是他的。紙卡的大小和顏色

#SCL公司 #劍橋分析 #個資搜刮

不一，有些可能是來自商界人士，或者來自潛在客戶，就像那兩位切斯特的朋友之類的人。還有些可能是來自尋常梅菲爾區午後那些尼克斯過往的推銷對象。

最後，他終於找出一張自己的名片，然後瀟灑地遞給我，等著我收下。

我拿了名片，上頭印著「亞歷山大・詹姆斯・阿許伯納・尼克斯（Alexander James Ashburner Nix）」。從印刷紙的重量和字體的襯線可以看出，這是貴族式名片。

「讓我把妳灌醉，然後偷走妳的祕密吧！」亞歷山大・尼克斯對我說道，然後笑了出來。我知道，他只是半開玩笑地這麼說。

第 2 章

所有荒唐錯誤的起源

2014 年 10 月～ 12 月

　　從我第一次見到亞歷山大·尼克斯之後又過了幾個月，我仍然無法找到任何好工作，所以也還沒有辦法徹底改善自己家庭的經濟狀況。2014 年 10 月，我再次向切斯特尋求幫助，希望能找到一份適合的兼差。我很快得到回覆，他說會安排我和他工作的該國總理見面。

　　這對我來說是一個千載難逢的機會，畢竟不是所有人都能為國家領導人提供數位和社群媒體策略上的建言。這位總理曾連任了幾屆，目前也在競選連任。但是這次他面臨著國內反對派的強烈阻撓，所以他擔心會選輸。現在，切斯特想把我介紹給他，看看我能幫上什麼忙。

　　這就是我無意之間再次遇到亞歷山大·尼克斯的緣由。

　　某天早晨，我在蓋威克機場（Gatwick Airport）一個私人飛機庫的休息室裡，等待與總理的會面。這時休息室的門突然打開了，然後尼克斯就這樣走了進來。當天我提早到達會面地點，但很快地我發現尼克斯才是總理第一個要見的人，而他們的會面當然是在約了我之前就安排好的。我再次發現，自己的運氣真差啊！

　　「妳在這裡做什麼？」他問道，臉上同時帶著威脅別人和被別人威脅的神情。他把破舊的公事包緊緊地抱在胸前，假裝驚恐地向後

#演算法　#行為科學　#心理學　#曼德拉

靠，然後說：「妳在跟蹤我嗎？」聽到他這麼說，我不禁笑了。

接著我告訴他我到那裡做什麼，同時他也告訴了我在過去幾次選舉之中，他一直與這位總理合作。聽到我來參加會面，而且「希望」做和他同樣的事情，他覺得很有趣。

我們閒聊了一會，然後有人進來請他前去開會。離開前，他突然向我提出邀請。「妳應該找個時間來 SCL 辦公室，多了解一下我們的工作。」說完，他就走了。

雖然我仍然對他有點警戒，但我想我還是會去 SCL 公司的辦公室拜訪亞歷山大‧尼克斯。我們在蓋威克機場偶遇的幾天之後，切斯特打電話來說亞歷山大和他有在保持聯絡，並問我想不想三個人聚在一起，聊聊我們對那位總理眼前選戰的看法？

我對這個想法感到既奇怪又驚喜。我想，在私人飛機庫碰到我的事，一定引起了亞歷山大的注意，或許是他不習慣見到像我這種年紀的女性如此大膽行事，所以覺得有趣。但不管會面的理由為何，這個會面的提案是一起合作，這給我的感覺遠比互相競爭要好得多。因為競爭的話，他顯然有優勢，而且我確實急需一份工作。

SCL 公司不是單純的選戰公司，
他們的技術能夠扭轉人們的選擇

10 月中旬，我和切斯特一起前去參觀了 SCL 公司的辦公室。它坐落於倫敦格林公園（Green Park）旁、牧人市場（Shepherd Market）附近，沿著一條小巷，走過一條名叫雅茅斯廣場（Yarmouth Place）的路就到了。辦公室所在的那棟大樓裡，擠滿了不知名的小型新創企業，例如和 SCL 公司共用同個走廊的一家維他命飲料公司。當我們進去時，裝滿小瓶子的木箱幾乎擋住了我們前往一樓會議室的路。那間會議室是大樓裡所有公司共用的，而且需要按小時租用。這和我想像中的貴

族式政治顧問公司完全不一樣。

但就是在那間會議室裡，切斯特和我見到了亞歷山大和基蘭·沃德（Kieran Ward）。後者是 SCL 公司傳播部門的主任（director of communications）。亞歷山大說，基蘭在許多外國的選舉中，都是代表 SCL 公司前往現場考察。基蘭看上去只有 35 歲左右，但他的眼神告訴我，他見過很多世面，曾經經歷了各式各樣的事。

亞歷山大對我們說，總理的這次選舉非常重要。他說，總理本人非常「自我膨脹」。切斯特點頭表示同意。這是總理的第五次競選，但現在當地的民眾很不滿，很多人要求他下臺。在蓋威克機場的會面時，亞歷山大曾警告總理，如果他「不做好準備」，他肯定會輸，而且剩下的時間不多了。因為大選將在新年過後的幾個月裡舉行。

「SCL 公司希望做的事是……」亞歷山大準備開始講，但又突然停了下來。他看著切斯特和我。「但你們根本還不知道我們都在做什麼吧？」在我們還沒反應過來時，他就從門口溜了出去，過了一會手裡拿著筆記型電腦又溜了進來。他關了燈，打開投影機，把投影片投到牆上的大螢幕，然後開始介紹。

「我們的下一代，」亞歷山大拿著遙控器開始說，「不會生活在一個『地毯式廣告』（blanket advertising）的世界之中。」他指的是針對廣泛大眾的傳統廣告投放，在這之中的訊息是透過大量且同質的一波又一波廣告來傳遞。「地毯式廣告太不精確了。」他繼續說。

他放出一張投影片，上面寫著：「傳統廣告能塑造品牌，能提供社會認同，但卻無法改變人的行為。」投影片的左邊是哈洛德（Harrods）百貨公司的廣告，上面用大字體寫著 5 折優惠。右邊則是麥當勞和漢堡王的拱門和皇冠標誌。

他解釋說，這類廣告或者僅僅是提供訊息，或者它即使有效，也只是「證明」現有客戶對某個品牌的忠誠度，所以這種方法已經過時了。

「SCL 公司提供 21 世紀的資訊服務。」亞歷山大說道，所以必

#演算法 #行為科學 #心理學 #曼德拉

須捨棄之前的傳統行銷方式。

　　如果一個委託人想吸引新顧客，「你必須做的，」他解釋道，不僅僅是要去接觸他們，還要去「改變」（convert）他們。「麥當勞要如何才能讓一個從來沒吃過漢堡的人前去消費呢？」

　　他聳聳肩，換下一張投影片。

　　「資訊傳播的聖杯，」他說：「會在你真正開始改變人們行為的時候出現。」

　　下一張投影片寫著「行為傳播」（Behavioral Communications）。投影片左邊是一幅海灘的圖片，上面有一塊白色的方形警示牌，上面寫著「公共海灘到此為止」。右邊是一塊亮黃色的三角形牌子，類似於鐵路平交道的警示牌，上面寫著「警告！有鯊魚」。亞歷山大問，哪一種訊息更有效？這個問題有顯而易見的答案。「我們都知道人們害怕被鯊魚吃掉，所以第二種恐懼更能有效阻止人們在你的那片海中游泳。」亞歷山大說道。聽到他這麼說，我不禁想著，你的海？我心裡猜測，他大概早已習慣向那些擁有自己海域的人進行推銷了。

　　他沒有停頓地繼續說：SCL 不是一家廣告公司，而是一個「改變行為公司」（behavior change agency）。

　　他說，在許多選舉中，競選團隊使用像是私人海灘標誌那一類的訊息，而白白損失了數十億美元，因為這些訊息並沒有真正發揮作用。

　　亞歷山大點了下一張投影片，上面出現一段影片和一張圖片，兩者都是競選廣告。這段廣告影片中出現的是米特・羅姆尼（Mitt Romney）的一系列面部特寫，還有觀眾鼓掌的場景，再搭配羅姆尼演講的聲音剪輯。影片最後以一句「強而有力的新領袖」作結。而一旁的圖片顯示的是一片乾枯的草坪，上面散落著寫有候選人名字的告示牌：羅姆尼、桑托榮（Santorum）、金瑞契（Gingrich）。我們幾乎可以說，上面寫的是哪些候選人根本無關緊要。很明顯地，這些廣告中的訊息是多麼靜態，又多麼容易被忽略。

亞歷山大微微笑了一下。他說，你看，這些訊息都不能「改變」任何人。他雙手一攤，繼續說：「如果你是一個民主黨人，當你看到在院子中有一個寫上羅姆尼字樣的告示牌，你並不會突然有『恍然大悟』的驚喜，然後就此改變你想投票的對象。」

我們都笑了。

2008 年歐巴馬的網路選戰，根本粗糙的要命！

我吃驚地坐在那裡。我從事行銷傳播工作很多年了，卻從來沒有想過從這種角度來檢驗訊息投放的方式。在此之前，我從未聽過有人這樣談論當代廣告的扁平化。過去在 2008 年美國總統大選時，我是歐巴馬新媒體選戰部門的實習生，當時我以為我們的部門已經算是很老練也很精明了。

那次的競選活動，是政治人物第一次使用社群媒體與選民溝通。我們在 Myspace、YouTube、Pinterest 和 Flickr 上進行選戰宣傳。我甚至創立了當時歐巴馬參議員的第一個臉書頁面。直到現在我都一直珍藏著那天的美妙回憶。當時歐巴馬走進芝加哥的辦公室，指著我電腦螢幕中他的個人頭像，驚呼道：「嘿，那是我耶！」

現在我明白了，不管當時的我們自以為有多先進，若用亞歷山大的話來說，我們一直都是在發送重複、量大而又微不足道的訊息。我們事實上並沒有改變任何人。我們的受眾大多是自認為支持歐巴馬的人。而且，是他們把聯絡資訊給了我們，或是我們經過了他們的同意，在網站上蒐集他們的聯絡資訊。我們並沒有主動找到他們，而是他們主動找到我們。

我們的廣告所達成的只是「社會認同」，用亞歷山大的話來說。這種廣告只會加強固有受眾的「品牌」忠誠度。我們不停地在社群媒體上發布關於歐巴馬的訊息，就像私人海灘的警示、羅姆尼的影片，

#演算法 #行為科學 #心理學 #曼德拉

或是草坪上的無趣告示牌，這些東西不會「改變行為」，而僅僅是用大量訊息提供了「社會認同」，讓我們的受眾知道我們有多喜歡歐巴馬。一旦我們引起了這些歐巴馬支持者的注意，我們就會發給他們更多更詳細的訊息。我們的動機可能是為了讓他們保持興趣，或者確保他們會去投票。但是根據亞歷山大的理論，我們只是在大量提供他們不需要的訊息。

「敬愛的某某人，」我想起我寫的那些信。「非常感謝您寫信給歐巴馬參議員。巴拉克他正在參加競選活動。我是布特妮，在此代表他回信給您。關於我們的政策，這裡是一些連結，供您參考……」

當年夏天，我們的新媒體團隊裡有數百個人，辦公室占據了芝加哥市中心摩天大樓的整整兩層。但是儘管當年的我們很熱情，我現在卻發現，我們傳達訊息的方式過於簡單，也很粗糙。

SCL 公司只要投放特定訊息，就能引導受眾做出特定行為

亞歷山大放出另一張投影片，上面的圖表顯示，他的公司所做的遠遠不止是創造有效的訊息投放模式而已。他的公司根據科學方法將正確的訊息發送給正確的受眾。甚至在選戰開打之前，SCL 公司就開始進行研究，同時聘僱資料科學家。這些科學家會分析資料，並準確地辨認出委託人的目標受眾。當然，這其中的重點是受眾的異質性（heterogeneity）。

過去在我所參與的歐巴馬競選團隊中，最有名的就是我們分類受眾的方法，這也是讓我特別感到自豪的一件事。當時我們會根據受眾關心的議題、居住的州，以及他們是男性還是女性來分類。但 7 年過去了，現在亞歷山大公司的技術，早已遠遠超越了當時的傳統人口統計方法。

亞歷山大繼續放出一張投影片，上面寫著「鎖定目標受眾的方式正在改變」。投影片左邊有一張照片，那是演員喬・漢姆（Jon Hamm）飾演的丹・多拉波（Don Draper）。多拉波是 AMC 電視劇《廣告狂人》（*Mad men*）中 1960 年代麥迪遜大道上的廣告公司主管。

「1960 年代的老派廣告，」亞歷山大說，「就是一群像我們這樣的聰明人，圍坐在桌邊，想出『就要可口可樂』或『吃豆子就要選亨氏』之類的廣告標語，然後花光所有委託人的錢，把這樣的廣告訊息投放到世界各地，希望達到預期的效果。」

但是那種方法已經過時了。1960 年代的行銷傳播都是「由上而下」；而 2014 年的行銷廣告則重視「由下而上」。現今由於資料科學（data science）和預測分析學（predictive analytics）的進展，我們可以知道更多關於人們的資訊，這是以前很難想像得到的。亞歷山大的公司就是在觀察人群，確定他們需要聽到什麼，進而能讓你（也就是廣告委託人）去選擇如何影響他們。

他換到另一張投影片，上面寫著「資料分析學、社會科學、行為科學和心理學」。

劍橋分析公司是由 SCL 公司發展而來，而 SCL 公司本身又是從「行為動力學研究所」（Behavioural Dynamics Institute）演變而來。行為動力學研究所是由大約 60 家學術機構和數百名心理學家所組成的商業聯盟。而現在，劍橋分析公司會從聯盟內部聘請一些心理學家，由他們來設計政治民調問卷，並利用調查結果對人們進行分類。他們利用「心理圖像」分析（psychographics）來了解人們複雜的個性，並設計出觸發他們特定行為的方法。

然後，透過「資料建模」（data modeling），他們公司的資料科學家寫出了能夠準確預測人們行為的演算法。這些科學家可以預測，當受眾收到為他們量身訂做的特定訊息時，會出現什麼樣的特定行為。

「布特妮想收到什麼樣的訊息呢？」亞歷山大問我，然後點出來另一張投影片。我們必須創造「為布特妮量身訂做的廣告」，他笑著

看了我一眼，繼續說：「創造她在乎的東西，而不是給她不在乎的東西。」

就在演講尾聲，他放出了一張尼爾森·曼德拉（Nelson Mandela）的照片。

亞歷山大只用一張曼德拉的照片，就卸下我對 SCL 公司的心防

曼德拉是我心目中的超級英雄。我曾經在南非，和他的一位好朋友一起工作過。那個人曾和他一起被囚禁在羅本島（Robben Island）。當我待在南非的時候，甚至幫過曼德拉的人生伴侶溫妮（Winnie）舉辦了一場婦女節（Women's Day）活動。但我從未有過機會與曼德拉本人握手。而現在，他的照片就在我眼前出現。

亞歷山大說，1994 年 SCL 公司曾為曼德拉和非洲民族議會（African National Congress）工作，阻止了投票時的選舉暴力。這影響了南非歷史中那場重要選舉的結果。在投影幕上，曼德拉本人似乎做出了可信的背書。

我怎麼可能不被感動呢？

亞歷山大突然不得不離開會議一下，因為似乎發生了一些重要的事情。但他把基蘭·沃德留了下來代替他完成演講。沃德繼續帶著我們了解更多 SCL 公司的工作。

SCL 公司最初在南非幫忙選舉，現在每年則在肯亞、聖克里斯多福、聖露西亞和千里達及托巴哥等地幫忙 9 ～ 10 次選舉。而基蘭會親自到其中一些國家幫忙選舉工作。

1998 年，SCL 公司的業務開始擴展到企業和商業領域。而在 2001 年 9 月 11 日之後，它開始和美國國土安全部、北大西洋公約組織、中央情報局、聯邦調查局和美國國務院合作，從事國防領域的工

作。公司還曾經派專家進駐五角大廈，對那裡的官員進行技術培訓。

SCL 公司還有一個社會部門。它提供了公共衛生領域的行銷傳播。沃德說在一些案例中，SCL 公司說服了許多非洲國家的人使用保險套，也說服印度人喝乾淨的水。公司與聯合國機構和世界各地的衛生部門都簽有合約。

當我聽了愈來愈多 SCL 公司所做的事，我就對它愈感興趣。當天晚上，我們就在附近的餐廳用餐，而亞歷山大也趕回來重新加入我們。那時，我開始對他有更多的了解，也開始對他產生了好感。

他對世界的看法比我一開始想的還要寬廣許多。亞歷山大在曼徹斯特大學（Manchester University）獲得藝術史學位。畢業後，他在墨西哥一家擁有百年歷史的證券投資銀行從事金融工作（順帶一提，我很喜歡墨西哥這個國家）。後來他去了阿根廷工作，最後回到英國。回到英國時，他認為自己可以為 SCL 公司帶來很多當時缺乏的東西。那時的 SCL 公司實際上更像是一個鬆散的專案計畫集合，而不是一家公司。所以，亞歷山大幾乎可以說是白手起家，卻僅僅用了十多年就把這家公司變成了一個小小帝國。

亞歷山大喜歡加勒比海和肯亞的選舉工作。而當他提到自己所負責的一間公司在西非的工作時，我被感動了。在迦納，SCL 公司曾經承包了該國最大的衛生研究計畫。因為我自己最近的工作也是關於北非的醫療衛生改革，所以我們找到了共通點。

那時我也分享了自己的工作經歷。我告訴他我曾經在南非、香港、海牙和歐洲議會工作，也曾在像是國際特赦組織（Amnesty International）這樣的非政府組織裡工作。不過我仍然隻字未提自己曾經參與的選舉工作。雖然我知道，不提這件事會讓他沒辦法好好了解我，但我還沒準備好坦白。畢竟，劍橋分析公司正在幫我討厭的政黨工作。

儘管如此，我還是很享受那天的談話。整個晚上，切斯特都待在我身旁幫忙吹噓我的成就。他真的就像是一封會走路也會說話的推薦信。

#演算法 #行為科學 #心理學 #曼德拉

「好吧，」亞歷山大聽到我過去所做的一切之後說道，「那麼面對新的機會，像你這樣的人不會想要等待，對吧？」

我嘗試在希拉蕊的競選陣營尋找工作，
但所有職位都已占滿

第二天早晨，切斯特打電話跟我說亞歷山大聯絡了他。亞歷山大想問我是否願意再去他公司參加正式的面試。當接到電話時，我其實沒有太驚訝。我知道亞歷山大可能很少有機會遇到像我這樣的年輕女性。這並不是因為我是什麼稀有動物，而是因為在他所熟悉的世界裡，像我這樣的人很少見。

我是一位 26 歲的美國女性，看起來並不害怕進入高風險、高男性荷爾蒙的競技場。而他則是出身於一處充滿特權的封閉社群。那裡的年輕人只接觸得到和自己類似的人，而且大家都一副生來就注定要統治世界的樣子。

不過對於是否要到劍橋分析公司工作，我還是懷著複雜的心情。我很高興能在英國發現一家這麼小的公司，而且雖然小卻提出如此大膽的計畫，企圖對政治、文化和經濟體制產生巨大的影響。我對他們複雜的技術以及這個技術能夠促進社會公益的可能性都很感興趣。但我擔心的是他們目前在美國的客戶。我怎麼可能不擔心呢？我仍然是從前的那個我：一個徹頭徹尾的民主黨人。

但我真的需要一份工作。我是一個鬥志旺盛、積極主動的人。我不會拒絕那些不是最好的選擇卻可能讓我賺錢的工作。我在年紀很小的時候，就走出了舒適圈。2003 年，我志願參與了霍華德・迪安的總統初選活動，而後也參與了約翰・凱瑞的總統大選活動，那時的我只有 15 歲。我也願意無薪從事自己熱愛的工作。在英國讀大學的期間，我就這樣做了一些奇怪的工作，例如：到葡萄酒公司受訓，擔任

內部侍酒師和服務生（後者當然沒那麼有趣）。而當我真的缺錢的時候，我也會在地方上的小酒吧工作，有時是當酒保，有時則是要清理地上嘔吐物的清潔工。

然後，當我 2012 年開始攻讀碩士和博士學位時，我開始投身創業活動。那時我創辦了一家活動企劃公司，目標是幫助政府官員以及企業與利比亞人對話，一起討論如何在「阿拉伯之春」的餘波蕩漾中讓社會穩定下來。後來，我在一家英國的貿易與投資協會做兼職營運主管，該協會專門負責促進英國與其他弱勢國家（例如衣索比亞）之間的國際關係。因為對於這些弱勢國家來說，不管是做生意或從事外交活動都很需要幫助。

2014 年初，在我攻讀博士時，我曾想要在「支持希拉蕊」（Ready for Hillary）這個超級政治行動委員會中找到一份高薪工作，也希望加入希拉蕊的競選團隊。那時我嘗試運用了自己在「民主黨全國委員會」和「海外民主黨人」（Democrats Abroad）倫敦分部的所有人脈，但仍然沒有機會。「支持希拉蕊」超級政治行動委員會中的所有職位（包括低薪職位），早就已經被占滿了。而希拉蕊的競選活動也還沒有開始。此外，過去我有許多與民主黨人、自由主義者或人道援助組織合作的經驗，但那些都沒有帶來真正的經濟收入。

後來我也嘗試在我的朋友約翰・瓊斯皇家大律師（John Jones QC）那裡尋求一份夢想中的工作。他是世界上最最著名的人權律師之一，在道蒂街律師事務所（Doughty Street Chambers）工作。（該事務所團隊中還有同樣令人欽佩的艾瑪・克魯尼 [Amal Clooney]，她的婚前姓名為艾瑪・阿拉穆丁 [Alamuddin]。）

對於全球公民自由，約翰是無與倫比的堅定捍衛者。他曾為世界上一些最具爭議的壞人辯護，例如穆安瑪爾・格達費（Muammar Gaddafi）的次子賽義夫・格達費（Saifal-Islam Gaddaf）以及賴比瑞亞總統查爾斯・泰勒（Charles Taylor）。在前南斯拉夫、盧安達、獅子山共和國、黎巴嫩和柬埔寨的法庭上，約翰曾面對諸如反恐、戰爭罪和引渡等棘

#演算法 #行為科學 #心理學 #曼德拉

手的問題。他這樣做的目的是為了維護國際人權法。後來,他也接手了維基解密創辦人朱利安‧亞桑傑的案子(這也是我碩士論文的主題)。亞桑傑當時為了不被引渡回美國而逃往瑞典,後來在倫敦的厄瓜多大使館尋求庇護。

　　約翰和我很早就成了朋友。我們會聊起維基解密中著名的吹哨者,一起表達對他的欽佩。我們還會聊起彼此上過的私立小學之間有什麼樣的競爭,並拿這件事互相開玩笑。他是英國人,但曾就讀於美國的菲利普斯埃克塞特學院(Phillips Exeter Academy)。這間學校是我的學校菲利普斯學院(Phillips Academy Andover)的競爭對手。兩間學校是在 18 世紀後期,由菲利普斯家族中的兩名成員創辦的。回到我找工作這件事。當時,我還沒有擔任律師的資格,但是約翰看上我的熱誠和把工作做好的潛力,而他也剛好計畫在海牙開設新的事務所分部(叫做「道蒂街國際法律事務所」),所以他一直試圖在海牙幫我找一個職位以及工作所需的資金。

　　但是那筆資金一直還沒有籌到。即使籌到了,那份工作也不會像企業律師一樣賺錢。這就是從事人權事業必須面對的現實。約翰和他的團隊為了自己法律上的信仰而做出了犧牲。他們的生活遠遠比其他世界上著名的律師還要樸素得多,畢竟他們大部分時間都在接免費的公益案件。此外,因為本身的理想主義性格,約翰也選擇成為素食主義者,而且到哪裡都是騎單車。

　　雖然我曾想像過自己會像約翰一樣,有一天能過著一種真誠又充滿道德感的生活。但看看我現在手裡能打的牌,就知道這似乎是不可能的。關於我的家庭,由於過去十多年來的種種事件,我的父母現在正處於貧困之中。

　　多年前,我父親的家族企業曾經擁有一些商業房地產、一系列高檔健身俱樂部和一些 SPA 會館。我的母親則待在家裡自己撫養小孩。我和我的妹妹娜塔莉(Natalie)就這樣生長在一個衣食無缺的中上階層家庭,享受著舞蹈課、音樂課、私立學校教育,以及迪士尼樂園和

加勒比海的家族旅遊。

但當 2008 年美國次貸危機爆發時，我父親的家族企業受到了影響。其他一些我父母親無法控制的問題也開始出現。很快地，我們家的存款見底了。更早之前，我母親曾是安隆公司的員工。但在 2001 年安隆醜聞爆發之後，她失去了所有的退休金。

我父親現在失業了。而我母親已經 26 年沒有工作過，現在她還必須去參加職業培訓，準備重新進入職場。在此同時，我的父母拿了我們家的房子再去抵押貸款，也賣掉了他們其他的資產。當某天銀行打電話來時，他們幾乎已經一無所有了，剩下的財產只有房子裡的個人物品。

在這段期間，我父親的精神狀態開始出現令人不安的變化。他變得幾乎沒有情緒。當我們試圖和他談談發生了什麼事的時候，他的心好像不知道飄到哪裡去了。他的眼神茫然得可怕，整天不是躺在床上，就是坐在電視機前。如果有人問他近況如何，他總是平淡地回答說一切都好。我們覺得他有可能得了憂鬱症，但他拒絕尋求治療或服藥。他甚至拒絕看醫生。我們想要搖醒他、喚醒他，但我們似乎根本無法接近他的心。

我現在非常需要錢養活自己和家人，
而且 SCL 公司裡的同事，似乎跟我志同道合

2014 年 10 月，亞歷山大‧尼克斯打電話請切斯特邀我去 SCL 公司面試的那時候，我的母親找到了一份空服員的工作。但她因此不得不搬到航空公司總部所在地的俄亥俄州，和同事們一起住在旅館裡。而在老家，當時我父親必須靠著食物救濟券（food stamp）才能度日。我的母親是在美軍基地的有限資源中長大的，但她從未想過自己的家庭會再次陷入那樣的困境。然而，困境就這樣出現了，現在就在我們

眼前。

　　儘管我對 SCL 公司的工作內容有所保留，但我沒有什麼挑剔的餘地了。我想，我將會試著在完成博士學位和進行顧問工作之間找到平衡。畢竟，我需要一份能負擔我和家人生活的工作。而且我考慮的不僅是現在的生活，還有長遠以後的生活。

　　亞歷山大的出身是地主仕紳階級。在 18 世紀，他的家族插手了著名的東印度公司。而現在，他娶了一位挪威航運企業的女繼承人。

　　雖然我在成長過程中曾經擁有過許多特權，但到了現在也已經沒有什麼東西或關係可以利用的了。我現在只是一名窮學生，每月的生活費經常超支，所以銀行帳戶裡幾乎沒有任何存款。我住的地方是倫敦東部一間老舊公寓。雖然我知道自己有不少實實在在的工作經歷，但如果想要與亞歷山大一起工作，我需要更充實自己。

　　於是，我自己研究了一下數位選戰和資料分析（data analysis）的最新發展，然後再複習了一下過去我待在非營利組織時所學到的行銷和活動技巧。最後我穿上了最好的衣服（我母親傳下來給我的，那是她在安隆公司工作時的套裝），準備前往面試。

　　當我到了 SCL 公司面試的時候，亞歷山大正在接一通緊急電話。於是他突然把桌上一份將近 60 頁的特大號文件塞到我的手裡，讓我一邊等一邊看。那是一本 SCL 公司新宣傳手冊的印刷打樣，也是一本名副其實的百科全書。因為我知道自己之後很可能會接觸到裡面的許多內容，所以就快速瀏覽了整本書。但我把重點放在了其中一個章節，該章節討論到 SCL 公司是如何在一些國防和人道援助活動中使用「psyops」這樣的技巧。

　　「psyops」是「心理操作」（psychological operation）的簡稱，也是「心理戰」（psychological warfare）的委婉說法。我很熟悉這個概念，所以當我讀到內容時並沒有感到困惑，反而是充滿濃濃的興趣。心理操作當然可以用於戰爭，但我之所以被這個概念吸引，是因為它在維護和平方面的應用。的確，影響「敵方」的受眾，聽起來可能是一件可

怕的事。但心理操作也有其正向的一面。例如，心理操作可以用來幫助伊斯蘭國家的年輕人抵抗蓋達組織（Al-Qaeda）的招募，或者在選舉投票當天，緩和部落派系之間的衝突。

當我還在津津有味地閱讀手冊上的資訊時，亞歷山大講完電話了，然後他請我進入他的辦公室。進去之前，我本來還期待能從他辦公室裡的個人物品中，看到他的內心世界。畢竟他一直以來都表現出很世故的樣子，所以也讓我好奇他具體的人生樣貌。然而，他的辦公室幾乎就像是一個沒有任何裝飾的玻璃盒子。裡頭沒有任何一張個人照片、沒有任何紀念品。辦公室中只有一張桌子、兩張椅子、一臺電腦螢幕和一座窄書架。

亞歷山大坐了下來，向後靠在椅子上。然後他伸出了手指，問道：為什麼我會對 SCL 公司感興趣？

我開玩笑地說，他才是對我感興趣而要我來看他的那個人。

他笑了。「說真的？」他親切地追問道。

我告訴他，我才剛與英國政府單位一起組織了一個大型國際醫療照護會議，叫做「中東與北非健康會議」（MENA health）。我知道另一個類似的會議很快就要召開了，這次的主題是關於國家安全。而雖然這份工作很有趣，卻也讓我筋疲力盡。

當我說話的時候，他仔細地聽著。而接著他談到了更多公司的事，這時我發現事情變得愈來愈有趣了。就在某個時間點，我偷瞄了他的書架一眼。當他發現我在偷瞄時，他突然大笑起來。

「這些是我收藏的法西斯主義文學作品。」他說，然後他的手輕蔑地在空氣中揮舞。我不確定這是什麼意思，所以只是跟著笑。很明顯地，書架上有些東西讓他覺得尷尬。我注意到有些看起來很保守激進的書名，是會讓我避之唯恐不及的那種。但他的尷尬也讓我放心了一點，因為看起來，這些書可能也不是他喜歡的類型。

我們又談了一會，而當我們談到我在東非進行的公共衛生相關工作時，他從椅子上跳了起來。「我這裡有幾個人，你必須見一見。」

#演算法 #行為科學 #心理學 #曼德拉

他說。然後他帶我去了一間更大的辦公室，介紹我認識了三位女性，每一位都是很有趣也很有活力的人。

其中一人曾在大英國協祕書處（Commonwealth Secretariat）從事了十多年的「預防性外交」工作。她透過與軍閥談判，保護了肯亞和索馬利亞等地陷入部落紛爭的人民。她的名字是薩比塔・拉朱（Sabhita Raju）。她曾經從事我夢想中的工作，而現在她加入了 SCL 公司。

另一名員工，是國際救援委員會（International Rescue Committee）行動部門的前主管。過去 15 年多來，她一直致力於拯救生命。她的名字就是賽莉絲・貝利（Ceris Bailes）。

第三位員工，曾經因為她在環保領域的工作，而獲得了聯合國頒發的獎項。過去在她的家鄉立陶宛，她曾為當地的自由派政黨工作。她的名字叫蘿拉・漢寧－斯卡伯勒（Laura Hanning-Scarborough）。

我喜歡他們每一個人，也很高興聽到他們在人道援助領域做了很多厲害的工作，而且她們現在都待在 SCL 公司。顯然地，她們會選擇進入這裡一定有好理由。

就像我對他們的工作感興趣一樣，他們似乎對我的工作也很感興趣。所以我和她們分享了我在南非東部的時光。當時我帶著 76 名志工去到貧困的當地小鎮皮納爾（Pienaar），為一家名為坦特萊尼（Tenteleni）的慈善機構工作。在那裡，我們教孩子們數學、科學和英文。此外，我還分享了我在歐洲議會（European Parliament）做過的一項遊說計畫。當時我有幸能向歐洲議會的議員簡報，介紹如何向歐洲各國施壓，讓它們把北韓納入外交政策的重點之中。還有，我也跟她們說，我對在「後伊波拉時期」的非洲工作（特別是在獅子山共和國和賴比瑞亞）很有興趣。

當她們知道我有可能會加入 SCL 公司，而且可能也會把這些計畫帶進來的時候，似乎都感到很興奮。

亞歷山大承諾，如果我加入 SCL 公司，不用幫忙共和黨的選舉工作

結束了這次面試之後，過了沒多久，亞歷山大就打電話給我。他給了我一個工作機會。如我所願，我可以在這家公司做顧問工作了。

他說，這不是很棒嗎？SCL 公司會為我的計畫支付開銷並提供後勤。此外，SCL 公司聘僱了許多聰明、高效的員工，也使用尖端科技和方法，同時有一整套能夠支援員工的系統。更不用說，它可以讓我學習如何在預防性外交等實際應用中，展開以資料分析為導向的傳播工作。我將有機會近距離觀察這是如何運作的，也有機會知道這樣的技術在哪些地方需要改進。所有這一切都能幫助我寫出更好的博士論文，讓我順利完成博士學位。

而且這是一份很適合我的工作，因為我可以把它當成跳板，從而實現我的夢想：成為一名外交官、一名國際人權運動人士，甚至成為像是大衛・阿克塞爾羅或吉姆・梅西納那樣的政治顧問。

這一切都很誘人，但我還是有所保留。

原因就是我不想為共和黨工作。而我知道劍橋分析公司剛剛與泰德・克魯茲（Ted Cruz）簽下了競選活動的合約。而且亞歷山大已經明確表示，他要在美國征服共和黨。

此外，儘管我非常需要錢，但我並不想做出永遠留在劍橋分析公司的承諾。我想在此成為一名出色的高薪顧問，但我也必須能夠在想要的時候，離開公司繼續前進。

亞歷山大一定看穿了我的心思。他跟我說，如果我來的話，只要在 SCL 公司底下工作就好，並不需要幫忙公司在美國的選舉工作。

於是，他向我提了一份兼職顧問的工作，而且這份工作的薪水以當時而言還算不錯。他也承諾，如果我表現出色的話，會幫我加薪。

「不過，在結婚前總是要先約會吧？」他說。「所以呢，先讓我知道你想做些什麼？」

「妳得學會和不同立場的人一起工作」，
這是我說服自己加入 SCL 的理由

在我早期參與的基層工作中，周遭都是看起來和我相像而想法也一樣的人：大家都是有進取心，但預算很有限的青年進步派運動人士。當我第一次遇到和我很不一樣的人，是在開始從事人權促進工作的時候。在人權領域的舞臺上，我遇到了來自世界各地的國會議員、思想領袖和成功的商界人士。這些人都是很有權力的人，其中一些人不止有權力還很富有。那時是我第一次與「另一邊的人」面對面，而我總是對他們懷有矛盾的心情，也不清楚自己應該怎麼看待與他們交手的這件事。

我還記得當時有個關鍵時刻，我意識到自己必須找到一種方式，將草根信念與更廣闊的世界結合起來。那是 2009 年 4 月 20 日，我站在日內瓦的聯合國大樓外，和其他人一起抗議大會邀請了當時的伊朗總統馬哈茂德・阿赫瑪迪內賈德（Mahmoud Ahmadinejad）。他受邀在「第二屆世界反種族主義和不容忍會議」（又稱德班審議大會）（Durban II World Conference Against Racism and Intolerance）上發表演講。

阿赫瑪迪內賈德是一名宗教強硬派，在伊朗執政將近 4 年。在這段期間裡，他破壞了公民自由，也侵犯了人權。還有他曾處罰了那些戴著他所謂「不恰當的頭巾」（improper hijab）而出現在公共場合的女性。在他的觀點中以及他的統治下，他認為同性戀根本「不存在」。此外，他認為人類免疫缺陷病毒是由西方人所創造的，目的是干擾像伊朗這樣的發展中國家。他還認為以色列應該從世界地圖上消失，而納粹大屠殺是猶太復國主義者捏造出來的事件。

簡而言之，他是個許多受過教育的人（包括我）都會瞧不起的人。

那天，我與「聯合國觀察」（UN Watch）這個組織的成員一起站在聯合國大樓外，看著一位又一位男人經過，看著各國大使、王子、國王和商界人士紛紛走進那道門。我揣測著這些人的內心想法：他們

是否同意阿赫瑪迪內賈德的看法？畢竟他們有權力和影響力和他一起待在講堂裡，聽他說話，參與發言。

接著我再回頭看看我們這群抗議者。許多人看起來都和我很相像。有些人看起來就像研究生、都很年輕、穿著破牛仔褲、破球鞋或破靴子。我非常尊敬身邊這群人，我相信他們的所作所為，我也相信自己的信念。

但在那天，我放下了抗議的牌子，然後溜進了玻璃大門，同行都沒有人注意到我溜進去了。在門口報到處，我拿到一枚徽章，這是學生們為了使用大樓圖書館而能獲得的通行證：白色的設計，頂部有藍色條紋。其實，這和外交官在西裝翻領上佩戴的徽章幾乎一模一樣。

我就這樣穿著母親傳給我的舊套裝（也是我最好的一套衣服），戴上那枚徽章，看起來很有權力和地位的樣子，走向講堂。果然沒有任何人懷疑我。

當阿赫瑪迪內賈德開始發表反以色列的言論時，我看到德國總理安格拉·梅克爾（Angela Merkel）和其他歐洲國家的領導人走出了會場。他們都是有權有勢的人，他們離場抗議的行為，在那天成為了新聞頭條。這樣的抗議，迫使聯合國重新考慮伊朗在全球對話中的立場。相較之下，我的朋友們還在外頭，而他們的抗議活動幾乎都吸引不到任何注意。所以那時的我發現，如果要有更大的改變，那麼就必須進入體制內部。而且不管需要做出多大的妥協，你都不能害怕和那些與你對立、甚至會冒犯你的人共處一室。

在我人生中大部分的時間裡，我是一個堅定、強烈、憤怒的強硬派運動人士。過去的我總是拒絕接觸那些和我意見不同的人，或者拒絕接觸那些我認為在某種程度上腐敗的人。但是現在，我變得比較務實了。我開始意識到，如果我不再總是對立場不同的人生氣，那麼我就可以為這個世界做更多的好事。歐巴馬在第一屆總統任期的頭幾天就宣布，他願意和任何想要與他會面的人，在談判桌前坐下來好好談談。他沒有預設任何條件，即使是要和所謂的「流氓領導人」見面，

#演算法 #行為科學 #心理學 #曼德拉

歐巴馬也沒有預設條件。於是那時的我，開始了解到務實的優點。而隨著年齡的增長，我愈來愈明白當時的歐巴馬為什麼會那麼說。

我知道為劍橋分析公司工作，將會對我的生活產生翻天覆地的變化。但當時，我也相信接下來要做的事，會讓我有機會能近距離觀察「另一邊的人」是如何工作。這樣一來，我也能對他人抱有更大的同情心，同時也讓自己有能力與那些立場不同的人共事。

當我對亞歷山大‧尼克斯的工作邀約說「好」的時候，這些就是我心中的想法。這些想法，也讓當時的我希望能夠跨越界線，看看另一邊的世界。

第 3 章

奈及利亞，
數百萬美元的選戰合約

2014 年 12 月

　　SCL 公司總共有 10 ～ 15 位全職員工，其中有 1 位澳洲人、1 位以色列人、3 位立陶宛人，還有一些英國人和加拿大人。進公司之後我曾到處請教他們，從他們身上學到了許多東西。每位員工的年紀都和我差不多，或者只有幾個人大我幾歲。其中大部分人都有碩士學位，甚至幾個人還有博士學位。他們全部都曾經在私人公司或非營利組織累積了傑出的工作經驗：有些人來自銀行、高科技公司、石油和天然氣公司，或者曾在非洲各地參與人道援助計畫。

　　他們之所以會加入 SCL 公司，是因為公司為他們提供了一個獨特的機會，讓他們身在歐洲卻也能感覺像是加入了一家矽谷的新創企業。公司裡每位員工都非常勤奮認真，他們說話的語調柔和又專業，卻潛藏著一股急迫感。這種表面平靜但內心急迫的特質，讓他們比起一般倫敦上班族更多了點紐約的感覺。大家的工作時間都很長，常常付出 200% 的精力，其中有些人還參與了美國最近的選舉活動，最近才剛回到倫敦辦公室，因而受到了英雄般的歡迎。在美國的時候，他們待在奧勒岡州、北卡羅來納州和科羅拉多州的辦公室裡工作了整整一年，因為這些州是大選競爭最激烈的地方。而那些留在倫敦的員工，也很努力地為其他與 SCL 公司有業務往來的國家工作。

#利比亞王子 #馬德里 #石油富翁 #時間緊迫

我們都相信，SCL 公司會是下一個臉書

我身邊的每一位同事都擁有高度專業的技能，這也讓每一個人都在公司中扮演非常明確的角色。

基蘭是我在面試時遇到的傳播部門主任，他負責各國政黨的品牌行銷和全球資訊傳播的策略。我看過他之前在廣告領域所得到的獎項列表，真的令人印象深刻。此外，之前他在企業品牌行銷領域的工作，也比我所見過的大多數人都還要好上不少。除了亞歷山大以外，基蘭在公司待的時間最長。他曾經給我看了 30 幾頁他在 SCL 公司所設計的政黨宣言和政綱。

另一位員工佩里葛・威洛比—布朗（Peregrine Willoughby-Brown）（簡稱「佩里」）是位加拿大人，他雖然只在 SCL 公司做了幾年，但已經拜訪過好幾個國家，處理當地選舉、組織團隊、蒐集數據資料、組織當地活動。最近他剛去了迦納，在那裡參與亞歷山大曾和我提過的大型公共衛生計畫。在佩里的教導下，我了解了在美國以外的國家參與選舉活動是什麼樣的情況。在發展中國家裡，選舉後勤會是一場噩夢。有時甚至連進入某些地區都很困難，因為道路可能被沖毀或者根本不存在。但佩里笑著說，大多數的問題其實出在人身上。譬如，常常和當地的民調人員和遊說人員說好了，但他們卻沒有出現；或者他們在拿到第一份薪水之後就消失了。

喬丹・克萊納（Jordan Kleiner）是位樂觀開朗的英國員工。他的胸前有一隻巨大的孔雀刺青。他負責的是整理 SCL 公司的研究，並擔任研究部門、傳播部門和行動部門之間的聯繫窗口，同時也擔任資料分析部門和創意部門之間的溝通橋梁。他知道如何將研究轉化成有效的文字和圖像宣傳。

從我這樣的新人眼裡看來，公司團隊中都是很有想法、也能解決問題的人，而且他們都是政治上的自由派。 在 2014 年初冬的時候，大家看起來也沒有因為公司簽下了保守派客戶而感到困擾。我認為，

那是因為他們當時還沒有和保守派人士進展得太深入。美國期中選舉的合約，讓他們有機會認識了美國政治圈中的鷹派人物以及某些保守派怪人。但他們很可能認為那只是一次性的合約，畢竟當時公司還沒有簽下後來共和黨初選的合約。

那時，辦公室裡的氣氛很輕鬆，同事間的革命情感也很強烈。而且因為人很少，每個人的工作也不會互相重疊，所以團隊中的成員沒有太多的競爭關係。

SCL 公司和劍橋分析公司中的員工們都被亞歷山大的遠見所激勵。員工們在此看到的機會，就像是在創立初期的臉書公司中所看到的一樣，而臉書公司上市沒幾年，就達到了 180 億美元的估計市值。亞歷山大就想要這種類似的成果。而做為千禧世代，這裡的員工們都把馬克・祖克柏（Mark Zuckerberg）的公司視為卓越創新的典範。畢竟在他成立臉書之前，沒有人成功發展出那樣的商業模式。

劍橋分析公司是以「連結」和「參與」等概念為基礎來創立的，這和臉書公司的理想不謀而合。劍橋分析公司的存在理由，是要提高人們對某些未知領域的參與度。而已經在那些領域中工作的公司員工們，顯然相信他們正在創造一些很重要的東西，只是這個世界還不知道這些東西是生活中不可或缺的。這就跟當初臉書公司的員工所想的一樣。

「個資買賣」是現代的「新石油」，
SCL 不計代價、極盡所能的挖取

亞歷山大占據了辦公室靠前位子中一個玻璃箱似的房間，而資料分析科學家占據了辦公室靠後方的另一個。後者的房間內到處都是電腦工作站，公司的小型科學家團隊就整天黏在工作站的螢幕前工作。

在這個科學家團隊裡，有些人感覺很怪，因為他們從來不與人交

往。其中一位科學家是羅馬尼亞人，有著一雙深褐色的眼睛。他的專業是研究設計（research design）：他可以將一個國家劃分成不同的區域，並用統計方法找出精確的抽樣人口。如此一來，其他人就可以利用精確的抽樣來找出目標受眾。另一位科學家則是立陶宛人，但時髦的打扮讓他看起來像英國人。他經常穿著英式吸菸便裝（smoking jacket）來上班，擅長的工作是資料蒐集和策略分析。

資料分析部門的兩位共同主管是亞歷山大・泰勒（Alexander Tayler）博士和傑克・吉列特（Jack Gillett）博士。前者是沉默寡言、有著紅色頭髮的澳洲人，後者是個性友善、有著黑色頭髮的英國人。泰勒和吉列特兩人是劍橋大學的同學。畢業後，兩人都在大型企業做了幾年的小小螺絲釘：泰勒在蘇格蘭皇家銀行（Royal Bank of Scotland），而吉列特則在油田服務公司施蘭卜吉（Schlumberger）。他們之所以會來到 SCL 公司，都是因為想要設計出頂尖的資料分析程式，並且由此展開自己的事業。

泰勒和吉列特擁有一個強大而靈活的資料庫，可以隨時為公司所用。這讓我們在需要參與新的選舉活動時，有很大的優勢。通常，每次選舉開始時，選戰團隊中負責數據資料的人都必須從頭開始建立資料庫，或者必須從供應商那裡購買資料庫。但 SCL 公司擁有自己的資料庫，而且我們也可以買到愈來愈多的數據資料。同時在接觸每位新客戶時，公司會建立更精確的資料建模。雖然我後來了解到這種「優勢」的代價，也了解到要說服客戶與 SCL 公司永久共享資料會產生什麼樣的法律爭論，但就當時而言，我覺得我們的資料庫是一種非常強大且正面的工具。

在歐巴馬第一次競選總統時，我們根本沒有什麼先進的預測分析技術可以運用。但在這之後的 6 年裡，情況發生了很大的變化。根據亞歷山大的說法，「個人資料」是一種不可思議的「自然資源」。它是一種可以大量開採的「新石油」，而劍橋分析公司有望成為世界上最大也最具影響力的資料分析公司。對於那些有冒險精神或有創業精

神的人來說，這是個前所未有的機會。畢竟到處都有能探勘的新資料，這意味著到處都有能占為己有的新領土。現在這個時代，就是這個新興產業的蜜月期，或者像是亞歷山大說的，這一切就相當於過去美國「狂野西部」（Wild West）的拓荒時期。

亞歷山大首次操盤美國期中選舉，就獲得不可思議的 75% 成功率

　　亞歷山大常常不在辦公室。他的公司剛剛在美國取得了政治上的巨大成果：在美國期中選舉的 44 個競選中贏得了其中的 33 個。這樣的事真的是前所未聞。畢竟一家外來的傳播公司第一次參與選舉就達到了 75% 的成功率，著實讓人震驚。而現在亞歷山大經常外出，就是為了利用公司近期的成果來招攬新業務。我知道他在美國時，會飛來飛去與比爾·蓋茲（Bill Gates）這樣的人物會面。而當他在倫敦時，他會招待馬丁·索瑞爾爵士（Sir Martin Sorrell）這樣的英國億萬富翁。

　　SCL 公司的辦公室不是那種可以和重要企業家或國家元首們會面的地方。這裡的空間黑黑的，沒有窗戶，即使到了中午也很昏暗。辦公室的地毯有著像是工廠般的灰色，看起來非常舊；頭頂上的吊掛式天花板坑坑疤疤、凹凸不平，而且還有奇怪的汗漬。辦公室裡除了兩個玻璃隔間（一間是亞歷山大的，另一間則給了資料分析科學家），只有一個約 28 坪大小的共同空間，而所有的員工都擠在共同空間之中，坐在兩組拼湊在一起的桌子前。而唯一的私人會議空間是一個小房間，大約 2.4 公尺長，3 公尺寬，裡面只有一張桌子、兩把椅子，而且還沒有通風設備。這個房間被我們稱為「汗水箱」（Sweat Box）。當員工們像沙丁魚罐頭一樣擠在「汗水箱」裡的時候，亞歷山大則更喜歡在附近裝潢時尚的酒吧或餐廳招待潛在客戶。

我的職稱是「特別顧問」，
工作是盡速找到有錢、有迫切需求的政治客戶

　　到了 12 月的第 2 週，我終於有機會在辦公室裡遇到亞歷山大，並坐下來和他談話。他和我討論了一些我可以參與的計畫。談話中，他明確地表示如果我想在公司裡進行社會關懷或人道援助計畫，我必須自行籌募資金。當然，他也祝福我能成功在非洲進行「後伊波拉時期」的人道援助計畫。在我的這個計畫中，我很想和世界衛生組織、賴比瑞亞政府以及獅子山共和國政府合作。而在切斯特的幫助之下（透過他無與倫比的人脈），我將有機會接觸上述這三個單位，看看他們是否會接受我的提案。

　　那時，亞歷山大還建議我研究一下即將到來的幾場國外選舉，看看有沒有可能找到潛在的客戶。他叫我從切斯特的上司（那位總理），還有第一次在那家壽司店見面時遇到的兩位中亞朋友那邊，了解一下潛在客戶的後續發展。此外，我們也從其他管道找尋客戶。有些管道是我自己找的，還有些則是透過切斯特和其他朋友介紹而認識的管道。

　　亞歷山大說，在聯繫潛在客戶時，我必須馬上確定三件事情。第一件事情是「這裡會有需求嗎？」意思是這裡可能會需要什麼計畫嗎？第二件事情是「你有預算嗎？」第三件事情則和第二件同等重要：「你有時間表嗎？」如果某個潛在客戶沒有時間表，那麼計畫就沒有急迫性。在這種情況下，無論客戶口袋裡有多少錢，很可能都不會有任何進展。

　　亞歷山大也說，我需要一個職位頭銜，一個「聽起來令人印象深刻，但又不過分誇大」的頭銜。他繼續解釋：這樣的稱呼在公司內部沒有什麼意義，因為它只是一種標籤，但是它可以讓我在向客戶談話時，更清楚表明自己的身分。

　　於是我建議用「特別顧問」（Special Advisor）這個頭銜。亞歷山大

聽了還滿喜歡的，因為它符合我的兼職身分，而且聽起來模稜兩可。我之所以喜歡這個稱呼，是因為我夢寐以求的聯合國特使也會使用這樣的頭銜，譬如說「人權事務特別顧問」。

所以現在我要做的，就是努力投入這份工作。

我年輕的時候，曾在芝加哥街頭當募款員。從事這種工作的時候，我只有 60 秒說服路人，讓他們把信用卡資訊交給我，並簽名每月固定扣款給他們可能從未聽說過的慈善團體。在那樣的過程中，我變得習慣被拒絕，也不害怕接觸陌生人。而在我近期的工作中，我必須打電話給各國大使、達官顯要以及外國商人，同時必須每週在英國的上下議院待上幾天。我可以和各式各樣的人交談，包括在英屬印度時期出生的老一輩商人，或者是正在統治某個國家的總理（無論這個國家是大是小）。

奈及利亞億萬富翁急需 SCL 協助，總統一旦失勢將性命不保

2014 年 12 月，我就是抱著這樣的勇氣，和利比亞王子伊德里斯・本・歐塞努西（Idris bin al-Senussi）取得了聯繫。而在這之後，我也開始和利比亞這個國家密切地熟悉了起來。當時一位朋友好心幫我引介，提到王子有一些朋友可能會需要我們的幫忙。聯絡到王子時，他對我們說，還有幾個月奈及利亞就要舉行總統大選了，而一些非常富有的奈及利亞石油富翁因為和現任總統結盟，所以很害怕自己的候選人會輸掉選舉。伊德里斯王子還告訴我：「這些人在宗教上非常虔誠。如果現任總統不能獲勝的話，他們擔心自己和家人的性命不保。」

聽完王子的話，我告訴他說，SCL 公司 2007 年曾在奈及利亞做過選舉工作。這讓他驚喜不已，希望立刻安排見面。他問道：亞歷山

大和我能立即飛去馬德里與他們會面嗎？

亞歷山大非常想讓公司拿下這份合約，但他也有點懷疑我身為初學者的能力。他的行程有衝突，不能馬上飛去馬德里。所以我必須盡可能研究很多過去的案例，為那些奈及利亞人準備好一個方案，然後獨自飛往馬德里。而亞歷山大要到第二天才能抵達，那時他會更正式地向他們介紹。但我準備好接受挑戰了嗎？畢竟在他抵達之前，我必須獨自完成所有事情。

那時的我既害怕又興奮。因為那是我第一次代表這家公司，但我對公司的了解程度仍然很有限。我才剛開始工作兩個多星期，而且我對奈及利亞幾乎一無所知。我只知道它是非洲人口最多的國家，約有2.5 億人。而對於這個國家的歷史和政治現況，我只有入門級的知識。此外，我也還不清楚即將到來的奈及利亞總統選舉中，有什麼樣的候選人和政治議題。儘管如此，雖然一切都還不確定，但一份可望成功的合約好像就在我眼前了。亞歷山大還告訴我，這會是一份價值數百萬美元的合約。看起來，這份奈及利亞的工作符合上述提到的所有標準：這是一個明確的計畫、客戶很有錢，而且時間緊迫。於是我告訴亞歷山大：好，我要去馬德里。

在馬德里的會面之前，我在公司的辦公室裡四處尋找關於 2007年奈及利亞選戰的資訊。但我沒有找到太多相關的檔案，所以只好仔細研究了針對其他國家的計畫和案例研究。接著，我熬夜了一整晚，和一位資歷較淺的員工一起寫好了提案。當時，我想那做為一個介紹的起頭已經足夠了（特別是在如此匆忙的情況下）。但是眼看離 2015年2 月 14 日的奈及利亞大選投票日已經沒有多少時間，我們甚至已經做好沒辦法拿下合約的心理準備。不過我必須強調，這並沒有讓我退縮。

奈及利亞的局勢很複雜。那些潛在客戶想支持的人，是現任總統古德拉克‧強納生（Goodluck Jonathan）。我的人權律師朋友約翰‧瓊斯告訴我，強納生是一名基督徒，也是一名進步派人士。自從 2010

年上任以來，他為奈及利亞聯邦帶來了許多實質的改革。有些人認為他是年輕人和中下階層的捍衛者。他曾致力於清理環境災難，包括處理讓該國貧困地區大約 400 名兒童死亡的鉛中毒事件；他還很努力將很不可靠的國內電網私有化，以穩定國家的能源供應產業。然而，他的政府也很腐敗。最近他甚至變得不受歡迎，在很多方面都讓人民失望。大家尤其失望的是，他公開表示自己沒有能力把那些被博科聖地（Boko Haram）武裝分子綁架的 200 多名女學生帶回家。不久之前，他還被指控自導自演了一起恐怖爆炸事件。但是，我的朋友約翰・瓊斯也和我說，在這次選舉中，強納生是兩個爛蘋果中比較不爛的那一個。

因為另一位候選人是穆罕默杜・布哈里（Muhammadu Buhari）。

過去 30 年來，布哈里參與了兩次軍事政變。在第一次政變之後，他被任命為省長，在第二次政變之後，他自行宣布成為總統。在他的高壓統治下，他曾表示支持伊斯蘭教法（Sharia law），並迫害學者和記者。許多團體都在國際刑事法庭控告他，指控他侵犯人權，犯下反人類罪行（布哈里對此予以否認，最終國際刑事法庭沒有起訴他）。[1] 事實上，根據國際法，如果這些指控是真的，那麼他根本沒有資格競選總統。約翰同意利比亞王子和他的石油富商朋友們的看法：如果布哈里贏了，這個國家可能會陷入暴動之中。[2] 現在離大選的時間所剩無幾，而情況看起來對布哈里有利。身為一名人權運動人士，我慶幸至少 SCL 公司站在比較好的這一邊。

SCL 的選舉行銷無孔不入，
能夠鑽進奈及利亞每個村莊，甚至影響特定人士

亞歷山大安排我在一家豪華飯店招待奈及利亞人，他也指示我招待他們一頓豐盛的晚宴。我從來沒有被賦予這麼多責任，而且眼前還

有這麼多無法預期的事。

當我到達馬德里時，我發現伊德里斯王子只帶了一位奈及利亞人在等我，甚至這位奈及利亞人也不是我預期會遇到的人。看來，潛在客戶們決定指派一名代表來參加會議。這個代表是一位身材高大魁梧、看起來有點嚇人的中年男子，但我看得出來他非常緊張。這也讓我感覺好多了。

我順利熬過了第一天，成功對潛在客戶展示了我的提案，並詳細說明了 SCL 公司能為他的老闆做些什麼。我們公司能提供的服務包括民意調查、部落和族群研究、反對派研究，甚至還有「競爭情報」（competitive intelligence）。競爭情報就是利用最先進的資料蒐集技術，來了解每位候選人的個人生活和財務背景，並查詢過去候選人政黨的交易活動或其他「隱藏活動」。我沒有天真到以為這不是負面選舉的手段。但我認為，在這個選舉的最後衝刺階段，可能有必要運用一些迅速而有效的手段。

現在已經沒有時間做 SCL 公司所謂的「內部稽核」（party audit）方案了。內部稽核方案就是去蒐集每位政黨成員的詳細情報，包括他們的投票所和他們所加入的政治組織。此外，我們也沒時間慢慢去找出搖擺的中間選民了。但是我們能夠在已經大力支持古德拉克‧強納生的地區，展開強而有力的投票動員。如果最後我們能取得足夠多的領先票數獲勝，就可以消除當地人民對於選舉結果的不信任，或許還可以防止選後暴力的出現。

當亞歷山大終於在第二天抵達，開始做正式的介紹時，我鬆了一口氣。能夠欣賞到他的推銷技巧是一件很美好的事。他流利雄辯的口才是優雅的化身。他在說話時總是流暢又有自信，身穿著整齊的藍色西裝，打著絲質領帶，看上去很有紳士風度，同時也比絕大多數我認識的人更有群眾魅力。我懷著一種熱情和欽佩的情感望著他，那是我以前從來沒有體會過的感覺。

一開始他簡報的內容，和 10 月時的簡報（切斯特和我第一次拜訪

SCL 辦公室的那次）大同小異。簡介中出現一樣的投影片、一樣的鯊魚和海灘警示牌，一樣的《廣告狂人》評語、一樣的「由上而下的地毯式廣告」對抗「由下而上的導引式廣告」，還有一樣的科學和心理學研究。然而，他這次的演講聽起來更流暢、更誇張，也更有說服力了。這樣的場面和演講對他來說似乎都毫不費力，而我就像在看著最棒的 TED 演講一樣：欣賞完美的控制，完美的編排。那時，亞歷山大手裡正緊緊握著一支小小的簡報遙控器。在我心目中，上面的按鈕似乎有著能控制整個世界的潛力。

那位代表億萬富翁們出席的男子身體微向前傾，和王子一樣全神貫注地聽著，然後不時贊許地點點頭。當亞歷山大講到 SCL 公司有能力「針對各個村莊或街區散播訊息，甚至縮小到特定的人士」的時候，兩人都睜大了眼睛。

SCL 公司可以做到這一點，是透過了一些特殊方法。這也就是它之所以和世界上所有其他選舉宣傳公司不一樣的其中一個重要原因。亞歷山大曾說，我們並不是一家廣告公司，而是一家重視人類的巧妙心理，並且在科學上很嚴謹的傳播公司。

「政治選戰和政治傳播必須正視的最大錯誤就是，他們總是從既有的角度出發，而不是從真正理想的角度出發來思考。」亞歷山大說道：「政治人物往往一開始就有一些先入為主的想法，以為自己知道大家需要什麼，以此做為選戰的主題。」

所以，他繼續說，SCL 公司經常遇到這樣的情況：客戶試圖告訴我們應該做什麼。通常，客戶的想法是他們需要到處張貼海報和發布電視廣告。

「但是，」他問道，「你怎麼會覺得那是正確的做法呢？」

兩位客戶揚起了眉毛。

「因為我們對總統、政黨或客戶是誰這種事一點都不感興趣，」亞歷山大輕蔑地說著。「我們只對受眾感興趣。」他停頓了一下，等待兩位客戶的反應，然後點到下個投影片。上面是一張電影院中觀眾

盯著螢幕看的照片。

「要說明這一個概念，」他指著投影片說，「就想想，你想在電影院賣更多的可口可樂，對嗎？」

兩位客戶點了頭。

如果你問一家廣告公司他們的計畫是什麼，他們會說「你需要在售票處擺更多的可樂、你需要可口可樂的品牌行銷、你需要在電影開始前放可口可樂的廣告。」亞歷山大說完搖了搖頭。「這一切都是為了可樂。」他說，但這就是現今政治選戰的問題所在。

「但是，」他繼續接著說，點了另一張投影片，輪流放大這張投影片上左邊、右邊和中間的可口可樂廣告圖像，很快地投影片上的資訊幾乎變得有點太多了。「如果你停下來看看目標受眾，想一下『在什麼情況下，他們會喝更多的可口可樂？』然後研究一下，你就會發現，他們口渴的時候更有可能喝可樂。」

他再次停頓一下。

「所以，」他繼續說，然後換另一張投影片，「你要做的，就只是提高溫度而已，就在電影院裡這麼做。」

投影片上的圖像是一個卡通造型的溫度計，其中紅色的水銀上升著，幾乎讓溫度計爆裂。

亞歷山大說，所以解決方案並不在廣告裡。「解決方案就在受眾這裡。」他又停頓了一下，確定客戶聽明白了這一點。

解決方案就在受眾這裡。我想了一下，發覺自己也從來沒想過這一點。

這個瞬間，我感到震驚，也覺得眼界大開。亞歷山大第一次向切斯特和我說「地毯式廣告」毫無價值的時候，我也有這種感覺。他提出了一個很棒的觀念：**要讓人們行動，你要創造條件，而這個條件必須迫使他們更有可能去做你想讓他們做的事。**這個觀念的簡單程度，簡直讓我大吃一驚。

奈及利亞代理人非常滿意我們能提供的服務

亞歷山大說，SCL 公司早就已經在世界各地一次又一次地實行這個方法了。

2010 年在千里達及托巴哥共和國，SCL 公司曾針對該國的「混合族群」（mixed ethnicity）（該國一半族群是印度裔、另一半則是非洲裔）散播訊息。「在那裡，一個群體內部的政治領袖想要傳遞訊息時，常常很難讓外部群體產生共鳴。」他說道。因此，SCL 公司當時設計了一個極具野心的「政治塗鴉」計畫。透過在地街頭塗鴉，讓選戰訊息更有效地傳播出去。結果後來該國的年輕人真的成群結隊出來投票。

我心想，真聰明。讓年輕人在選舉時出來投票，一直都是一件很困難的事。

另外在 2011 年哥倫比亞的波哥大（Bogotá），SCL 公司發現，因為這個國家中隨處可見腐敗的政客，所以一般民眾都不信任任何正在競選的候選人。SCL 公司的解決方法就是去「招募其他平民」來為這些候選人背書。只要候選人本人不現身的話，讓一些當地平民為他背書會是非常有效的做法。

聽到這裡，奈及利亞的代表想知道，如果把即將到來的選舉工作交給 SCL 公司，那麼他們能多快看到結果？

我知道亞歷山大會怎麼回答，因為我在 SCL 公司的宣傳手冊上讀到過：SCL 公司的服務一直都是「結果導向」的。我們公司會和客戶一直合作，以確保服務的效果「能夠立即讓客戶辨別和衡量」。

聽了回答，奈及利亞的代表看起來很高興。

簡報結束之後，我和亞歷山大共進晚餐。我們談到了奈及利亞的競選活動以及他多年來做過的所有其他競選活動。那時，我才意識到亞歷山大・尼克斯很可能是世界上最有經驗的選舉顧問。我開始把他看作是一位重要的導師。而雖然在剛開始工作的幾個星期中我很少有機會接近他這個人，但是他現在卻開口邀請我去見他的家人或是去看

他打馬球。我很驚訝他會這麼問我，尤其我覺得兩件事聽起來都很不錯。

然後在我們一起飛回倫敦的那一天，我和他度過了一段讓我覺得彼此是平起平坐的美好時光。那天為了維持 SCL 公司節儉的傳統，我們買了經濟艙的機票。但在登機前，他邀請我一起去商務艙的休息室。在那裡，我們拿了一杯免費香檳，同時一起為未來的成功乾杯。「乾杯！敬未來！」我們對著彼此說道。

回到倫敦的時候，聖誕節就要到了。在某次公司的假日派對中（那次的派對主題是美國「禁酒令時代」），我穿著一件「飛來波女郎」（flapper）風格的裙子，戴著從一位服裝設計師朋友那裡借來的白色長手套，嘗試和所有在派對中遇到的人都打成一片：譬如佩里、薩比塔以及來自加拿大、金髮碧眼的政治傳播專家哈里斯・麥克勞德（Harris McCloud）。我也和幾位資料分析科學家聊了天，其中包括埃亞・卡金（Eyal Kazin）博士和塔達斯・朱西卡斯（Tadas Jucikas），他們兩位是資料分析部門主管亞歷山大・泰勒博士的左右手。當時，我其實還不算是這個團隊的一員。畢竟我只是一位新進員工，心中充滿好奇，而在那樣嘈雜的地方其實很難進行自我介紹。儘管如此，我還是盡可能和其他人聊天。然後我也發現，亞歷山大沒有來參加派對。後來知道他和賽莉絲去了迦納，和迦納總統討論合作的可能。那時，我很羨慕他能專心工作。

突然間，一位我還沒見過的資料科學家走過來跟我打招呼。「所以，操縱選舉的工作進展得如何？」他問道。

我不知道該如何回答，所以在那裡站了一會。我看著他，也看著他端著的飲料：一杯冰涼、剛搖過的義式濃縮咖啡馬提尼。我剛好也在喝同樣的酒。如果我沒有戴白色長手套，大概會冷到拿不住玻璃杯。雖然我們喝著冰飲料，但是我還記得房間裡的高溫讓人很不舒服。

我不記得當時的我是怎麼回應他了。也許是用一些輕鬆愉快的事

情帶過。畢竟，一個人應該如何回答這樣的問題呢？這個問題到底是什麼意思？

石油富翁要親自談選戰合約，
我得立刻前往華盛頓！

　　大約就是我開始在 SCL 公司做顧問工作的時候，我和一個叫提姆（Tim）的蘇格蘭人開始約會。他和我約會過的大多數男人不同，而且他讓我想起了亞歷山大。提姆也曾就讀於英國的私立寄宿學校，家境優渥。提姆比起我在私生活中所認識的大部分人都還要保守，這點和亞歷山大也有點像。他從事業務開發的工作，和我最近開始的工作類似。他喜歡社交活動，總是聚會時聲音最大、最歡樂的那個人。他喜歡穿著正式的三件式西裝，看起來和登上《GQ》雜誌封面的男人一樣帥氣。

　　關於他的事，我其實沒有仔細跟我家人說，因為覺得還不是時候。之前和家人分享我最近的生活時，我有過不太好的經驗。例如當我告訴母親關於我新工作的事情時，她變得很焦慮。

　　「哦，不！」她喊道，然後說希望我不要放棄博士學位。我向她保證，我沒有這樣的打算。

　　我還記得，那年的聖誕節我無家可歸。我的家人早就已經開始打包搬離家裡了。那時，心裡就連出現要聯絡他們的想法，都讓我感到鬱悶而無法細想。因此我只好想要全心全意投入到 SCL 公司的工作之中，就好像在聖誕節和新年之間的短短幾天裡，我得阻止什麼重大的災難發生。於是我繼續追蹤了奈及利亞選舉計畫的後續發展，心想也許那個提案會成功。而且我想要讓它成功，我想要看見一些美好的事情出現。那時我真心希望整個假期都能撇開私事，然後繼續工作，把心思都放在工作上。但是，公司的辦公室只開到聖誕節的前一天。

最後，提姆邀請我去他蘇格蘭的老家。離開倫敦，似乎是轉移注意力的好辦法，於是我答應了。提姆的父母住在兩棟緊鄰的百年鄉村別墅裡，四周環繞著修剪整齊的草坪。提姆的家人都很熱情好客，所以我整個聖誕節都沉浸在聊天、喝茶、品酒和談笑之中。他們讓我有回到家的感覺。然而在這段假期中，每當我想到我家裡所發生的事（我還沒有讓提姆或他的家人知道），我就會同時擁有美好又悲傷的感覺。

他們的別墅位於鄉村深處，那裡幾乎收不到手機訊號。所以，我拜託提姆的父母允許我把他們家的電話號碼告訴客戶，以備不時之需。他們同意了，而我只把電話號碼給了我母親、亞歷山大、伊德里斯王子和奈及利亞的客戶。亞歷山大曾對我說，如果馬德里的會面一切順利，那麼我們可能會在聖誕假期時，收到王子或奈及利亞代表的回音。

「現在不把握的話，就沒有以後了。」亞歷山大在離開前曾說道。他要前往迦納，然後和家人一起度假。畢竟，那時離選舉只剩下1.5 個月多的時間。

一天晚上，電話響了。提姆的哥哥跑過去接電話。我在另一個房間豎起耳朵聽著。

「我們不需要你賣的東西！」我聽見他大聲地喊道。提姆的母親也在附近，我能聽到她急急忙忙接過話筒，因為她知道我在等一通重要電話。一陣慌亂之後，提姆的哥哥來到我待的房間，那時他的臉漲得通紅。

「布特妮，電話是找你的。」他停頓了一下。「好像是……一位王子？」他聳著肩說道。

伊德里斯王子！我馬上打起精神，衝出去拿起電話。「晚安，王子殿下。」我說。

他那邊有好消息，而且也已經打電話給亞歷山大了。現在王子跟我聯絡，他說奈及利亞人想要馬上更進一步：這次他們想要親自見面

討論我們的提案。現在他們在華盛頓特區。

王子說，亞歷山大正在度假，無法脫身。所以，「你必須馬上準備行李，親自飛過去見他們。」伊德里斯王子對我說道。

掛上電話之後，我幾乎無法呼吸。感覺 SCL 公司肯定不會派我去。畢竟他們還有一些資深員工可以負責。而我只是一位在那裡兼職了三個多星期的研究生。

突然，電話又響了。這次是亞歷山大。在我能說「你好」之前，他已經開口。

「好吧，小布，」他叫著我從未聽過的暱稱，「你準備好證明自己了嗎？這些人說他們準備更進一步，但也希望親自見面談妥這個交易。畢竟，要談妥，一定要面對面。」

我繼續聽著。

其他人都在度假或者聯繫不上，亞歷山大說：「那就只剩你了，親愛的！」

我不知道自己是否真的能夠勝任。

「如果你真的想要做，而且你不覺得他們在浪費我們時間，那麼現在不把握的話，就沒有以後了。」他繼續說。「如果你能談妥這件事，我就欠你一個大人情！」

#利比亞王子 #馬德里 #石油富翁 #時間緊迫

第 4 章

奈及利亞億萬富翁氣炸了

2015 年 1 月～ 4 月

那趟前往華盛頓的旅程比我預想中的還要好，也比任何人想像中的都還要好。

聖誕節剛過，我就離開了提姆在蘇格蘭的家，前往華盛頓和幕後的一位奈及利亞億萬富翁會面。當我抵達時，這位富翁已經見了一些當地的政府官員和商人，他希望透過那些人來引發公眾對總統大選挑戰者穆罕默杜‧布哈里的抗議。但是效果並不好。所以他很有興趣和 SCL 公司簽下合約。

他身材魁梧、體格健壯、儀表很有氣勢，整個人看起來嚴肅而富有（關於很富有這件事，他的確讓我留下了深刻的印象）。我還覺得他看起來有點嚇人。顯然地，他很不習慣和女人談生意，更不用說年輕的美國女性了。另外，對於亞歷山大是派我來而不是親自來的這一點，我感覺他不太滿意。

那時我帶著我的提案，盡我所能地向他解釋清楚，在距離奈及利亞總統選舉還有 6 個星期的時候，亞歷山大認為 SCL 公司能夠幫他們做些什麼。

政治上，奈及利亞分裂成兩個勢均力敵的最大政黨：古德拉克‧強納生的人民民主黨（People's Democratic Party）和支持布哈里的政黨。

現在已經沒有時間去爭取那些搖擺的中間選民了，所以我們的工作會是加強動員強納生的支持者，以提高投票率。更重要的是，我們要確保勝選的票數差距夠多，這樣才能避免爭議，從而防止隨後可能發生的暴動事件。

選舉合約成交，
付款方式是在私人飛機上塞滿 180 萬美金現鈔？

那時，我們打算用廣播做為我們主要的傳播媒體，這也是奈及利亞農村地區最可靠的傳播工具之一。我們將會在廣播中塞滿廣告、付費專訪和街頭採訪片段。我們還會做一些電視廣告，也會在報紙上刊登廣告和專欄。因為當地只有 10% 的家庭有網路，所以數位選戰只會在少數城市地區進行。我們會放送一些臉書和推特（Twitter）的貼文、YouTube 內容以及網頁廣告。我們也會運用某些目標地區的街道告示牌做廣告，因為我們在當地沒有足夠的資料可以找出目標受眾。而且就算有資料，也沒有足夠的時間來做資料建模，所以不能用這種更科學的方法來預測個體的行為。

我告訴這位來自奈及利亞的億萬富翁，即使採取了所有這些策略，SCL 公司也不能保證古德拉克・強納生會贏得大選。但在現在這個時間點，我告訴他（就像亞歷山大在馬德里時告訴他們代表的話）：我們公司是他最好的機會。

那個人點了點頭。但要多少錢？他想知道。亞歷山大曾經說過，這些工作至少需要 300 萬美元。

這名男子猶豫了一下，然後提出了 180 萬美元的價碼，還補充道：如果他在私人飛機上塞滿現金寄給我們，我們介意嗎？他繼續補充：如果不合適的話，他們可以把現金藏在汽車內部，然後把車子送到事先講好的一組祕密座標。他們會把車門拆下來，把輪胎割破，這

樣就沒有人能偷車了。他說在他的國家裡，合約就是這樣敲定的。我聽了覺得很震驚，震驚到不知所措，於是趕緊狂打電話給亞歷山大。

當我聯繫到亞歷山大時，他一派輕鬆地解釋說，我們不收現金，他的語氣就好像經常有人提供付現的選擇一樣。相反地，亞歷山大要求對方電匯款項，而這完全不是問題。當我 1 月 2 日回到英國時，那筆錢已經匯到亞歷山大提供的帳戶上了。他欣喜若狂，因為這筆 180 萬美元的交易，是 SCL 公司在如此短的時間內所達成的最大一筆交易。他說他早就知道我會做許多讓他吃驚的事。而這次與奈及利亞人的交易不會只是我身為新手的好運而已，他對此深信不疑。

我竟然連一毛佣金都拿不到

那時的我也非常激動。我想，我可能會得到一筆可觀的佣金或分潤，這筆錢甚至可能足以把我父母的房子從銀行那邊救回來，讓他們過一陣舒適的日子。於是我打電話給我妹妹，告訴了她這個好消息。

但是亞歷山大卻有不同的想法。我和他其實沒有談過佣金的事宜，而且伊德里斯王子也在等著一筆佣金，因為這些客戶是透過王子介紹來的。此外，亞歷山大會是主導奈及利亞工作團隊的人，而這次的預算花費可能會很高。

知道這些以後，我感到垂頭喪氣。這次我幫公司完成了一大筆交易，而我能得到的唯一獎賞只有我的每日薪資。這感覺一點也不公平。

於是我打電話給切斯特，發洩我的情緒。

我不是很確定，在我和切斯特交朋友的過程中，我是什麼時候開始意識到切斯特比我還有更多特權的這件事。我知道他小時候去瑞士的私立寄宿學校讀書，我知道他到處旅行。但後來我才知道，他有時候是坐私人飛機去的。他無法直接取用他們家的家庭基金，所以他必

須自己賺錢工作，靠自己賺來的錢生活。但是因為他的家庭仍然是可靠的靠山，所以如果出了什麼問題，他可以依賴家人。和我比起來，他顯然身在一個完全不同的社會階層。

有時，他會說一些或做一些事，讓我想起他所處的社會階層，也想起他的經歷。然後我會突然意識到自己和他是多麼的不同。當他在電話中聽我發洩時，他認同我為 SCL 公司所做的是一件很了不起的事，所以我應該得到更好的報酬。就是在那時，他說他有一個想法，或許能讓我得到更多的機會和建立更多的人脈，並且為自己招攬到額外的生意。而且這一切最後還有可能讓我在 SCL 公司獲得大筆委託佣金。他說，我和他可以一起去達沃斯（Davos）世界經濟論壇（World Economic Forum）的年度會議。這場會議在 1 月下旬舉辦，距離現在只剩幾週的時間。

他建議我們一起參加達沃斯論壇的這件事，也讓我更加意識到切斯特的人脈是多麼廣闊。我知道他以前參加過這個會議，但那時我不知道那代表了什麼樣的意義。我當然聽過「達沃斯論壇」。從 1971 年以來，位於瑞士阿爾卑斯山脈的度假小鎮達沃斯，每年都主辦了著名的「世界經濟論壇」年度國際會議。世界經濟論壇是一個非營利組織，其成員包括一些世界上最有錢的超級富豪和最有權力的公司執行長。他們每年都會在達沃斯舉辦會議，一同出席的人還有公共知識分子、記者，以及許多來自 GDP 世界排名前 70 名國家的領袖。他們參加的目的是「形塑全球、地區和產業方面的重要經濟議題。」[1] 而會議的主題，從人工智慧到解決經濟危機等無所不包。那年的達沃斯論壇會議的與會者包括：德國總理安格拉・梅克爾、中國總理李克強、美國國務卿約翰・凱瑞（John Kerry），以及來自《財富》世界前 200 強企業的商界領袖。[2]

儘管達沃斯論壇的立意良善，但近年來論壇的名聲卻開始崩壞，因為許多裝腔作勢的人和電影明星們也來湊熱鬧到此地聚會狂歡。2011 年，安東尼・斯卡拉姆齊（Anthony Scaramucci）在達沃斯舉辦了一

場品酒會，這場品酒會最後演變成一場「醉後大混亂」（引述當時一位記者的話）。值得一提的是，斯卡拉姆齊後來還成為唐納‧川普總統的發言人，也是美國政治史上最短任期的發言人。切斯特說，他的確聽過縱慾狂歡的傳言，但他覺得那些傳言很荒謬，因為沒有人會在世界舞臺上冒著損失名譽的風險做壞事。[3]

切斯特向我保證不會出現這些事情。達沃斯論壇，是要與會者在一星期內完成一年份工作的地方，所以大家都會盡可能地保持低調。

你怎麼可以不去呢？切斯特說道。而這根本不是疑問句。但是他也提到：「你要做好準備。那裡的人就像禿鷲。不要讓他們占你便宜，不要喝太多酒，不要和你不需要認識的人說話。」

我問他還有什麼最後的忠告嗎？他警告我說，絕對不要穿高跟鞋去。達沃斯在高山之中，村莊的街道很陡峭。切斯特繼續說，瑞士人太龜毛了，他們為了保護路上的木地板，拒絕撒鹽在積雪的人行道上。而每年1月的積雪都讓地面變得很溼滑。於是在達沃斯，看著論壇與會者（包括各國總統和總理）滑倒然後屁股著地，已經成為當地居民的重要娛樂活動之一。

切斯特說，沒有人想變成這場娛樂活動的主角。所以最好做好準備。

亞歷山大不讓我加入奈及利亞選戰團隊？

亞歷山大在1月初就選好了參加奈及利亞選戰的團隊，包括佩里、哈里斯以及公司裡的萬事通詹姆斯‧格里利（James Greeley）。亞歷山大本來也想派我去，但是因為這次我在談定合約時表現得很好，所以他要我留下來尋找其他可能的新合約。他覺得這樣更好。他對我說，你很擅長推銷。這樣說大概是為了巴結我，大概也想讓我忘記對選戰活動的興趣。

不管怎樣，為什麼會說我很擅長推銷？這聽起來一點也不像我的風格，雖然說我好像開始掌握了一些訣竅。

　　「跟著我，」他說：「你在這裡會有美好的未來。甚至，有一天你可能會成為執行長。」

　　一開始我以為他只是在開玩笑。但他之後又說了很多遍，多到讓我相信他真的看到了我的潛力。

　　共同指揮奈及利亞團隊的負責人是賽莉絲和一位我從來沒見過的男性。他的名字，亞歷山大說，叫做山姆·帕頓（Sam Patten）。他是 SCL 公司的資深顧問，也是我們在全球進行選戰活動的外派人員中最有經驗的顧問之一。山姆曾參與 2014 年的伊拉克國會選舉。2012 年，他在喬治亞共和國的選舉中幫助反對派陣營，在那次選戰中他的角色非常關鍵。之前，他也曾經擔任喬治·布希總統的資深顧問。[4] 不幸的是，雖然我們在 2015 年那時還不知道他所做的事，但是後來透過羅伯特·穆勒對於 2016 年美國總統大選的通俄事件調查，山姆·帕頓成為事件當中惡名昭彰的人物。他的商業夥伴是烏克蘭人康斯坦丁·基利姆尼克（Konstantin Kilimnik）。這位烏克蘭人後來也成為穆勒通俄事件調查中的關鍵人物，因為他可能是唐納·川普和俄羅斯之間的聯絡人，後來也被指控為俄羅斯情報機構派到美國的間諜。

　　不過，在當時我遇到山姆的時候，他給我的印象是一個非常專業、值得信賴、認真嚴肅的人。他看起來總是直視著人的眼睛，如實地告訴你一切。2015 年 1 月 3 日，他來到我們公司位於梅菲爾的辦公室，穿著一件得體的西裝外套，但裡頭卻搭了一件 polo 衫，還拎著一個破舊的筆記型電腦背包。這代表他很明顯是美國人，而且很可能多年以來，一直背著那個背包環遊世界。

　　山姆來的時候，我向他說明我和這些奈及利亞人交流的經驗（雖然只是很有限的經驗），然後把事情交接給他。這個計畫基本上可以說是一種「危機溝通」（crisis communications）：盡可能地傳遞很多訊息，

#佣金消失 #選舉延後 #世界經濟論壇 #派對失控

盡可能在短時間產生最大的影響力。我還幫這次選戰取了「奈及利亞前進」（Nigeria Forward）的名稱。我想我們在剩下的短短幾個星期裡，將會全力以赴，充分支持古德拉克‧強納生。我想像著那些廣播廣告、影片，還有群眾集會。他們跟我說，集會用的舞臺會折疊起來放在卡車後面，而這次用的舞臺也是上次 SCL 公司在肯亞選戰中所使用過的。

奈及利亞選情劇變，
客戶開始疑心 SCL 把錢用到哪了？

但僅僅兩星期之後，奈及利亞的情況就發生了巨大的變化。有消息指出，該國選舉委員會打算將 2 月 14 日的選舉延後到 3 月底。因為北部博科聖地的叛亂分子製造了混亂，威脅要讓大家不敢去投票。此外，他們還遭遇了技術和後勤問題。選舉委員會說，發身分證給選民是一件很困難的事，而且生物識別讀卡機也無法運作。所以新的投票日將訂於 3 月 29 日舉行。雖然這對我們來說應該是一件好消息，因為這代表說我們的團隊有更多的時間來達成目標。但是延後選舉和隨之而來的其他因素，也導致奈及利亞的情況變得更加複雜。

延後選舉的決定引起了國際社會的強烈抗議，其中包括美國國務卿約翰‧凱瑞。他堅持選舉要按時舉行，並警告奈及利亞政府「不要用安全顧慮當藉口，阻礙民主選舉。」[5] 挑戰者布哈里所屬的全民進步國會黨（All Progressives Congress）聲稱延後選舉的決定「非常挑釁」，也是「民主制度的一次重大挫折。」[6] 而聯合國祕書長潘基文則表示會「敦促主管機關採取一切必要措施，讓奈及利亞人民能『及時』投票。」[7]

我們的計畫和合約到期日只到 2 月 14 日，也就是原定的投票日。我們的團隊原本計畫在到期日前一天就從阿布加（Abuja）飛回

來，以避免發生任何問題。所以在聽到延後選舉的消息之後，我們就聯繫了客戶向他們解釋，如果他們想要延長合約，讓 SCL 的團隊待在當地更久，他們就必須提供更多的資金。而新的資金很可能會和他們已經支付的資金一樣多，甚至更多。根據我在辦公室裡聽到的反應，整個奈及利亞團隊似乎都很樂意再多待一段時間。白天他們會在阿布加希爾頓酒店的「戰情室」（war room）中工作，晚上他們會和大衛·阿克塞羅德的團隊一起喝酒作樂，而大衛的團隊則是在當地為奈及利亞的反對黨工作。總之，他們從來不會向總部這裡抱怨。

就我個人而言，這個延長合約的想法讓我感到很興奮。因為如果我和奈及利亞人達成另一筆交易，那麼就有機會獲得我之前希望獲得的佣金。但是奈及利亞人對延長合約抱持了懷疑的態度。他們說，還沒有看到足夠的證據來證明我們的工作有效。或許我們的團隊可能在當地不眠不休地工作著，但是成果在哪呢？

我不知道該如何回答。對於參與選舉，我有足夠的經驗。我知道要看到成果需要時間，而對於奈及利亞的選戰，有效的證據就會是選舉結果本身了。但是奈及利亞人卻說他們需要看看我們團隊到底做了什麼。哪裡有看板？哪裡有廣播廣告？他們的錢用到哪去了？我知道至少要花兩個星期的時間，才能看到這些廣告之類的東西，但我也知道這些東西一定正在準備了。

為了消除奈及利亞人的疑慮，亞歷山大讓賽莉絲寫了一份報告，詳細說明我們的計畫至今所做的一切。至於我則打了電話給切斯特，問他我可以做些什麼。

他的想法是：我們可以邀請奈及利亞人和亞歷山大一起去達沃斯，這樣亞歷山大就可以和他們見面，讓他們放心。我問說是否也可以邀請我的朋友約翰·瓊斯。他是人權律師，也是一位完美的人選。我想邀請他，是因為他的專業知識可以幫助奈及利亞人運用達沃斯論壇這個平臺，公開發言反對布哈里，以獲得他們想要的國際輿論壓力。

#佣金消失 #選舉延後 #世界經濟論壇 #派對失控

我自己覺得這個點子聽起來很棒。

但事情總是不會那麼順利。

切斯特在達沃斯論壇的待辦事項中有一件事必須做，那就是在某個晚上舉辦一場派對。這不會是普通的派對，而是一個非常奇怪的派對。切斯特解釋說，這個派對是由一群億萬富翁所組成。他們成立了一家致力於在太空小行星上開採貴金屬的公司。

小行星？

他說，是的。那些億萬富翁們的計畫是發射火箭到小行星上著陸，並在那裡挖礦。雖然他們還沒有開始實行計畫，但他們想在達沃斯見面。所以他們請切斯特幫他們辦一場派對，讓他們可以談事情。「如果妳來達沃斯的話，妳也可以來幫我。」切斯特說道，小行星挖礦公司出手總是很大方。

後來我才知道花一天幫忙辦派對，比我在 SCL 公司花一個月賺到的錢都還要多。所以雖然我沒有在達沃斯辦過派對的經驗，但是我很樂意幫忙。

前往瑞士達沃斯招待全球權貴，
一切卻以難堪的鬧劇收場

我提前一星期抵達了達沃斯，準備接下來為期 7 天的高層會議，當然還有那場派對（我後來覺得很高興能參與那場派對）。每年這時候達沃斯的天氣都很瘋狂，而我們又有很多派對的事前準備工作得做，尤其要在這個小村莊裡籌備張羅派對所需物品是一件很複雜的事。那時，切斯特在戒備森嚴的安全區裡租了一整間公寓，就在達沃斯會議中心的正對面。達沃斯會議中心就是世界經濟論壇大部分重要會議的會場，而要把東西運進去會場周遭的安全區（或運出來），都不是一件容易的事。畢竟，那裡幾乎就和美軍的諾克斯堡基地（Fort Knox）

一樣難以滲透。不過我們還是想辦法找來了外燴人員和調酒師，還有裝滿酒、食物、家具和其他必需品的卡車。

派對當晚的氣溫很低，聽說達沃斯的1月都是這樣，所以我們早有準備。我們在公寓大廈的屋頂露臺裝了暖器，酒吧就坐落在那裡。我們還在那裡放置了螢光椅和螢光凳，這些擺設讓派對產生一種奇妙的氣氛，也符合「外太空」這個派對主題。

還有，我們在地上撒了鹽，防止來賓滑倒。

在室內，我掛上了橫布條，順便幫忙擺好食物，還到處放著自己的名片以及 SCL 公司的小手冊。

亞歷山大和約翰‧瓊斯很早就來到派對地點。他們兩人之前都沒有參加過達沃斯論壇，所以都很興奮能來到達沃斯。

我站在門口迎接客人。來的客人每一位都比上一位更有名：企業家理查‧布蘭森（Richard Branson）、老羅斯‧佩羅（Ross Perot Sr.）、他的兒子小羅斯‧佩羅（Ross Perot Jr.）、荷蘭皇室成員，以及至少100位其他名人。他們跑到露臺屋頂，看著調酒師們表演魔術，一邊調著雞尾酒一邊玩火。而在室內客廳中，客人站在那裡欣賞著小行星挖礦公司的巨大實物宣傳：一顆小行星的模型，上面放著一個看起來像是三腳架的奇妙機械裝置，我想那是某種類似石油鑽井平臺的東西。

約翰‧瓊斯在許多客人間轉來轉去，看起來很高興。亞歷山大顯然覺得 SCL 公司的規模比在這裡的其他企業都要小得多，但他很高興有機會建立人脈，尤其是能見到 Google 的執行長艾力克‧施密特（Eric Schmidt）。在他靠過去找施密特之前，他告訴我，其實施密特的女兒蘇菲‧施密特（Sophie Schmidt）也在劍橋分析公司的成立過程中出了一份力。

派對目前為止都進行得很順利。然後我的電話突然響了起來：奈及利亞人到了，他們就在公寓樓下。

為了他們，我們計畫了熱烈的歡迎方式。當他們降落在蘇黎世機場時，一輛加長型禮車等著他們。在驅車進城的路上，他們車子前後

#佣金消失 #選舉延後 #世界經濟論壇 #派對失控

都有警車伴隨開道，警笛一邊響燈光一邊閃爍，彷彿宣告著重要來賓的光臨。

但當奈及利亞人在樓下打電話給我時，他們似乎不太高興。他們餓了，問我晚餐在哪裡？

我邀請他們參加派對，告訴他們這裡有很多食物。畢竟，切斯特和我在食物上花了很多預算。

但他們說不要，他們累了。他們只想吃東西，然後去旅館上床睡覺。他們對於參加派對不感興趣。

他們在飛機上度過的 12 個小時中都沒有吃東西。現在他們說想吃炸雞。看來我需要在某個地方找到炸雞然後外帶給他們。

我別無選擇，只好穿上靴子和大衣，到冰冷的街道上和他們見面。他們就站在公寓外面，而客人還在排隊等著進入我們的派對。奈及利亞一行總共 5 個人，他們不斷說不想上樓，只要求給他們東西吃，最好是雞肉。

我向他們解釋說，我們不能開車去買東西，因為加長型禮車不能進入市中心，而步行是唯一的選擇。所以我在嚴寒中帶著他們走過街道。

他們沒有準備好迎接這樣的天氣，所以沒穿靴子也沒帶大衣外套，而是只穿著細領襯衫和平底鞋。一路我們穿過了又溜又滑的街道，經過一間間已經打烊的餐廳。看來在這瑞士的山中小鎮上找不到炸雞，就連其他的食物也找不太到。最後我好不容易發現一家義大利麵餐廳，廚師同意在麵上頭放一些烤雞。好不容易終於有了食物，我手裡拿著外帶餐盒，再次帶著奈及利亞人走上滑溜的街道，他們冷得瑟瑟發抖，跟在我後面，幾乎無法打直身體。最後我總算把他們連同那幾盒雞肉義大利麵一起送到旅館，確保他們能安頓好，然後向他們說聲晚安。他們看起來又餓又冷，而他們對我的不滿遠遠超出了我的想像。

那時我離開派對已經將近兩個小時了。我回到派對現場的時候是

凌晨 2 點，一切情況變得有些失控。

切斯特不見了。而且沒有人在門口迎接客人；沒有人負責打理一切；酒保們的酒用完了；食物被吃光了；就在我回來之前，一些客人已經鬧得不可開交；某國的一位公主醉倒在外頭。雖然她沒有受傷，但卻引發了騷動，甚至讓附近警鈴大作。

那天晚上，空氣中再次出現警笛聲和警車的旋轉燈光。瑞士警方要前來阻止派對繼續進行。還好在警察局長兒子的幫助之下，我們說服了他們不要逮捕任何人。不過他們還是解散了派對。

當這一切結束時，我站在空蕩蕩的房間中央。我突然感覺餓壞了。畢竟我已經好幾個小時沒吃東西了，就像那群奈及利亞人一樣。

第二份合約吹了，
亞歷山大沒搞清楚狀況還幫我升官

亞歷山大對達沃斯的派對感到滿意，就像他對我談成奈及利亞人的合約這件事感到滿意一樣。他覺得派對很熱鬧，也因為這個派對認識了一些本來不可能認識的人。想當然耳，SCL 公司滿載而歸帶走了許多與會者的名片，裡頭包括一些世界上最富有的人和最有影響力的人。

但亞歷山大還不知道的是，那個晚上對我們和奈及利亞客戶之間的關係來說，有著非常糟糕的影響。亞歷山大也不知道，第二天早上當奈及利亞人醒來發現他已經飛回倫敦，而沒有費心去見他們時，他們是多麼憤怒。

奈及利亞人得知亞歷山大已經離開的時候，便要求我馬上去見他們。他們不想出門，因為外面天氣實在太冷了。

於是，只好自己過去了。我穿上不合腳的靴子，蹣跚地走在溼滑的街道上。

#佣金消失 #選舉延後 #世界經濟論壇 #派對失控

我從來沒有被來自非洲的億萬富翁吼過。他和其他奈及利亞人不懂為什麼他們沒有受到更好的對待。他們說，和達沃斯論壇中的其他重要人物一樣，他們也是重要人物。但為什麼他們沒有受到特別的招待？為什麼我們公司的執行長沒有留下來見他們？他們才剛剛付了我們公司將近 200 萬美元，但人呢？而且他們對我們在奈及利亞的工作也很不滿意。廣播電臺在哪裡？看板在哪裡？我們的錢花到哪去了？他們要知道。

　　我不知道要怎麼樣跟他們講理。他們在這之前，從來沒有像這樣投資過選舉。他們不知道該期待什麼。也許他們期待看到一場巨大的集會，看到舞臺卡車上的 LED 顯示器放著畫面，擴音器大聲響著。但那不是我們團隊的計畫。要衡量我們的選舉工作如何產生成果是一件複雜的事。而我加入公司才一個多月，所以當時更無法向他們解釋為什麼 SCL 公司所做的一切效果似乎都還不太明顯。我們的努力成果，可能只有在 3 月的投票日當天才能得到證明。他們需要的是耐心。

　　但他們不想聽我的。不僅是因為我很年輕，也因為我是個女人。他們的這種態度非常明確，也讓我感到非常不舒服。他們的態度甚至讓我感覺深受威脅。這些人都是有權有勢的有錢人，如果他們認為把奈拉（奈及利亞貨幣）塞進飛機裡送過來是沒什麼大不了的事，那麼當他們不滿意我們花這筆錢的方式時，他們會怎麼做呢？

　　我馬上讓他們和亞歷山大進行電話會議，這時他們變得比較冷靜，也比較有禮貌。不過他們沒有完全平靜下來，但也沒有大吼大叫。然而，亞歷山大似乎沒有意識到事態的嚴重性。

　　掛上電話之後，我安排約翰‧瓊斯過來見見奈及利亞人，想說也許他們能找到合作的辦法。我們討論了一些策略，例如：讓布哈里出現在媒體上，讓人們知道他可能涉嫌戰爭罪。然後我把瓊斯留在奈及利亞人那裡，自己就回去了公寓。那時的我有一種預感，2 月 14 日之後我們就不會再有第二份合約了。雖然奈及利亞人沒有這麼說，但

他們對待我的方式幾乎就是在侮辱我。所以現在我怎麼還可能回去和他們談延長合約的事呢？事情就這樣朝著不好的方向發展。更糟糕的是在處理這些麻煩事的時候，我沒有時間去尋找我們公司新的潛在客戶，所以這趟旅行不會帶來任何新生意。

就好像這一切都還不夠糟糕一樣，那天上午，《商業內幕》（Business Insider）新聞網站發表了一篇關於前一晚的報導，標題寫道：「在調酒師把兩日份的酒亂灑一通之後，達沃斯的一場派對遭到強迫解散。」[8]

然後電話鈴響了，是亞歷山大打來的。或許他打來是因為看到了那篇文章。畢竟雖然我的名字不在文章裡頭，但這個報導可能會對SCL公司帶來不好的名聲。當然也或許是因為奈及利亞人打了電話給他，對他表達了更多不滿。

但是我感覺他心情愉快。似乎那兩件事都沒發生。

「布特妮」，他說：「達沃斯之旅真的很棒。很感謝妳和切斯特的熱情招待！我打電話來是想跟妳說，我幫妳安排了一個妳想要的SCL公司正職！」他一邊說，一邊像是在電話另一頭對我眨眼。「不用繼續當顧問了。妳會成為我們團隊的正式成員。」

「除了固定薪資、福利和公司信用卡以外，妳還會有每年一萬多美元的獎金，」他補充道。他還說，進公司之後，我可以進行喜歡的計畫，只要這些計畫也能帶來和奈及利亞選戰一樣的營收。雖然這聽起來似乎是很高的要求，但我也覺得那個成功是一個好兆頭。

「歡迎加入我們！」他說。

第5章

深入「劍橋分析」的
機密技術核心

2015 年 2 月～ 7 月

　　在 SCL 公司工作沒多久，我就進入了公司高層。有天，亞歷山大發了一封電子郵件給佩里、基蘭、薩比塔、泰勒和我（都是他認為很重要而且也「很有趣」的員工），邀請我們在週末去他位於倫敦市中心的家吃午餐。

　　他的房子位於荷蘭公園（Holland Park）附近，是一間 4 層樓的石砌豪宅（他在鄉下有另一間房子）。這間房子的室內裝潢，就像是在高級私人俱樂部中會看到的那般氣派，甚至有點像是白金漢宮的房間。只不過他家所擺設的藝術品並不是古典風格，而是現代風格。

　　我們從中午開始，在客廳裡喝著上等的香檳，然後在餐桌上又喝了幾個小時，就彷彿香檳會從餐桌上滿溢出來。那時，亞歷山大和其他人聊到了他們在非洲一起經歷過的那些選戰。例如，在 2012 年，亞歷山大把他的家人還有 SCL 公司的某個團隊一起搬到了肯亞，為的是專心幫忙 2013 年的肯亞大選。當時他身邊還沒有太多員工，而且在肯亞幫忙競選是一件非常不容易的事，因為當地調查研究的方式只能透過挨家挨戶的訪問，而訊息傳遞的方式則是透過我之前提到的舞臺卡車和街邊聚會。

　　「這也是為什麼我們現在在美國所做的，是一件讓人非常興奮的

事，」亞歷山大說，「挨家挨戶敲門不再是獲取個人資料的唯一途徑。如今，個人資料無處不在。人們每一個決定都和資料有關。」

我們在他家一直待到晚餐時間，每個人都喝到微醺頭暈，但我們繼續去了一家酒吧找雞尾酒來喝，然後又去了其他地方吃了一頓飯，之後再去了另一家酒吧，在那裡我們總算解散了。

「劍橋分析」開始投入 2016 年美國總統大選，初期合約就進帳 500 萬美金

那是一次值得紀念的聚會，但這種值得紀念的方式就是到了第二天會很難回想起來前一天到底發生了什麼事。不過在辦公室裡，我開始發現亞歷山大對於美國的選舉有種特殊的興奮期待，那不只是酒醉時的反應而已。

的確，當我繼續進行我的全球計畫時，公司的同事們卻愈來愈關注美國。他們的工作內容不再只是留在「汗水箱」裡。大概因為他們太過於全神貫注，所以甚至在日常對話中也會不經意提到美國選舉，而我就這樣無意間聽到他們的委託人泰德·克魯茲參議員的事。早在 2014 年底，克魯茲就和我們簽下了一份小型合約，但現在他的合約服務升級到了將近 500 萬美元。基蘭和其他公司的創意人員現正為了這位德州參議員製作大量的訊息內容。他們擠在一臺桌上型電腦前，把廣告和影片放在一起，有時還會把成品拿出來炫耀，有時則專心盯著螢幕看。

與此同時，亞歷山大也完全把注意力放在美國。克魯茲的競選團隊已經簽下了合約，而且他們同意不簽競業禁止條款，所以亞歷山大也可以自由選擇是否和其他共和黨候選人簽約。很快地，他也簽下了班·卡森醫生（Dr. Ben Carson）。接著，他開始有系統地向其餘 17 位共和黨競爭者推銷公司的服務。傑布·布希（Jeb Bush）曾一度考慮和

我們公司簽約。那時亞歷山大說傑布・布希甚至飛到倫敦去見他。不過到最後，傑布・布希放棄簽約，因為他知道了我們同時也想要為他的競爭對手服務。布希家族很重視忠誠，所以他們會要求如果要合作的話，就必須忠心耿耿。

試圖從資料掮客手中，拿到全美選民資料

透過解讀 2014 年美國期中選舉的資料，劍橋分析公司的資料分析團隊開始忙著準備 2016 年的美國總統大選。在他們的玻璃辦公室裡，他們進行了許多個案研究，例如約翰・波頓的超級政治行動委員會、湯姆・蒂利斯（Thom Tillis）的參議員選戰，以及北卡羅萊納州的所有競選活動。為了展示劍橋分析公司如何讓選戰成功，他們會解釋要如何把目標受眾分成「核心共和黨人」、「可靠共和黨人」、「投票率目標」、「優先說服的選民」以及「無法預料的選民」（Wildcards）。此外，他們也會解釋要如何運用不同的方式對這些不同的目標受眾傳遞訊息，例如關於經濟、移民和國家安全等議題的訊息。

同時，在資料分析實驗室裡，傑克・吉列特博士會把期中選舉的資料視覺化，包含多種顏色的圖表、地圖和圖像，然後把它們都加到新的投影片和推銷資料當中。而亞歷山大・泰勒博士則總是在講電話，因為他試圖從全美各地的資料掮客手中拿到新的資料。

當時我繼續進行 SCL 公司其他國家的計畫，但隨著劍橋分析公司如火如荼地進行 2016 年選戰的準備，我開始（意外）接觸到一些機密資訊，譬如像個案研究、影片、廣告和聊天紀錄。那時我雖然不會收到劍橋分析公司的電子郵件副本，但在辦公室到處都可以聽到相關的故事，而附近的電腦螢幕上也有相關的影像。

這些事情其實造成了我在道德上的兩難。去年夏天，「支持希拉蕊」超級政治行動委員會的創辦人阿利達・布萊克（Allida Black）才來

到倫敦，當時我從簡報中得知了民主黨的競選計畫。而現在我卻在一家為共和黨服務的公司工作，從中領取固定薪水。我不太喜歡這樣的處境，我也知道沒有任何人會喜歡這樣的處境。

雖然沒有人要我這麼做，但是我開始切斷與民主黨朋友的聯繫，而因為怕尷尬我也不敢告訴他們不聯絡的理由。還有，我也不想把在 SCL 公司任職這件事放在我的 LinkedIn 或臉書頁面上。如果放上去了，民主黨朋友可能會擔心我利用從他們那裡得到的資訊來對付他們，我不想讓他們有這種懷疑。後來，我不再回覆從「支持希拉蕊」超級政治行動委員會以及「海外民主黨人」傳來的電子郵件。而當我私下聯絡那些支持民主黨的朋友們時，我也避免提到 SCL 公司的名字。對於希拉蕊的競選團隊來說，我似乎已經人間蒸發了。這樣的決定對我來說並不容易。畢竟有時我還是很想知道民主黨團隊的最新進展，想知道他們激勵人心的集會或計畫。最後過了一陣子，這些郵件和資訊就像過去的遺物一般，被我原封不動地塵封在收件匣裡了。

那時，我也不想讓劍橋分析公司的同事或公司的共和黨客戶擔心類似的事情。畢竟我是一個民主黨人，只是現在在一家專門為美國共和黨人服務的公司工作。於是，我把歐巴馬競選團隊和民主黨全國委員會的經歷，從我的 LinkedIn 個人資料（也就是我的公開履歷）中刪除了。我也在網路上刪除了所有我提到或涉及民主黨的貼文。這些決定也比想像中還要痛苦。我還很不情願地關掉自己的推特帳號「@EqualWrights」，那是多年來我身為左傾運動分子的公開發言平臺。而我知道，雖然關掉帳號並且隱藏自己某些重要的部分會讓自己很痛苦，但是為了讓自己成為一名專業的政治技術顧問，這些決定是必要的。或許有一天，我能有機會可以重新開啟那些帳戶，也重新打開我內心重要的一部分。

我的身分不僅是在網路上改變了，在實際生活中也是如此。有天在倫敦，我打開了母親用聯邦快遞寄給我的大箱子（因為她在航空公司工作，所以實際上享有免費國際空運的福利）。她從舊衣櫥裡找出了好幾件

#OCEAN計分法 #心理圖像分析 #精準鎖定技術

正式套裝寄給我：有漂亮的香奈兒、聖約翰（St. John）單品，還有波道夫·古德曼（Bergdorf Goodman）的套裝，後者是她在安隆公司工作時穿的。我想像著她那時在休士頓，每天早上出門上班的樣子。她總是打扮得無可挑剔，穿著很高的高跟鞋和昂貴的套裝走出家門，妝容也是完美無瑕。而現在，這些衣物全都傳給了我，運到了我在梅菲爾租的新公寓。於是我小心翼翼地把它們掛在自己的衣櫥裡。

我的公寓很小，整個公寓只有一個房間。房間裡有廚房櫃檯、電暖爐和一間離玄關有點距離的衛浴。但我是在深思熟慮後才選擇了這個地方。這個公寓離上班的地方很近，更重要的是，它所在的街區很好，也就在上柏克萊街（Upper Berkeley Street）上。所以如果某個客戶用一種冒昧的英式口吻問道：「妳都住哪裡？」（代表想藉此得知我的社會階層和地位），那時我就可以毫不猶豫地說，我住在梅菲爾區。如果他們能因此想像著一間視野開闊的上等公寓，那就太好了。但事實上，我的公寓非常小，一走進門口就幾乎就到了房間的一半。而當我站在公寓中央的時候，我可以伸出雙臂觸摸到兩邊的牆。

不過我對這些細節都保密到家，每天早上，我都會穿著母親的漂亮舊衣服，從梅菲爾的公寓出門。而我知道，沒有人會發現我和那些擁有半個街區的富家子弟有什麼不同。

SCL 公司在非洲的競選手段近於骯髒，
亞歷山大私吞了 100 萬美金

「我想讓妳學習如何推銷。」有一天亞歷山大對我說。幾個月以來，我一直在和客戶談公司的業務，但是每到最後，亞歷山大或泰勒還要親自出席完成交易。所以現在，他的意思是希望我能像他一樣，學習如何正確、熟練、有自信地推銷服務並完成交易。

雖然亞歷山大是公司的執行長，但他仍然是公司裡唯一真正的推

銷人員。隨著公司業務量增加，他的時間也愈來愈少。所以他說他需要我上戰場。在此之前，我從來沒有在客戶面前做過投影片簡報。亞歷山大說，這就像是一門藝術，而他將會親自指導我。

他說，最重要的是，我要學會推銷自己，進而讓他人驚豔。而現在，我可以從我所見過的其中任一種推銷開始，他指的是 SCL 公司或是劍橋分析公司的推銷服務。

當時，我在奈及利亞人的合約之後都沒有幫 SCL 公司找到新的合約，所以我覺得我可能需要重新考慮一下自己的做法。而且那時我也開始對 SCL 公司在非洲的工作感到愈來愈不舒服。我遇到的許多非洲男性因為看到我是年輕女性，所以不是不尊重我，就是不聽我的話。還有，我也有道德上的顧慮，因為和非洲國家的潛在交易有時非常不透明，有時甚至會遊走法律邊緣。例如，他們不想要有書面文件的紀錄，這代表說簽約通常沒有白紙黑字。就算在極少數情況下有白紙黑字合約，合約中也會排除真實人名或可識別的公司名字。所以幾乎每次交易都只有模糊的資訊，裡頭充滿偽裝、面具和難以知道真實身分的第三方廠商。這樣的交易讓我深感困擾，而這些困擾有上述道德層面的原因，但也有更自私的原因：**如果交易不夠乾淨或不夠直截了當的時候，就會減少我爭取佣金的理由和機會。**

我在 SCL 公司的每一天，也都在學習所謂的「國際政治慣例」。沒有任何事情可以直接了當地進行。有一次在和某間以色列國防和情報工作的承包商討論選舉工作時，我聽到他們吹噓著自己能做的事無所不包，例如他們能預警選戰會遭受什麼樣的攻擊，也能挖掘可用於策反或是傳遞負面訊息的素材。一開始，這些資訊讓我覺得獲益良多，甚至讓我覺得他們很聰明也很厲害。這家承包商公司在爭取的是跟 SCL 公司類似的客戶，有些客戶甚至是重疊的。而且該公司曾參與過的選舉數量，幾乎和亞歷山大不相上下。相比之下，雖然 SCL 公司的工作一樣有點策動游擊戰的感覺，但我們沒有內部策反的能力。當我對兩家公司的策略工具了解得愈多，也就發現兩家公司似乎

都願意不惜一切代價來取得勝利。這種不惜一切代價的方式和其碰觸到的灰色地帶，也讓我開始深感困擾。我曾建議 SCL 公司與這家公司合作，因為我認為兩家公司一起合作，可以對客戶們產生更大的幫助。但後來，我很快就被趕出團隊（這在亞歷山大的帶領之下是很常見的事），所以沒有跟上後續的進度，也不知道到底我們公司實際做了什麼、取得了什麼成果。

當我試圖展現自己的價值，去談下我自己的第一份合約時，我把上述這家以色列公司介紹給了奈及利亞人。我不確定那時這麼做想得到的結果是什麼（除了想讓自己看起來更加經驗老道以外）。不過可以肯定的是，後續的進展超出了我的想像：奈及利亞客戶同時聘請了那家以色列公司，和我們公司分頭行動打選戰。之後我才得知，以色列人那時打算滲透穆罕默杜·布哈里的選戰團隊，藉此獲得內部資訊。而他們也成功了，然後將那些資訊轉給 SCL 公司使用。當時 SCL 公司派去的山姆·帕頓正在現場指揮選戰，而散布這些資訊也真的影響了布哈里的名譽，同時引發了大眾的恐懼。這些事情我在當下都毫不知情。不過到了最後，以色列承包商和 SCL 公司還是沒有辦法成功扭轉選舉的走勢。古德拉克·強納生敗選了。說句公道話，這次的競選活動只進行不到一個月，但強納生卻以 250 萬張選票的差距慘敗給布哈里。而且後來，這次選舉也變得惡名遠播，因為這是第一次奈及利亞現任總統在爭取連任時敗選，也因為這是非洲史上最昂貴的一次選戰。

但當時我最關心的是奈及利亞人的錢到底花到哪裡去了。這裡頭也涉及到道德問題。我從賽莉絲那裡得知，奈及利亞石油富翁付給了 SCL 公司 180 萬美元，但我們團隊在奈及利亞的短短時間裡，只花了 80 萬美元。這代表說 SCL 公司的利潤高得離譜。

我給公司帶來的其餘 100 萬美元，最終都進了亞歷山大·尼克斯的口袋。**這是一個非常離譜的數字，亞歷山大的利潤遠遠超出我們這行的標準，這類計畫的正常分潤是 15 ～ 20%。**所以。這也讓我後來

在和客戶談價錢時變得謹慎，因為我知道在世界上某些地方的選舉中，候選人常常不惜一切代價都想贏。雖然獲取高額利潤是合法的，但是亞歷山大卻會告訴客戶說我們的錢用完了，還說為了延後的投票日，我們需要更多資金來維持團隊運作。我認為這是非常不道德的做法，畢竟我確信當時的我們還有更多的資金和資源。儘管如此，我還是不敢對亞歷山大說我知道了什麼。而且，我也因為在這件事情上沒有和他正面交鋒，所以一直深感自責。

坦白說，當我後來注意到一些細節時，也發現公司和一些歐洲國家簽下的合約其實不是那麼光明磊落。在 SCL 公司與立陶宛維爾紐斯（Vilnius）市長選舉的一份合約上，為了盡速成交，我們公司有人偽造了亞歷山大的簽名。後來我也發現交易本身甚至可能違反了當地的法律。因為那項選舉工作必須公開招標，但當時在我們收到「贏得」招標的通知時，離招標結束其實還有一段時間。在那段時間裡，其他公司都應該還有申請招標的權利。

當亞歷山大發現有人偽造他的簽名，合約也不完全符合法律規定時，他要我去解僱那個負責人（儘管她是亞歷山大在伊頓公學某位朋友的妻子）。我照著他說的話做了。後來，事情變得明朗，雖然那時他似乎是在懲罰這名員工的偽造文書，但讓他最生氣的其實不是幕後交易，而是那位員工沒有從該政黨手中拿到 SCL 公司的應收尾款。那時他要我去討回這筆錢，同時也叫我忘記在奈及利亞當地工作的團隊，只要專注在收款就好。

我決定轉部門到「劍橋分析」，
美國的工作比較透明、誠實

所有這些工作都讓我覺得吃不消，而且要我深入 SCL 公司的全球業務，也讓我覺得很緊張。於是我開始在公司涉及的其他管道中，

嘗試運用自己的專業知識，尋找可以進行人道援助計畫的機會。我有很多想奉獻的知識，也有很多要學習的地方（例如關於資料分析的知識），我不想讓一些流氓客戶占用我的時間，阻止我完成博士研究。

幸運的是，我聽說在美國出現了令人感到非常興奮的創新發展。那裡有幾十個我想要的工作機會，而謝天謝地，其中大部分都和共和黨無關。在歐洲、非洲和世界上的許多國家，SCL 公司使用資料的能力都被限制了，因為很多國家的資料基礎建設都不夠發達。所以一直以來在公司中，我都無法運用那些我們最創新也最令人興奮的工具來工作，也無法以最能發揮我們表現的方式來談合約。

亞歷山大最近開始自吹自擂，說他和美國最大的慈善機構幾乎談成了一項合約，所以在我聽說了之後，就馬上接手幫他完成了合約。這份合約要我們幫助非營利組織找到新的捐款人。這對我很有吸引力，因為我曾經花了很多年的時間在慈善募款的工作上，所以我迫不及待地想要學習以資料導向的方式，來尋找新的捐款人。而在政治領域，那時 SCL 公司也接下了遊說工作，試圖說服大家投票支持建設水庫和高速鐵路。這些公共工程計畫將會改善人們的生活。亞歷山大還告訴我，公司甚至涉足商業廣告領域，要幫報紙和尖端的醫療保健產品等東西做廣告。他說如果我願意的話，隨時可以投入這項工作。

我想學習如何進行資料分析，而且我也想去一個人們誠實、工作透明度高，還可以正確衡量和觀察工作成果的地方。我回憶起自己曾經為巴拉克・歐巴馬這樣的人做事。他的為人正直、幾乎沒有道德瑕疵，而他周遭的人也有這樣的特質。他們的競選方式重視道德、不收大額捐款，而且歐巴馬也絕不會進行負面選戰。他不會在初選中攻擊黨內對手，也不會貶低共和黨人。我懷念我曾經參與的那些選舉，在那些選舉的過程中不僅有規則也有法律，而且還有道德原則。

那時，從我眼裡看來，我在公司要有好的未來發展的話，就必須去美國。

於是我告訴亞歷山大，我想學習如何推銷劍橋分析公司的服務。

當時我做了這個選擇，也就是選擇加入了這家公司，接受了這家公司的一切。

「劍橋分析」偽裝成 app 開發商，從 Facebook 搜刮了大筆個資

如果那時我沒有和泰勒博士開會，藉此深入了解劍橋分析公司成功背後的資料分析學，那麼我就不可能用自己的推銷術來打動亞歷山大。泰勒的推銷講解更著重技術層面，也講到更多資料分析的細節。他對我解釋，劍橋分析公司所謂的「祕密配方」並不是單一特定的祕密方法，而是許多特別元素的集合，這些特別的元素也能讓我們勝過競爭同行。就像亞歷山大・尼克斯經常提到的，祕密配方更像是由多種配料所組成的一份食譜。而有了這份食譜，才能烤出美味的「蛋糕」。

我們知道讓劍橋分析公司和其他政治傳播公司很不一樣，而其中最重要的不同，就是資料庫的大小。泰勒解釋道，這個前所未見的資料庫在深度和廣度上都非常驚人，而且它所包含的資料每一天都在成長。為了建立這個資料庫，我們透過授權來購買美國公民的個人資料。只要負擔得起，我們就會從供應商那裡購買各種個人資料——從益博睿公司（Experian）到安客誠公司（Acxiom），再到資訊集團公司（Infogroup）。也就是這樣，**我們買到了許多美國人的財務資料，從中可以得知他們在哪裡買了東西、花了多少錢、去哪裡度了假，以及讀了些什麼書。**

我們會將這些資料和他們的政治情報（也就是他們的投票習慣，這也是可以公開取得的資料）進行配對，然後全部將這些資料和他們從臉書得到的資料（他們按讚的貼文）進行配對。光是從臉書，我們就能從使用者資料中取得 570 個使用者個人資料點。因此，綜合所有以上提到

的資料，**我們可以取得每位 18 歲以上美國成人的 5,000 個資料點，也就是大約 2.4 億人的資料。**

此外，泰勒說，這個資料庫的特殊之處在於，我們還可以透過臉書傳播訊息。我們能利用臉書的應用程式平臺，**觸及到那些被我們蒐集了大量資料的人。**

泰勒告訴我的事，讓我把我在 SCL 公司經歷過的兩件事情連了起來。第一件事是發生在我剛到公司的時候。2014 年 12 月的某一天，我們的一位資深資料科學家蘇拉·戈薩伊（Suraj Gosai）把我叫到他的電腦前，同時在場的還有一位博士研究人員和一位公司內部的心理學家。

他們三人開發了一種叫做「性羅盤」（Sex Compass）的人格特質測驗（當時我覺得這個名字很有趣）。這個測驗表面的目的，是透過詢問像是最喜歡的性愛姿勢之類的性喜好問題，來確定一個人的「性人格」。但我現在開始明白這項調查不僅是為了讓人覺得有趣而已。它其實是一種從人們給的答案中獲取「資料點」的手段。這也是 SCL 公司的一種偽裝方式，目的是透過取得關於個性和行為的資料點，來蒐集網路使用者和他們朋友們的個資。

另外，曾經流傳到我這裡的某個線上測驗也是類似的情況。那個測驗叫做「音樂海象」（Musical Walrus）。測驗中，一隻卡通小海象會問使用者一系列看似無害的問題，以確定使用者的「真實音樂人格」。這個測驗也是在蒐集使用者的資料點和人格特質資訊。

泰勒繼續解釋，還有其他線上活動也是獲取個資的手段。例如，我們透過一些程式獲得了臉書公司擁有的 570 個使用者個人資料點以及每一位使用者好友的 570 個資料點。當我們在臉書註冊或登入「糖果傳奇」（Candy Crush）之類的第三方應用程式，並且在服務條款出現時點了「同意」之後，臉書就會把我們和我們朋友的資料傳給這些應用程式開發商，然後開發商就會在不經意間，再把資料傳給任何他們分享的對象。那時，這種資料取得的方式是透過臉書所謂的「好友

API」（Friends API）（譯注：中文全名是「好友應用程式介面」，但之後段落仍以臺灣常見的「好友 API」來表示）來進行。「好友 API」是一個惡名昭彰的資料傳送門（data portal），它違反了世界各地的個人資料保護法。因為在美國或世界各地，沒有任何法律會允許某人在未經同意之下，代表另一位有行為能力的成人做決定。在那時，「好友 API」的使用變得隨處可見，畢竟這對臉書來說也是一筆巨大的收入。但這個機制也讓 4 萬多家開發商（包括劍橋分析公司在內）利用這個漏洞，從毫無戒心的臉書使用者那裡獲得資料。

　　劍橋分析公司一直都在蒐集和更新資料，所以能隨時知道美國人最近關心的事物是什麼。就這樣公司每天都在採購美國公民的最新資料，藉此不斷壯大自己的資料庫。而這些資料的來源，其實都是人們每次上網時，點擊「是」並接受電子 cookies，或點擊「同意」並接受任何網站上（不僅是臉書應用程式平臺）的服務條款時所提供的。

最令我震驚的是，所有人的網路瀏覽紀錄，全都被「資料經銷商」蒐集下來，做為商品販售

　　劍橋分析公司是從益博睿公司這樣的機構購買新的個人資料。益博睿公司一直在盡可能地蒐集個人資料，追蹤人們數位生活中的每一個選擇和每一次消費。這麼做的目的，表面上是為了提供信用評分，但實際上則是為了透過出售這些個人資料時獲利。此外其他資料經銷商也在做類似的事，例如安客誠公司、麥哲倫公司（Magellan）、L2 政治公司（L2 Political）等經銷商。這些公司通常會呈現大量的服務條款來讓使用者不想仔細閱讀，然後再引導使用者勾選同意條款的小框框，其中當然會包含同意資料蒐集的條件。因此，使用者不需要特別選擇，就會同意第三方蒐集自己的個人資料。畢竟，使用者無論如何都必須勾選，否則他們將無法繼續使用任何他們想要的遊戲、平臺或

服務。這些公司讓資料蒐集變成很簡單的一件事。

　　我從泰勒那裡得知最令人震驚的事情，是關於資料的來源。我不是很想跟你們說實話，但如果你在線上購買了這本書的電子版本（下載了電子書或有聲書），就代表你已經製造出了大量的資料集合，而這些資料也早已經被世界各地的資料經銷商轉賣給廣告商，為的是更容易控制你的數位生活。

　　如果你在網路上買了這本書，你的搜尋紀錄、交易紀錄以及過程中瀏覽每個網頁所花的時間，都會被你使用的平臺記錄下來，也會被在你電腦上的「tracking cookies」記錄下來。透過這些追蹤資訊，第三方就很可能有機會蒐集你的線上資料。

　　說到「cookies」，你有沒有想過當某些網頁問你「是否接受cookies」時，它們到底是在要求什麼？「cookies」可以說是一種已經被社會大眾接受的間諜軟體。「cookies」聽起來沒有什麼有害的意思，而你每天也都會同意接受許多「cookies」。然而，它其實是一個用在毫無戒心的市民和消費者身上、經過精心策劃的詭計。

　　「Cookies」基本上會追蹤你在電腦或手機上所做的任何事情。你可以自己去找瀏覽器的外掛程式來看看有多少公司在追蹤你的線上活動。你可以找到超過 50 個這類的外掛程式，例如火狐瀏覽器（Mozilla）的 Lightbeam 程式（以前叫做 Collusion 程式），Cliqz 瀏覽器的 Ghostery 程式，或者電子前哨基金會（Electronic Frontier Foundation）的 Privacy Badger 程式。當我第一次使用 Lightbeam 來檢查有多少公司在追蹤我的線上活動時，我發現，如果在一分鐘內造訪兩個新聞網頁，我就會讓自己的個人資料傳送到 174 個第三方網站。而這些網站會把我的個人資料賣給規模更大的「大數據資料整合商」（Big Data aggregators），例如 Rocket Fuel 公司和 Lotame 公司。對這些公司來說，你的個人資料就像是讓他們的廣告機器不斷運轉的燃料。在這條資料傳遞的路上，每個接觸到你個人資料的公司都能從中獲利。

　　如果你是在亞馬遜 Kindle、iPad、Google 圖書或巴諾書店（Barnes

and Noble）的 Nook 等平臺上閱讀這本書，你就會留下許多精確的資料集合，這些資料會記錄你花了多少時間讀書的每一頁、在什麼時間點你會停下來休息，還有你在哪些段落標記書籤或畫上重點。如果把這些個人資料和你最初用來找到這本書的搜尋關鍵字結合起來，提供平臺設備的公司就能從你那裡取得了行銷新產品所需的個人資料。這些零售商渴望你的資料，就算只是一點點你會對什麼東西感興趣的暗示都可以給他們優勢。而無論你知不知情，或者有沒有同意（傳統意思上的「同意」）這個過程，這一切資料蒐集的方式都會繼續進行下去。

另外，如果你是在實體書店買了這本書，然後假設你有一支智慧型手機並且打開了 GPS 定位功能，智慧型手機就會記錄你去書店的路徑。當你抵達目的地的時候，手機也會追蹤你停留了多久時間（例如當你使用 Google 地圖時，就產生了有價值的定位資料，能夠賣給像是十進公司 [NinthDecimal] 這樣的廠商）。而在你選擇買這本書而不是別本書之前，你看了某件商品多久，甚至你看的商品是什麼，手機都有可能記錄下來。在結帳時，如果你使用了信用卡或簽帳卡，你購買這件商品的個人資料就會登入到交易紀錄之中。然後你的銀行或信用卡公司就可以把交易紀錄中的資訊，轉賣給大數據資料整合商和供應商，而他們會盡快把這些有價值的個人資料賣出去。

現在，如果你在家裡讀這本書，同時你的掃地機器人正在運作（如果你有一臺的話），那麼它就會記錄你坐的椅子或沙發在什麼位置。如果你附近有 Alexa、Siri 或 Cortana 這樣的聲控軟體助手，它就能記錄你在閱讀時大笑或哭泣的情況。你甚至可能有一個智慧冰箱或智慧咖啡機，它們也能記錄你在閱讀時喝了多少咖啡和牛奶。

所有這些個人資料集合都被稱為「行為資料」。而有了這些資料，資料整合商就有可能建構出一個你的形象，而且通常他們能建構得非常精確，也非常有用。有了這些資料和形象，許多公司就可以根據你的日常生活調整產品；政治人物也就可以利用你的行為資料，在正確的時間點，向你發送讓你聽起來很棒的訊息：想想那些關於教育

的廣告，怎麼會那麼剛好都在你送孩子上學的時候出現？這不是偏執狂的想法，因為這都是精心策劃。

另外同樣值得一提的是，當有公司向廣告商出售你的資料時，他們所獲得的利潤總是遠遠高於購買你個人資料的成本。**任何人或任何公司都可以透過買賣取得你的資料，然後製作專門以你為目標的數位廣告。**無論他們的目的是什麼（可能是商業目的、政治目的、誠實目的、邪惡目的或善意目的），你的資料都能讓他們在正確的平臺、正確的時間點上，透過有效的訊息，呈現給你專屬的廣告。

雖然知道了這些，但是你要怎麼抗拒呢？現在我們所做的一切都電子化了，因為這麼做很方便。但與此同時，方便的代價卻很巨大：你免費送出你寶貴的個人資料，讓其他人可以從中獲利。**有些公司甚至在你不知道的情況下，每分每秒獲取你的資料，然後從中賺得了數兆美元。**你的個人資料價值不菲，而比起你自己或我們的大多數客戶，劍橋分析公司更了解這一點。

美國鬆散的個資法，讓「劍橋分析」得以為所欲為

當泰勒向我解釋劍橋分析公司到底能做什麼的時候，我了解到除了從大數據的資料供應商那裡購買數據資料以外，我們還可以取得客戶擁有的專有數據資料，也就是他們自己生成的數據資料。這些資料在公開市場上是買不到的。根據我們與客戶之間的不同協議，這些資料最後可以留在他們那裡，也可以成為我們公司智慧財產權的一部分。後者的方案代表說我們可以將他們的專有數據資料保存下來，去使用、販賣或做資料建模。

這是美國才有的獨特機會。英國、德國和法國等國家的個資法不允許這種使用資料的自由。這就是為什麼美國能成為劍橋分析公司的沃土，這也是為什麼亞歷山大會把美國的資料市場稱為名副其實的

「狂野西部」。

　　當劍橋分析公司在更新資料時（也代表我們會取得新的資料集合來更新本地資料庫），我們會碰觸到和客戶還有供應商達成的一系列協議。根據不同版本的協議，更新資料的成本可能是數百萬美元，但也可能是零成本，因為有時劍橋分析公司會和其他公司達成資料共享協議，也就是我們會把自己的專有資料分享給他們，同時他們的資料也會分享給我們。在共享的情況下，就不會出現任何買賣資料的交易。例如，資訊集團公司就有一個資料共享的「合作社」，而非營利組織能使用這個合作社來找到新的捐款人。這個合作社的運作機制是這樣的：每當一家非營利組織向資訊集團公司分享了它的捐款人名單，以及每個人捐了多少錢的資訊時，這家非營利組織就能得到相對的回報：其他組織捐款人的資料，還有他們的習慣、捐款金額的等級，以及最重要的捐贈偏好。

　　劍橋分析公司就是從這些各式各樣的不同來源獲得資料，然後逐漸彙整成一座龐大的資料庫。接著我們會做一些特別的事情來贏過競爭對手：公司會開始把製作「蛋糕」（亞歷山大的比喻）的各種原料混合起來。雖然我們擁有的資料集合是重要的基礎，但是還是必須透過特殊方法，才能讓我們公司的工作特別精確而有效。這個特殊方法也就是我們公司所謂的「心理圖像」分析（psychographics）。

「劍橋分析」操縱人心的機密技術──
「行為精準鎖定」五階段

　　「心理圖像」這個詞彙是用來描述一種過程，在這種過程中，我們會把個人資料加上公司內部的人格特質評分，並將得出的結果放到我們龐大的資料庫裡。接著心理學家會運用分析工具來進一步了解個體的複雜人格，然後找出這些個體的行為動機。然後，公司的創意團

隊會根據這些不同的人格特質類型，製作相對應的特定訊息。這個訊息製作的過程被稱為「目標行為精準鎖定」（behavioral microtargeting，這個詞也是劍橋分析公司的註冊商標）。

有了「行為精準鎖定」，公司的團隊就可以聚焦在那些有類似人格特徵和關心類似議題的人，並一次又一次向他們傳遞相關訊息。同時我們也會不斷微調這些訊息，直到最後達成我們想要得到的精確結果。而在選舉方面，我們會希望人們捐款、了解我們的候選人、了解選舉中提及的議題、實際投票，以及投給我們的候選人。但令人不安的是，有些選戰也會希望「嚇阻」某些選民，讓他們不去投票。

泰勒詳述了這個過程。劍橋分析公司藉由有趣的人格特質測驗（包括公司透過第三方應用程式開發人員製作的「性羅盤」和「音樂海象」），蒐集到許多臉書使用者的個人資料。接著公司會把臉書使用者的資料和來自外部供應商（例如益博睿公司）的資料進行比對。然後，我們會給數百萬人打上「OCEAN」分數，這些分數是由他們的數千個資料點所決定的。

「OCEAN 計分法」，是從學術界中的行為和社會心理學發展而來。劍橋分析公司會用「OCEAN 計分法」來分類人們的人格特質結構。透過人格特質測驗和比對的資料點，我們發現有可能精準分類每個人的人格特質：「O」代表「開放」（open）、「C」代表「嚴謹」（conscientious）、「E」代表「外向」（extroverted）、「A」代表「親和」（agreeable）、「N」代表「神經質」（neurotic）。一旦公司建好這些不同人格特質的模型，我們就可以拿某個人和專有資料庫中已經有資料的一群人做比對，以此來分類人群。劍橋分析公司就是這樣來決定資料庫中的數百萬人，是屬於 O、C、E、A、N 中的何種人格特質，或是屬於這些人格特質的何種組合。

也就是「OCEAN 計分法」，才能讓劍橋分析公司特殊的五階段方法成為可能。

第一階段：用「OCEAN 計分法」分類選民

公司能根據個資，將所有資料庫中的人細分成比其他任何公司更複雜也更精確的群體（沒錯，其他公司也能根據基本的人口統計資料諸如性別和種族，將人群細分成不同群體。但這些公司在決定高難度特徵，例如政黨傾向或議題偏好時，通常只能使用粗糙的民意調查來分類）。劍橋分析使用的 OCEAN 計分法細緻而複雜，這讓我們能用連續而沒有明顯分界的方式，去理解每個類別中的群體。例如，有些人是「開放」和「親和」，有些人則是「神經質」和「外向」，還有一些人是「嚴謹」和「開放」。全部總共會細分為 32 個主要類別。其中，一個人「開放」程度的分數，顯示了這個人會更喜歡新體驗還是會更傾向於依賴（或欣賞）傳統。「嚴謹」程度的分數，顯示了這個人是否更喜歡計畫行動而不是隨興行動。「外向」程度的分數，顯示了這個人喜歡和他人交往和喜歡成為社群中一分子的程度。「親和」程度的分數，顯示了這個人是否把別人的需求放在自己的需求之上。**「神經質」程度的分數，顯示了這個人在下決定時受到恐懼驅動的可能性有多大。**

根據人們被分類到的不同子類別，劍橋分析公司接著會將他們已經展現出興趣的議題加進來（譬如從他們在臉書按讚的貼文得知），藉此再將每個子類別中的人進一步細分。例如，如果將兩位都是 34 歲、曾經在梅西百貨購物的白人女性視為同一種人的話，實在太過於簡化了。相反地，透過心理圖像的特徵研究，劍橋分析公司可以把女性生活風格的資料、投票紀錄、臉書上的「讚」、信用評分等各種資訊加進去，然後公司的資料科學家就可以找出每位女性和其他女性之間的巨大差異。畢竟，長得很像的人不一定真的就很像。如果不像的話，他們就不應該被放在同一個訊息投放的群體。雖然這種想法似乎非常簡單（在劍橋分析公司成立的時候，這個概念早就在廣告業流行已久），但當時大多數的政治顧問都不知道要如何做到這一點，他們甚至不知道這是可以辦到的。這項新方法對他們來說，會是一個出乎意料之外能夠邁向勝利的重要手段。

#OCEAN計分法 #心理圖像分析 #精準鎖定技術

第二階段：導入最強大的演算法，預測選民偏好

劍橋分析公司在針對廣告客戶或政治客戶提供服務時，有一項其他公司無法比擬的優勢：劍橋分析公司的演算法在預測上非常準確。泰勒博士、吉列特博士和公司的其他資料科學家總是不斷地在電腦上跑新的演算法。他們計算的除了心理圖像的分數之外，也會針對每位美國人，運用一份 0 ～ 100％的量表計算出做某件事情的機率分數。例如，他們能預測每個人會去投票的機率、他們屬於某個政黨的機率，或者他們更喜歡某種牙膏的機率。劍橋分析公司能預測當你點了一個紅色按鈕或藍色按鈕時，會不會更願意捐款給一家慈善機構，還能預測你有多大機率想聽到關於環境保護或是擁槍權的政策議題。在使用這樣的預測分數將人們分類之後，劍橋分析公司的數位策略顧問和資料科學家還會繼續花費大量時間，針對這些「模型」或使用者（受眾）分類法一再測試。為了有高準確性，他們會不斷讓模型精緻化，最終讓這些機率分數的信心水準能達到 95％。

第三階段：在選民最常使用的網路平臺，餵食資訊

劍橋分析公司會運用他們從上述那些演算法中得到的資訊，反過來研究推特、臉書、Pandora（音樂串流媒體）和 YouTube 等平臺，進而找出我們希望鎖定的目標受眾，在哪個平臺花了最多的互動時間。我們會問：針對每個人傳遞訊息的最佳地點在哪裡？如果最佳地點是一個現實世界的郵箱，那麼訊息就必須透過物理的東西（例如緩慢的郵局信件）來傳遞。如果最佳地點是電視，那麼訊息就必須透過電視廣告的形式傳遞。或者，最佳的方式也可能是讓訊息在 Google 搜尋引擎的最上方出現。而透過向 Google 購買關鍵字列表，我們就能夠讓使用者在瀏覽器或搜尋引擎中輸入關鍵字時，傳遞訊息給他。如此一來，當每次使用者做了習慣的事情時，他們就會接收到劍橋分析公司專門為他們設計的素材（例如相關廣告和文章等等）。

第四階段：開發遊說軟體「里彭」，將選民個資視覺化

　　劍橋分析公司會加入獨門「蛋糕配方」中的另一種成分，而這個特殊成分也能讓我們在激烈的競爭中，超越世界上其他的政治顧問公司。簡單來說，我們公司會透過一項客戶也能使用的工具，來幫助大家接觸目標受眾，同時這個工具還能測試各種接觸方式是否有效。這項工具就是一款名為「里彭」（Ripon）的遊說軟體程式（這也是公司特別設計給員工和客戶使用的工具）。這款軟體可以幫助需要挨家挨戶拜訪的選戰工作人員或是電話拜票人員，讓他們在接近選民的住家或是打電話給選民時，直接看到該選民的個人資料。其中的資料視覺化工具，還能幫助工作人員在選民開門或拿起電話之前，就提早擬定策略。

　　然後，我們內部團隊會根據精心製作的廣告內容，來擬定選戰活動。於是就到了最後的第五階段策略「精準鎖定」。

第五階段：運用「精準鎖定」技術，隨時監控選戰廣告觸及率

　　這個策略能精準傳遞各式各樣的內容（譬如影片、音訊和平面廣告）給指定的目標受眾。我們公司會使用一個自動化系統，不斷改進廣告內容。透過這個系統，也能讓我們找出什麼樣的內容，會讓某個使用者特別有共鳴。在「精準鎖定」的過程中，一開始我們可能要將同個廣告的 20 或 30 種不同版本傳給某個使用者 30 次，然後每次都嘗試放在不同的社群媒體或動態消息頁面，這樣使用者才有可能點開廣告內容。但是一旦我們知道了這些資訊，我們的創意人員（也就是那些一直在製作新內容的人）就可以學習到下次要如何更有效地傳遞訊息內容。

　　劍橋分析公司也會在「戰情室」設置更複雜的資料儀表板。這個儀表板能讓選戰的負責人看到即時指標，上面會顯示現在幾分幾秒某個特定內容的點閱率如何、觸及到多少人等等資訊，藉此讓他們知道每塊錢的花費和效果如何。也就是說，一切運作都會呈現在他們眼

前，他們可以看到什麼樣的內容有效，什麼樣的內容無效；也可以評估這些運作是否得到他們想要的投資回報；還可以知道如何調整他們的策略才能做得更好。有了這些工具，對於那些看著資料儀表板的選戰人員來說，就能夠在任何時間點上監視多達 1 萬種不同的「選戰中的小選戰」。

剣橋分析公司所做的一切都以科學證據為基礎。公司能夠向客戶提供明確的證據，讓他們知道自己完成了什麼或是接觸到哪些人。公司也會運用科學方法去調查具有代表性的樣本，讓客戶了解他們的目標受眾中，有多少人因為接收我們發送的內容而採取行動。

這些都是革命性的做法。

聽完泰勒博士說的這些事情時，我嚇呆了，卻也更感興趣。過去我對於公司在美國蒐集資料的規模一無所知。而現在，雖然這些做法讓我想起了愛德華‧史諾登（Edward Snowden）曾警告的「大規模監視」（mass surveillance），但泰勒用一種就事論事的態度向我解釋了公司的運作，所以那時我只覺得一切「本來就是這樣」。

那時一切聽起來都很有道理，也沒有什麼糟糕或麻煩的部分。我想說，這就是當今資料經濟（data economy）的運作方式。而且我很快就明白過去的自己實在太天真了，因為我曾經以為不使用大型資料庫，也能實現我的目標。但是在散播訊息的時候，難道我不想要讓更多人聽到嗎？難道我不想要更有效率嗎？我當然想要。在那一刻，我想不出還有什麼比這些事更讓我想要了。

Facebook 宣布關閉個資外洩的漏洞

儘管上述的五階段方法非常成功，但是在 2015 年我們也必須開始學習改變。當時臉書公司宣布要停止多年的資料開放政策，所以在

4 月 30 日以後，他們要關閉第三方應用程式開發商（像是劍橋分析公司）蒐集使用者資料的管道。根據泰勒博士的說法，這會危及到劍橋分析公司某些非常關鍵的資料蒐集方式，因為他們再也不能任意透過「好友 API」從臉書蒐集資料了。

這也代表說，他往後就不能再利用「性羅盤」或「音樂海象」等第三方應用程式。而且在漏洞關閉之前，他只剩下很短的時間能蒐集資料。泰勒博士對我這麼說。

而劍橋分析公司並不孤單。世界各地的同行都趕在最後一刻蒐集更多的資料，因為臉書公司就要在花園周遭建起圍牆。泰勒告訴我，在 4 月 30 日之後，臉書公司還是會允許像我們這樣的資料蒐集公司使用已經獲得的資料，並且使用這些過去的資料在臉書平臺上做廣告，或利用平臺的分析。但是，我們這些公司無法再獲得任何來自臉書的新資料。

那時泰勒給我看了一些清單，裡頭是當前還能蒐集到的數千種使用者資料。這些資料或者來自臉書，或者來自第三方應用程式開發商。因為某些原因，其他應用程式開發商正在兜售他們從臉書蒐集而來的資料。所以就算劍橋分析公司不直接蒐集資料，也可以從其他來源輕鬆買到。泰勒說，一切都非常簡單，也不用去問為什麼。

放到市場上兜售的資料有非常多選擇。而這些資料是根據所屬使用者們的觀點進行歸類和分組，其中可以看到各式各樣的歸類方法。例如，他們會根據使用者喜歡的食物品牌、時尚品味的偏好、對氣候變遷的看法等等，來分類不同的群體。而所有這些資訊，都在市場上讓人挑選購買。泰勒拿清單給我時，我看了一下，然後根據我想像中未來的可能客戶，把我認為最有趣的群體做上記號。那時，泰勒把同樣的清單也給了公司裡其他的員工，讓他們也能選擇自己所需的目標群體。

他說，選愈多愈好。

泰勒最後一次購買臉書資料的時間，是在 2015 年 5 月 6 日。我

現在知道，這其實違反了臉書公司的政策。因為這個時間點，已經是臉書關閉資料蒐集管道的一週之後。我覺得很奇怪，如果第三方應用程式介面已經關閉，那麼這些資料是哪來的？

我用從「劍橋分析」學到的煽動手法，成功推銷可恥的擁槍法案

花了很多時間和泰勒博士談話之後，我坐回位子上，開始整理從泰勒和亞歷山大那裡吸收而來的推銷方法。我用了一些他們的投影片，也改編加入一些自己的話，畢竟這樣我才更能用我自己的方式，好好把劍橋分析公司的業務解釋給客戶聽。

終於，某天下午我在「汗水箱」會議室中，向亞歷山大展現我的推銷技巧。當我講完之後，他說我準備得很好，不過還需要在一些細節上再努力一下，才能說得更清楚也更有自信。

「最重要的是要能推銷自己。」他提醒我，因為只要客戶喜歡你，生意就會自然而然地水到渠成。然後他派我去對辦公室裡的每一個人進行推銷。也就是透過那樣的方式，我開始更了解公司，也更了解我的同事。

克里斯蒂娜・扎瓦爾（Krystyna Zawal）是一位剛到公司的波蘭人，職位是計畫副理。她在和我交易的時候接受巧克力做為貨幣，曾經用一些案例研究（包括約翰・波頓的超級政治行動委員會以及北卡羅萊納州的期中選舉）來幫我修改了介紹公司業務的推銷演講。

碧安卡・印迪潘達（Bianca independent）是一位公司內部的心理學家，也是一位喜歡找樂子的義大利人。她教我如何更深入理解「OCEAN」模型，同時我也從她那裡知道了劍橋分析公司在這方面的專業，其實是來自於 SCL 公司的非營利組織前身：劍橋大學中一間叫做「行為動力學研究所」的學術研究中心，簡稱 BDI。根據碧安

卡的解釋，行為動力學研究所和其他 60 多個學術機構有合作。這也是為什麼 SCL 公司在學術上有貨真價實的能力。碧安卡總是勤奮工作，透過科學實驗增加心理學的知識。

此外，我從宣傳專家哈里斯・麥克勞德（Harris McCloud）和創意專家塞巴斯丁・理查茲（Sebastian Richards）那裡，學到了如何對一般人講解充滿術語的複雜概念；而從事研究工作的喬丹則給了我一些視覺化的影像，讓我更能在投影片中簡單解釋那些概念；傳播部門的主任基蘭，則實際幫我做出了一些新投影片的原型。

我的同事們向我提供了許多寶貴的專業知識，幾乎多到我難以選擇。而當我再次和亞歷山大一起進入「汗水箱」會議室，向他展現自己的推銷技巧時，我感覺到自己已經準備好了。

那天，我確保自己的穿著完美，就好像是要向一位真正的客戶推銷。進入了房間，我塗上鮮紅色的口紅，調暗燈光，然後開始演講。

「午安。」

房間的牆上掛著劍橋分析公司的標誌，那是一幅人類大腦和大腦皮質層的抽象圖像，但裡頭不是畫著大腦灰質，而是用簡單的數學線條來表示。整個白色的標誌圖像就印在深紅色的背景之中。

「劍橋分析公司是美國政治領域中最新且最頂尖的公司，」我說。「我們的專長是所謂『改變行為的傳播科技』。這個詞的意思是，我們能將行為心理學、臨床心理學和實驗心理學，與世界級的資料分析學做結合。」我如此說道，同時放出了一張投影片，展示兩塊大小相同、完美結合的拼圖。

我放出另一張投影片。

「我們公司找了一些在這塊領域中最棒的資料科學家和博士研究員，他們會和心理學家合作，研究出資料導向的策略。這代表說，你所有的訊息傳播策略不再只是基於猜測，而是能成為一門嚴謹的科學。」我說。

接著，我討論了「地毯式廣告」和「資訊廣告」（informational advertising）是如何變得毫無用處，還有 SCL 公司是如何擺脫《廣告狂人》中的舊廣告模式。

我放出一張上頭有 1960 年代廣告的投影片，廣告中有一位正在喝馬丁尼的男人。

我們將「由下而上」工作，而不是「由上而下」工作。我說著，然後點下一張投影片，上面解釋了公司的調查研究工作和「OCEAN」計分法。

我解釋說，當我們分類人類群體的時候，我們並不是根據人們的長相或是對他們先入為主產生的預設，而是根據他們的潛在動機和「說服力槓桿」（levers of persuasion）。

我繼續說，我們所建構的模型，其目標是增加我們在投票率預測（是否某人有可能去投票）以及黨派評分（資料庫中某些傾向於民主黨或共和黨的人是否有可能被說服）上的準確性。我解釋說，這些資訊將幫助我們爭取那些搖擺的中間選民（swing voters）。而我們的工作主要就是要集中在搖擺的中間選民身上。

我換了一張又一張的投影片，展示我們是如何依照「OCEAN」量表和其他數百種演算法，找出「可說服的人」（persuadables）。而從這些「可說服的人」當中，我們會進一步分類，同時繼續測試演算法，直到我們的模型達到 95% 或更高的準確率。

亞歷山大曾經教我如何詳細說明這個過程。他給我的例子是一場爭取擁槍權的投票議案。

我開始解釋：如果我們有一個 325 萬潛在選民的資料庫，假設我們可以看到 150 萬人肯定會投票反對擁槍權議案，而 100 萬人肯定會投票支持它，那麼剩下的 75 萬人就是搖擺的中間選民。在我們用心理統計學對這些中間選民評分和分類之後，我們就能選擇應該要把什麼樣的訊息傳達給他們。

其中最有感染力的幾張投影片，是在比較不同類型的搖擺中間選民。有一類搖擺的中間選民是「保守、親和」的人。這些人會收到一

些關於槍枝的特定廣告，廣告中會運用強調傳統價值和家庭價值的語言和圖像。

我放出一張大人和小男孩在夕陽下獵鴨的圖片。廣告文案是這樣寫的：「從父親到兒子……從我們的國家誕生以來。」該廣告強調槍枝可以是人們能和所愛之人分享的好東西。例如，當我還是個孩子的時候，我的祖父就曾經教我如何射擊。

另一張圖片則是瞄準另一類非常不同的目標受眾：「外向、不親和」的中間選民。這張投影片的圖片中是一個女人。

我繼續說：「外向、不親和」的選民所需要的訊息，是關於如何才能維護她的自身權利。「這類選民喜歡被傾聽的感覺。」我說道，「她知道什麼東西對她來說最好。她有很強的內在控制慾，討厭別人告訴她應該做什麼，尤其討厭政府這麼做。」

投影片上的女人揮舞著手槍，一臉凶狠的模樣。下面的文字寫道：「不要質疑我擁槍的權利，我也不會質疑你不擁槍的愚蠢。」雖然我從來沒有擁有過槍枝，但我能從投影片上的女人身上看到部分的自己。

推銷演講的這個部分是我最得意的傑作。

然後我開始收尾。我看著亞歷山大的眼睛說：「**劍橋分析公司能在正確的時間、正確的管道、正確的來源，對正確的目標受眾提供正確的訊息。而這就是能讓你獲勝的方法。**」

講完後，我站在那裡等他的回應。

亞歷山大坐了一會，沒有發出聲音。

當我看著他的時候，我忍不住想起我待在公司的短暫時間裡所走過的軌跡，也想著他的反應會對我的未來有多麼大的影響。那時，我真的非常想要取悅他。

酒精、渴望被認同、渴望坐擁財富……
這是構成我一切墮落的起點

就在過去的幾個星期裡，我一直在辦公室加班待到很晚，也和同事們建立了更深的聯繫。在我和同事結束一天的工作之後（通常早已天黑），我們會出去吃晚飯喝酒直到深夜。

那時我的生活不斷在改變。我漸漸變成新世界中的一分子，一個充滿專業人才的世界。而這個世界也是狂歡的世界，同事們似乎都用狂歡來遺忘漫長的工作，每晚重置自己的心情。我不確定這是不是就是「努力工作，盡情玩樂」的心態，但我知道亞歷山大鼓勵我們這麼做。他希望同事之間彼此也是朋友。

亞歷山大的成長環境讓他習慣用輕鬆的態度過生活。他把酒放在辦公室的冰箱裡。有時候如果他有好消息要分享，譬如說簽訂了一份新合約，他就會像香檳的軟木塞一樣從辦公椅上跳起來，然後打開一瓶酒讓我們一起慶祝。有時候早上我們帶著宿醉進辦公室時，亞歷山大就會開起玩笑來，討論誰穿得最邋遢。而他狂歡之後，似乎總是恢復得特別快。當然也有些時候，在深夜狂歡的隔天，他會有些「外部」會議，所以直到下午才進辦公室。我們其他人就沒有這種奢侈，所以我們總是在工作一整天、晚上玩一整晚之後，第二天一早就得來上班，再重複一遍昨天的行程。

有一次，亞歷山大邀請我們一小群公司菁英去觀賞馬球比賽。在那裡，我們也暢飲著陳年、昂貴的香檳。隨著天氣愈來愈溫暖，馬球季也到來了。我們開始習慣週末都會去「衛兵馬球俱樂部」（Guards polo Club）（也就是英國女王會去的馬球場）報到。亞歷山大是那裡的會員，所以我們可以在那裡觀看他的比賽。

我對馬球比賽所知不多，但我知道他打了一輩子的馬球。他的球隊在技術和血統上都令人敬畏。他的隊友，有來自英國的貴族，也有來自阿根廷和其他國家的頂級國際馬球選手。我除了知道什麼是馬球

比賽的一局和一節（稱為「查卡」[chukkas]）之外，不太明白其他的細節。所以我是去享受坐在看臺上的愉快經驗，也是去享受俱樂部的用餐服務，而且還能欣賞亞歷山大騎著強壯的小馬，在廣闊的綠色草地上奔跑打球。然後在休息期間，我會倒一杯香檳給他。他會像王子一般跨在馬上，拿起酒杯一飲而盡。

晚上，我們會去附近他的小屋，那裡和他在倫敦的家一樣，裝飾著現代藝術，也擺滿了酒。那些夜晚，我經歷了深夜的飲酒狂歡、跳舞、愚蠢的故事、失眠和歡笑。這一切朦朧的景象讓我開始相信自己想要融入那個世界。因為那是一個成功而舒適的世界。我從來沒有像那時一樣那麼渴望一件東西。於是，我下定決心要進入那個世界。

現在，在「汗水箱」裡，我在想亞歷山大會不會為我的推銷演說乾杯。我們會不會開瓶香檳來慶祝一下呢？

終於，他挺起身子，說出了那句意義重大的話：「太好了，布特妮。妳辦到了！」他繼續說，「真的太棒了！妳終於準備好讓我帶妳去美國了！」

第 6 章

前進美國！
獲得川普新帝國的鑰匙

2015 年 6 月

　　劍橋分析公司的創業故事其實和臉書公司沒什麼關係。事實上，是另一家網路科技巨頭催生了劍橋分析這間由亞歷山大一手打造的公司。

Google 執行長的女兒，
在某種程度上孕育了「劍橋分析」

　　在 2013 年，一位名叫蘇菲‧施密特的年輕女性在亞歷山大的 SCL 公司開始實習。[1] 蘇菲畢業於普林斯頓大學，就如同我先前提到的，她的父親就是 Google 的執行長艾力克‧施密特。在實習期間，蘇菲向亞歷山大介紹了她父親公司的最新發展。當時，亞歷山大會盡可能地要蘇菲向他介紹那些新東西，於是蘇菲會在電腦上解釋所有她知道的重要新元素。亞歷山大則會私下做筆記，吸收那些創新發展，而那一切似乎完美符合他想創造的新型商業模式。

　　具體來說，他對 Google 分析（Google Analytics）的新發展充滿熱情。當今的一切都是以數據資料為導向，而 Google 分析能蒐集和分

析世界上近乎半數最熱門網站的訪問者個人資料。此外，透過在全球人們的上網裝置中放入追蹤 cookies，Google 分析在全球累積了大量的人類行為資料集合。這讓 Google 能提供任何客戶想要的資料，例如透過特定網站的視覺化資料或是追蹤資料來評估該網站的效力。此外，客戶端還可以看到網站點閱率，也可以看到人們在下載什麼檔案、閱讀什麼書籍、觀看什麼影片，以及他們花了多少時間在這些事情上。Google 是真的能找到吸引使用者注意的原理和機制，並且讓使用者在網上停留愈久愈好。

Google 在分析技術方面的進步，並不限於網頁的效力評估。他們還創造了「追蹤廣告」（track ads），也讓「Google 搜尋」針對內容來進行排名，在搜尋結果中愈有效的網頁內容會放在愈前面。也就是說，內容的效果愈好，它就愈能讓更多人知道。

蘇菲・施密特一結束實習，亞歷山大就迫不及待地想要利用 Google 的先進預測分析技術來創辦一家公司。的確，亞歷山大想做的事情很有道理。如果可以將先進、能預測人們行為的資料分析技術運用到 SCL 公司，就能幫助公司整合 20 多年在世界各地所完成的工作成果。這讓 SCL 公司能重新打造並重新行銷它的服務（儘管在此之前公司就已經開始從事資料導向的服務了）。

劍橋分析將「行為可預測性」的技術，
從軍事領域引入選舉產業

SCL 公司從成立之初，就不斷在重塑自己。1989 年，亞歷山大父親的朋友奈傑爾・奧克斯（Nigel Oakes）和亞歷克斯・奧克斯（Alex Oakes）兄弟創立了非營利智庫「行為動力學研究所」，奈傑爾曾親自教過我這方面的知識。一開始，行為動力學研究所主要關注的是如何理解人類的行為，以及如何透過傳播科技來影響行為。之後透過這些

研究，行為動力學研究所找到了制止群眾暴力的方法，並開始在國防工業中擔任顧問的角色。1994 年，奧克斯兄弟參與了一場外國的國防戰役，目的是阻止南非的選舉暴力。他們讓尼爾森・曼德拉參與競選的那場選舉能夠和平進行和落幕。就如同亞歷山大在我第一次參觀公司辦公室時向我提到的那樣，曼德拉本人也認可過 SCL 公司。

SCL 公司的第一個黃金時代，出現在 2001 年 9 月 11 日之後。當時 SCL 公司成為各國政府（包括英國在內）打擊恐怖主義的重要合作夥伴。它在打擊蓋達組織的行動中扮演了重要的角色，也為世界各地的軍隊提供專業訓練，並贏得了北大西洋公約組織的讚譽。那時的奈傑爾不會想到，當國防支出在 2010 年代再次銳減時，會有另一種方法能讓 SCL 公司在數位時代保有獲利能力和重要性。

在 911 事件之後，SCL 公司使用了行為動力學研究所開發出來的社會和行為心理學，來做資料詮釋。但那時候市面上還買不到太多的資料。或者即使有資料，樣本數也很小很粗糙，資料蒐集的過程也很分散，主要只能透過焦點團體約訪、挨家挨戶調查或電話訪問來獲得資料。那時，SCL 公司可以根據人口普查資料或聯合國的資料，來配對某些蒐集而來的資訊。但這種方法最多只能辨別常見問題，也只能在大型群體中進行很基本的分類。

亞歷山大創立劍橋分析公司的目的，是將「行為可預測性」（behavior predictability）的力量引入選舉這個行業。首先他需要從各種來源盡可能蒐集很多資料，並且比任何人都更徹底地「清潔」這些資料。「清潔」資料指的是：資料工程師將新資料和舊資料進行比對並修正錯誤的過程。在劍橋分析公司中，資料整理的第一步通常是做一些最基本的工作，譬如確保兩組資料中每個人的姓氏和名字是正確的，並且把郵遞區號和生日等基本資訊排列好。然後接下來還會有愈來愈多特定的「清洗」過程。資料愈乾淨，演算法就會愈精確，可預測性也就會愈好。此外，劍橋分析公司還能以 SCL 公司做過的工做為基礎，進行更多的資料分析，讓那些既有資料更加科學、更加精確和細緻。

而適合發展這種生意的地方就是美國。因為美國缺乏關於個人資料隱私的法律規範。在美國，每個人的資料都會自動被納入資料蒐集市場，而且這個過程不需要額外的同意。此外，資料買賣的交易市場日益蓬勃，但政府卻幾乎毫無監管可言。個人資料在美國隨處可得，即使到了現在還是如此。

當亞歷山大把目光轉向美國客戶，並推銷以資料為基礎的新服務時，他很快就把焦點放在共和黨人身上。但是他之所以會去接觸右派政治人物，其實和自己的個人政治傾向沒什麼關係。亞歷山大的政治傾向是中間路線的保守派。他是英國保守黨黨員，傾向認為自己的想法比守舊的極右派思想來得優越。更具體的說，他是一名財政保守主義者（fiscal conservative），會在許多社會議題上（例如婚姻平權議題）同意自由派。如果美國的政治傳播市場上也充滿著接觸民主黨人的機會，他也會用同樣的熱情向他們推銷合作。問題是那個市場已經飽和了。

在 2008 年和 2012 年歐巴馬的總統選戰之後，美國出現了許多新創公司，它們的目的都是為了滿足自由派候選人的資料需求。其中五大公司分別是藍州數位公司（Blue State Digital）、藍色實驗室（BlueLabs）、NGP VAN 公司、奇維斯分析公司（Civis Analytics）和海斯塔克 DNA 公司（HaystaqDNA）。藍色實驗室是我在菲利普斯學院的同學克里斯·韋格贊（Chris Wegrzyn）一手打造的公司，他和我曾經一起為歐巴馬競選團隊工作。當時歐巴馬團隊的新媒體策略在選戰結束之後仍然繼續發展，最後開創了一個新的數位時代，其中數位專家們競相為政治人物提供政治傳播服務。

喬·羅斯帕（Joe Rospars）在 2008 年和 2012 年的大選中，擔任了歐巴馬的數位策略長。在那之後，喬·羅斯帕創立了藍州數位公司。羅斯帕和他公司的團隊聲稱自己是這門行業的先驅，因為他們最早發現「人們不僅僅會在投票日投票。相反地，他們每天都在用他們的錢包、時間、網路點閱、貼文和推特投票」。[2] 2013 年，之前在歐巴馬競選連任團隊中擔任分析部門工作的幾個資深成員創立了藍色實驗

室。[3] 其中一人是丹尼爾・波特（Daniel Porter），他曾在 2012 年的大選中擔任統計模型的負責人。他可以說是「美國總統選舉史上第一位使用說服力模型的人」。當時，他用這個模型來找出搖擺的中間選民。

蘇菲・施密特的父親艾立克在 2013 年創辦了奇維斯分析公司。同年，蘇菲進入了劍橋分析公司實習。奇維斯分析公司的使命是「讓資料科學民主化，如此一來各個組織就能停止臆測，而依據數字和科學事實做出決策。」有趣的是，公司的使命宣言中有一條是「拒絕混蛋」。[4]

認識將川普推上寶座的低調富豪：
華府最具權勢的「默瑟家族」

在這些新媒體早已向左傾的情況下，亞歷山大的目標客戶只好轉往右派。對他來說，這是將資料科學引入政治的唯一機會。這一切純粹是商業決定。

當時亞歷山大為了獲得投資資金以及好的點子，他求助了一些美國最著名的保守派人士，其中許多人士彼此之間都有緊密的關係。他的第一次美國之旅，就拜訪了保守派媒體的名人史蒂夫・班農（Steve Bannon）。當我加入 SCL 公司時，甚至在我見到班農本人之後，我都還不知道他是誰。當時的我還不知道他是一位熱心的保守派媒體製作人（包括影音、印刷或網路媒體）。布萊巴特新聞網（Breitbart News）在創辦人安德魯・布萊巴特（Andrew Breitbart）去世之後，開始由班農執掌。而該公司也很快成為美國最受歡迎的媒體機構中的第四名。而史蒂夫自己的「閃亮鋼鐵」公司（Glittering Steel）則致力於大量生產反希拉蕊影片或是宣傳某些超級政治行動委員會的數位廣告。

最重要的是，亞歷山大當時所接觸的人還包括默瑟家族的父親羅

伯特·默瑟（Robert Mercer）和女兒麗貝卡·默瑟（Rebekah Mercer）。

　　史蒂夫·班農曾經說過，羅伯特和麗貝卡（兩人同時負責他們家非常有錢的家族基金會）是「非常了不起的人……從不要求任何回報。」根據史蒂夫的說法，默瑟家族是「有非常中產階級價值觀」的人，而他們只是在「晚年獲得了巨大的財富」。在亞歷山大接觸到默瑟家族的時候，他們早已是億萬富翁了，而且還是保守派政治人物的重要資助者。

　　羅伯特·默瑟的人生一開始確實很低調（譯注：羅伯特·默瑟的暱稱是「鮑伯」[Bob]，以下將用「鮑伯」來代替完整名「羅伯特」）。他過去是一位傑出的 IBM 資料科學家，早期的研究工作主要是關於人工智慧。他建立了世界上第一組能讓電腦讀懂人類語言的演算法。而他在IBM 早期也寫過許多關於「華森」（Watson，IBM 著名的計算機系統）的文章。

　　後來鮑伯離開了 IBM，成為第一位在股票市場中運用預測模型的人。這也讓他成為了對沖基金大亨。後來他成立了「文藝復興科技公司」（Renaissance Technologies），總部位於長島。該公司過去和現在都是世界上最成功的對沖基金公司，總共擁有超過 250 億美元資產。5 鮑伯和妻子蘇珊有三位女兒，麗貝卡就是其中之一。麗貝卡在政治圈裡最活躍，並且控制著家族基金會捐款給保守派的決策權。

　　當時對這個保守派的主要贊助者默瑟家族來說，他們想要的就是一位能生產並傳遞訊息的媒體大亨，以及一家能把這些訊息精準傳播到目標受眾的資料科學公司。所以這一切都是再好也不過的組合了。於是大家都說，史蒂夫·班農即將成為默瑟家族的「歐比王」（Obi-Wan Kenobi）。

　　就這樣，史蒂夫、鮑伯、麗貝卡和亞歷山大顯然是很棒的組合，而他們都是透過威斯康辛州的共和黨政客馬克·布洛克（Mark Block）居中牽線而認識。2013 年，布洛克在飛機上偶然認識了一位美國空軍的網路戰專家，這位專家對 SCL 公司讚譽有加，然後布洛克就循

線找到了亞歷山大。那時布洛克已經注意到了歐巴馬競選團隊的資料分析技術，但是就在和亞歷山大會面之後，他才意識到比起民主黨的想法，亞歷山大的願景「超前了好幾光年。」[6]

後來布洛克就繼續讓大家一個一個都參與進來。有一次，他對記者描述了史蒂夫、默瑟父女和亞歷山大的某次會面，當時他和亞歷山大來到了哈德遜河邊的一間「骯髒的運動酒吧」，在那裡他們突然被告知說要和默瑟家族會面。當時布洛克和亞歷山大都很困惑，為什麼億萬富翁和他的女兒會選擇這樣的地方？「這什麼鬼？」布洛克記得自己當時這麼喊道。他繼續回憶：麗貝卡‧默瑟當時發簡訊跟我說，她父親很快就會抵達。然後，「莫瑟家族那艘價值 7,500 萬美元、長 62 公尺的超級遊艇海鷗號（Sea Owl），就停靠在運動酒吧後面的碼頭上。」當時史蒂夫‧班農已經和鮑伯和麗貝卡一起在遊艇上了。[7]接著布洛克和亞歷山大也上了遊艇，之後發生的事情不用說大家都知道了。

鮑伯會投資一家新創資料科學公司並不是巧合。他最喜歡掛在嘴邊的一句話就是「沒有比數據資料更重要的東西了。」[8]而他選擇支持右派政治人物的原因也是顯而易見的：他的政治信仰是極端保守派和自由至上主義。默瑟的極端觀點（如果屬實的話），早已獲得了很多媒體的關注。據說，他認為 1964 年通過的《民權法案》（Civil Rights Act）是一個可怕的錯誤。當然當時我並不知道這樣的傳言。

亞歷山大從來沒有直接向我提過鮑伯給了劍橋分析公司多少資金。但他有向我提過，在他對默瑟家族完成推銷演說的那一刻（包括如何利用數據資料來鎖定目標、如何分辨某人是否是真的支持者，還有如果不是，如何把他們變成支持者），鮑伯就加入了。大家都知道默瑟家族對保守派的政治事業非常慷慨，但是鮑伯在亞歷山大身上還看到一個特質：亞歷山大能把鮑伯對資料科學的熱愛，以及鮑伯的強烈政治動機結合在一起。亞歷山大記得鮑伯當時馬上說：「你需要多少錢？我該把錢匯去哪裡？」

從那時起，史蒂夫、鮑伯和麗貝卡組成了三人小組，也就是劍橋分析公司的董事會。而公司則由亞歷山大‧尼克斯擔任執行長。那時亞歷山大已經僱了一些資料科學家，在那之後他繼續僱了更多專家。他也開始指示 SCL 公司的員工，將他們的時間平均分配在國際業務和美國業務之間。同時，資料科學家們也開始盡可能地購買資料。幾個月之後，劍橋分析公司就準備好大幹一場了。

麗貝卡即將主導共和黨選戰，
據說她是默瑟家族中最凶猛的「政治動物」

我第一次見到麗貝卡‧默瑟是在 2015 年 6 月，當時亞歷山大第一次帶我一起去了美國。在這之前，我在倫敦的準備工作驚豔到他，所以這趟旅行對我來說格外特別。雖然我在大學和研究所期間曾往返美國幾次，但事實是，我已經在國外生活了 10 年，而大部分時間是一名學生，所以無法負擔回家的機票錢。有時我一次出去，兩年都沒有辦法踏上美國的土地。

現在回到美國，讓我感覺很好。我必須承認，雖然我一直在英國生活，但在做生意方面，英國已經讓我感到厭倦了。我說的不僅是 SCL 公司的生意，而是整體的氛圍。因為英國人說話總是很有禮貌，也常為錯誤道歉，但是這也代表說你永遠不會知道他們是不是真的喜歡你，或者他們是不是真的想要和你做生意。

我還是喜歡美國，尤其喜歡紐約這樣的地方。我和亞歷山大就是去那裡見了麗貝卡。在紐約就像在倫敦一樣，城市裡的每個人都沉浸在自己的重要生活當中，忙得沒有時間停下來交談。大家都只專注在自己的事情上，這可能會讓一些人感到困擾。但對我來說，紐約和倫敦的緊迫感，讓我覺得很有吸引力。

過去我幾乎沒有花太多時間在紐約這座城市上，只有還在讀高中

的時候，曾經和朋友一起在週末坐火車來旅遊。不過現在我想起了這座城市是怎樣運作的：匆忙的人們完全沉浸在自己擔心的事情之中，而且從來不和公車或火車上的陌生人有任何的眼神交流。

此外，在做生意方面，美國人通常都非常坦率。如果有人不喜歡你或者沒有錢和你做生意的時候，你馬上就會知道。而且你會知道自己是不是被糊弄了。至少，當時的我是這麼想的。

至少麗貝卡·默瑟似乎就是這樣的人。和麗貝卡在一起，你看到什麼就會知道什麼。6月15日那一天，當我們走進她的辦公室時，她沒有太多時間能和我們說話，但是她仍然很坦率、親切、友善。她說話時會直視著我們。那時她穿著漂亮的商務套裝和高跟鞋，她的個子很高，身材勻稱，頂著一頭紅髮，有著蒼白的皮膚和高貴的額頭。那天她還戴著鑲有發光寶石的深色眼鏡。她的手看起來很嬌嫩，但握手卻格外有力，這一切都很適合她這種政治捐客的身分。

當時我對她的了解不多，只知道她很有權勢。我曾經在電話會議室聽過她的聲音。她的聲音很堅定也很直接。後來我很快得知，她擁有生物學和數學的雙學士學位，以及管理學和工程經濟學的雙碩士學位。她曾經在紐約一家金融公司做過交易員。[9] 據說她是默瑟家族中最凶猛的「政治動物」。[10]

麗貝卡總是知道她想要什麼，而我現在就是工作團隊的一員，準備好讓麗貝卡予取予求。至於亞歷山大，他說麗貝卡是他的「工作上的妻子」。雖然他幾乎沒有仔細解釋過這個頭銜，但是他曾說，比起他的妻子奧林匹亞，他和麗貝卡之間有更多的相似之處。而在收藏藝術品和打馬球的時間以外，亞歷山大花在麗貝卡和她家人身上的時間，也似乎比花在劍橋分析公司上的時間還多。事實上，當我了解得愈多，我就愈覺得比起他和自己家人的關係，他和默瑟家族的關係似乎更加緊密。

一開始，「默瑟家族」押注的總統候選人
不是川普，是參議員克魯茲

在我第一次見到麗貝卡的不久前才得知，就是她在 2014 年幫亞歷山大的劍橋分析公司牽線，接下了克魯茲的競選活動。2014 年秋天，參議員克魯茲在華府會見了亞歷山大和班農，那時正好是在我加入 SCL 公司之前。**後來，默瑟家族投資了 1,100 萬美元支持參議員克魯茲的選戰。**

當時，劍橋分析公司參與了許多規模較小的選戰。亞歷山大那時認為，畢竟這是他在美國參與的第一次選戰，所以如果幸運的話，大概最多也只能拿到參議員選舉或者州長選舉的工作。但是，這對默瑟家族來說並不足夠。

根據媒體報導，麗貝卡和鮑伯當時的願景，是在 2016 年找到一位能夠挑戰民主黨的總統候選人。這位候選人要能顛覆一切，並改變華府的傳統運作方式。麗貝卡和鮑伯後來被稱做「顛覆一切的億萬富翁」。[11] 據說，當時他們見了一位叫做派特・卡德爾（Pat Caddell）的政治操作專業人士。他提出了一整套關於華府未來的想法和故事，也吸引了默瑟父女的注意。卡德爾認為，美國政治需要的是一個像 1947 年電影《史密斯的華盛頓之旅》（*Mr. Smith Goes to Washington*）中詹姆斯・史都華（James Stewart）的角色。卡德爾想要「找到美國政治、商業和公民生活領域中一種嶄新的領導風格」，於是他開始尋找這樣的人，起初他把自己的尋找之旅稱為「拚命尋找史密斯」。

麗貝卡和鮑伯被這個想法所吸引。於是他們也開始尋找一位普通人、一位「能前往華府打擊貪腐，並堅持原則的人」。[12]

麗貝卡和鮑伯的第一選擇是參議員泰德・克魯茲。這件事很有趣，因為當時克魯茲的民調數字很糟。他的知名度很低，而且認識他的人幾乎都不喜歡他。參議員林賽・葛蘭姆（Lindsey Graham）有句名言：如果有人在參議院槍殺了泰德・克魯茲，也沒人會費心叫救護

車。麗貝卡和鮑伯當然看到了克魯茲的缺點，但他們非常喜歡他所堅持的價值。於是，他們指望劍橋分析公司能把他推向白宮。

透過一點一滴的努力，劍橋分析公司漸漸展現出成果。**在早期的測試中，我們讓克魯茲的選戰訊息傳播度提升了超過 30%**。亞歷山大為此感到自豪。當時，愈來愈多的選民開始認識克魯茲這位候選人，當中的許多選民也開始改變態度。他們點閱了選戰廣告，甚至加入選戰，並且集體捐款。於是，克魯茲做為共和黨總統候選人的可能性開始成為現實。政界人士也因此開始注意到劍橋分析公司。

麗貝卡和鮑伯都喜歡保持低調，所以他們是在背後默默支持著劍橋分析公司。一些人把他們貼上「反猶太」、「反移民」、「宣揚仇恨言論」和「宣揚部落主義」的標籤。另一些人則形容麗貝卡「在政治上只是和大多數人一樣聰明，但從來沒有在基層工作過。」還有些人把她視為邪惡的天才。麗貝卡本人對後者這種說法非常反感。[13]

2018 年，麗貝卡在《華爾街日報》（*Wall Street Journal*）的一篇專欄文章中寫道，她「因為不喜歡和記者交談，所以很容易讓自己成為媒體聳動報導的受害者。」她把自己描述為一位致力於研究科學方法，同時致力於縮小政府、地方化政府的人。此外，她還認為自己「正在對抗兩黨政治中根深柢固的腐敗」。[14]

2015 年 6 月，我們在紐約市。當天，亞歷山大在接近黃昏時分把我介紹給麗貝卡。她的辦公室在新聞集團大樓（Newscorp Building）的 27 樓。見面時，亞歷山大親切地告訴麗貝卡，說我是「團隊裡的新天才」。他說我在 SCL 公司已經做得很成功，而從現在開始，我將負責劍橋分析公司所有的業務開發工作。

麗貝卡熱情地和我打招呼，歡迎我加入團隊。但她很快就得離開辦公室，因為已經到了她的下班時間（我知道她有 4 個小孩）。她說她希望我們能再見一次面。

我也這麼希望。

亞歷山大在這麼接近下班的時間安排這場會議，其實別有用心。

亞歷山大喜歡麗貝卡，但他不喜歡麗貝卡的某些計畫，而且那天他主要不是要來見麗貝卡。亞歷山大那天的目的是去拜訪布蘭登‧繆爾（Brandon Muir），這個人在麗貝卡出資的一間非營利組織「重造紐約」（Reclaim New York）擔任執行董事。史蒂夫‧班農（Steve Bannon）用默瑟家族基金會的 300 萬美元資金創辦了這間組織，成立目的是為了增加紐約州政府的透明度。然而，亞歷山大認為這一切都是在浪費麗貝卡的時間和精力。因為這個非營利組織所做的，只是運用《資訊自由法》（Freedom of Information Act）嘗試找出哪些公司可能用賄賂來違規投標道路坑洞的修補工程，或者嘗試找出整個城市中哪些人買了學校課本卻從未付款。

亞歷山大需要麗貝卡的時間和注意力。他想要透過她的人脈和幫助，來招攬更多的大客戶。就算那些客戶負擔不起劍橋分析公司的費用，麗貝卡也很可能會在背後支持，提供策略性捐款給那些客戶。然後，劍橋分析公司就能接到很多業務。

所以那天下午亞歷山大的計畫並不是和麗貝卡見面，而是為了懇求「重造紐約」組織的執行董事遠離麗貝卡，並且想辦法讓該組織的工作失敗。

那時布蘭登‧繆爾已經在「重造紐約」工作了一年。他是一位堅定的共和黨人，能說流利的西班牙語，還在南美洲好幾個選舉中累積了豐富的經驗。他對劍橋分析公司來說，是一位潛在的完美助手，尤其如果公司要拓展業務到南美洲的話（當然，那裡的資料蒐集還需要很多努力）。

因為我從來沒有機會真正去推銷公司的業務，所以亞歷山大的計畫是讓我先在布蘭登身上練習，而且布蘭登可能是公司的未來員工。那天，亞歷山大把我介紹給他，但他不是說我是公司裡的「新天才」，而是說我是公司唯一的「骯髒民主黨人」。

拜訪華府權力掮客「史蒂夫・班農」的祕密工作站

　　亞歷山大為我們的美國之旅選了一個歷史性的時刻。2015 年 6 月 16 日，在我們拜訪完「重造紐約」組織辦公室的隔天，唐納・川普踏上了川普大廈（Trump Tower）的鍍金手扶梯，宣布將參選美國總統。那天，在川普女兒伊凡卡（Ivanka）的介紹下，川普走上舞臺，同時兩側的人高唱著 1989 年尼爾・楊（Neil Young）的歌曲〈在自由世界裡搖滾〉（*Rockin' in the Free World*）。

　　「當墨西哥送人過來的時候，他們不會送最好的人。他們不會送你來。他們絕對不會送你來。他們送來的是有很多問題的人，而他們也給我們帶來那些問題。他們帶來了毒品。他們帶來了犯罪。他們是強姦犯。我想，其中只有一些人是好人。」

　　川普說，他想建一座「高牆」（great wall）：「相信我，沒有人在築牆上比我更厲害，我會用很便宜的價格築牆。我會在南方豎起邊境高牆。而且我要讓墨西哥為這座牆買單。」

　　這段時間以來，我們在倫敦辦公室已經聽說川普可能競選總統的八卦消息。2015 年 3 月，川普成立了一個總統大選的探索委員會（exploratory committee）。今年 5 月，他在新罕布夏州宣布成立了領導團隊，該州一直是美國總統初選的大本營之一。

　　川普會成為克魯茲參議員（我們的客戶）的有力競爭對手嗎？那時的我很懷疑。

　　我無法認真看待川普要選總統這件事。那時在美國也有很多人和我一樣。當時的一項民意調查顯示，全國大約 70% 的選民都和我有一樣的看法，其中還有 52% 的選民說他們絕對不會投川普一票。[15]

　　所以，**那時的我很確定川普對劍橋分析公司的其他客戶來說（還有對我來說），都不會是威脅。因為他不可能贏。**

　　亞歷山大同意我的觀點。但這也是我們 6 月 16 日在華盛頓的原因。亞歷山大說，我們要去見史蒂夫・班農，因為他能幫我們和川普

牽線，而川普會成為我們公司的搖錢樹，同時這也會成為不錯的政治實驗。

在我見到班農之前，我對他的了解只有：他是和亞歷山大以及默瑟家族一起創立劍橋分析公司的人，還有他在媒體和電影製作領域都是「大人物」。亞歷山大談起「史蒂夫」時總是滿懷敬意。他說，史蒂夫·班農是一位權力掮客，也是劍橋分析公司和默瑟家族的中間人，更是讓這些選戰打法成真的人。班農是「劍橋分析公司的教父」。雖然能和班農見面對我來說應該是一種榮譽，但是我一想到要見到他，就感到有點害怕。

班農的房子就位於華府國會山莊街區中心的一條街上，那是一座英國喬治亞式建築的兩層樓磚房，亞歷山大把它叫做「大使館」。我聽說那棟房子是默瑟家族的資產，但只有班農住在那裡。亞歷山大也有那裡的鑰匙，所以那天我們就自己開門進去了。進屋時，裡頭一片漆黑。我們就站在鋪著美國國旗地毯的門檻上，亞歷山大說，班農可能還在辦公室，然後他就帶我走進地下室，那裡的光線很暗，我看到幾個年輕人安靜地在電腦前工作。

我們穿過幾扇落地玻璃門，走進一間大型會議室。沒有人在。亞歷山大拿出手機打了通電話。過了一會，班農就衝進我們所在的地下室會議室，直接走向亞歷山大向他打招呼。那天班農穿得很隨便，比我想像中的還要隨便許多，畢竟相比之下，亞歷山大和我穿得正式又得體。他迅速地握了握我們的手，然後用我剛剛握過的那隻手把他臉上的頭髮往後一甩，露出通紅的臉頰和充血的眼睛。他昨天晚上似乎很晚才睡。當時我不知道班農其實很清醒，因為我看到他雙眼充血，臉色又通紅，我以為他還在宿醉。這麼一想，我就不再那麼緊張了。

然後亞歷山大向班農介紹了我，就像他把我介紹給布蘭登的時候一樣，他強調我是一位民主黨人。

「所以，我們找到一個間諜了，是嗎？」班農笑著說。

「她支持歐巴馬，而不是希拉蕊。」亞歷山大說，並幫我解釋了

我在 2008 年參與的競選工作。

「那麼代表說，那時妳是反對希拉蕊了。」史蒂夫說道。接著他拿出手機，播了一段影片，「看看這個。」他說。

這是一支大約 30 ～ 40 秒的廣告，影片中一位女演員打扮成希拉蕊的樣子坐在桌子旁，然後回頭看了一下，疑似和某人交換了一個信封。

「這個影片是我們的成果之一，」班農說。他笑得很燦爛，繼續問道：「你讀過《柯林頓的現金》（Clinton Cash）嗎？」他指的是一本後來被拍成長篇紀錄片的書。說完他就教我如何在網路上找到這本書。「你應該讀一讀，」他說，「我們也正在把它翻拍成電影。」

我們三個人在會議室裡坐了大約 10 分鐘，聊著亞歷山大和公司現在正為哪些客戶服務，他們談到一些非營利組織例如「美國傳統基金會」（Heritage Foundation）和一些政治利益團體例如「為了美國」組織（For America）。但是，當他們談到共和黨總統候選人的話題時，亞歷山大請我先離開一下，因為他們兩人想要私下談談。我猜他們是要談論川普。亞歷山大認為班農可以幫我們安排和川普的競選幕僚科瑞·李萬度斯基（Corey Lewandowski）見面。

我關上了玻璃門，向地下室的電腦房走去，然後做了自我介紹。房間裡的人讓我想起了我在劍橋分析公司的同事。他們都很年輕、聰明，而且其中許多人都是外國人。他們似乎就和 SCL 公司的員工一樣，總是對自己的工作非常投入。

他們自稱是記者或數位設計師，一些人會負責監看社群媒體，「這麼做是為了布萊巴特新聞網。」他們這麼說。

我一臉茫然，但還是假裝知道他們是什麼意思。那時的我從來沒有聽說過布萊巴特新聞網。後來當亞歷山大和班農從會議室裡走出來的時候，我還是沒完全弄懂布萊巴特新聞網是什麼，只知道它是某種保守派網站。

「好，」班農走出來，對著房間裡的大家（包括亞歷山大和我）

說：「今天的工作就到這裡結束。」

班農宣布，現在該為晚上的活動做準備了。那天晚上，他為安·庫爾特（Ann Coulter）舉辦了簽書會。

我個人很討厭安·庫爾特。當時，我可能還不太了解史蒂夫·班農，也沒聽說過布萊巴特新聞網，但是安·庫爾特是一個難以忽略的名字：她是一位惡毒、卑鄙的保守派權威人士，經常發表專欄文章。當時一聽到她的名字，我就感到噁心。她那時寫了一本書叫做《再見，美國！左派計畫將我們的國家變成第三世界地獄》（¡Adios, America!: The Left's Plan to Turn Our Country into a Third World Hellhole，中文書名暫譯），書的標題呼應了後來川普所提到的「鳥不生蛋的國家」（shithole countries）。在書中，庫爾特說：「今天的移民來這裡不是為了呼吸自由的空氣，而是為了享受免費的生活。」[16] 她還說，墨西哥出生的億萬富翁、《紐約時報》的老闆卡洛斯·史林（Carlos Slim Helú）之所以買下這間報社，是因為他希望能夠在美國媒體上刊登「支持非法移民的報導」。[17]

班農希望我們能留下來見安·庫爾特。

「啊，」亞歷山大含糊地說，「可是我們還有另一場重要會議。」

於是班農承諾會寄給我們一本《再見，美國！》。聽到他這麼說，我勉強忍住不去翻白眼。

我們一到外面，亞歷山大就轉頭問我：「安·庫爾特是誰？」

我有點震驚。「亞歷山大！」我低聲說，「她是有史以來最糟糕的人。」

「喔！好，所以我們逃過一劫了。」我講完關於這個人的事情後，亞歷山大說。然後他開玩笑繼續說，他一定會從班農那裡拿到簽名書。他要把那本書收藏在他辦公桌附近的法西斯文學書架上（就是我第一次去他辦公室時看到的書架）。

我似乎慢慢接受了共和黨的保守價值觀

我喜歡和亞歷山大一起旅行。在美國期間，我很快就對他有更多的了解。他非常喜愛現代藝術，所以只要有機會，我們就會在沿途的美術館停下來欣賞作品。此外，他也是一位慈祥的父親，或者至少可以說，他在繁忙的行程中盡可能地扮演好慈祥父親的角色。在美國的時候，我經常去「樂高」（Lego）和「美國女孩」（American Girl）商店幫他和他的孩子挑選禮物。

亞歷山大在旅行中也有一些特定的習慣。他堅持無論什麼時候、無論在哪裡都要喝上一杯，還說每次午間的商務會議之後一定要吃一頓商務晚餐。就像他經常提到，他喜歡「把生意變得更社交」。他認為，幾頓飯和幾杯酒的相對低廉成本就能讓一段商業關係產生天壤之別。他就是這樣的商人，所以他認為這樣的社交投資非常值得。

當我們在美國開始有更多時間待在一起時，他也看到了我身為業務開發主管的工作潛力。亞歷山大開始說我在公司會有美好的未來、很棒的未來。他甚至說，或許有一天我能成為公司的執行長。

「當我變得又老又醜的時候，」他說，「你將會接下主持棒。」亞歷山大才剛滿 40 歲，在這行裡可能還算是個嬰兒。但是在我眼中，他看起來很資深，也很有經驗。而畢竟我是劍橋分析公司中唯一一位直接受他訓練的員工，所以我相信或許他對我的預言有一天將會成真。

與班農會面結束後的那天晚上，我和亞歷山大一吃完晚飯，就回到旅館房間。我設法弄到了班農推薦的那本關於柯林頓基金會的書，完整書名是《柯林頓的現金：外國政府和企業如何以及為何幫助柯林頓夫婦致富的不為人知故事》（*Clinton Cash: The Story of How and Why Foreign government and Businesses Helped Make Bill and Hillary Rich*，中文書名暫譯）。此書的作者是布萊巴特新聞網的資深特約編輯彼得・施魏策爾（Peter Schweizer）。這本書和後來翻拍而成的電影，都得到了默瑟家族的資金贊

助。

後來，電影上映的時間是 2016 年 5 月。在電影中，施魏策爾擔任了旁白，對柯林頓基金會展開充滿偏見的抹黑。他暗示希拉蕊擔任美國國務卿期間，柯林頓夫婦直接收受不正當的捐款。根據這個令人厭惡的故事，柯林頓夫婦雖然在離開白宮時是破產的狀態（這是根據希拉蕊本人的說法），但到了希拉蕊擔任國務卿時，夫婦兩人開始收賄來換取救災物資，也收賄來安排奈及利亞和海地等國家的演講，或是透過收賄來改變美國國家政策等等。透過這些賄款，柯林頓夫婦重建他們的金融帝國。施魏策爾在影片中聲稱，這些賄款是透過柯林頓基金會支付，以演講費的名義來掩人耳目。他們指控那些演講費的金額遠高於市場行情。這一切就是「糟糕的裙帶資本主義」，施魏策爾寫道。

我當時讀了這本書，後來又帶著輕蔑和驚恐的心情看了這部電影。那種感覺很奇怪。我不再像是早些時候那個會狂熱支持希拉蕊的民主黨人了。當電影結束時，我忍不住去想，就算電影中的故事只有一半是真的，我也能開始了解為什麼共和黨人這麼反對希拉蕊成為美國總統。

我一步一步偏離初衷，
說服自己融入以往可能唾棄的新工作

在紐約之旅的期間，我順便往北去了一趟波士頓，在安多佛（Andover）參加我的第十屆高中同學會。

對我來說，這一次的聚會讓我產生許多強烈的情感，畢竟這是最初獲得政治能量的地方。2001 年，我是那裡的新生。而我上學的第一天就發生了 911 事件。在我的宿舍裡，我看著電視，目睹了那場震撼全世界的事件。

我的一些同學失去了親人，當時他們的親人有些在其中一座雙子星大樓裡工作，有些則在墜毀於五角大廈和賓州農村的飛機上。我的室友發現她叔叔是美國航空 11 號班機的機長，而飛機在那時撞上了雙子星大樓的北塔。在當年 9 月那個陽光普照的週二，我在麻州看著同學們瘋狂聯絡他們的父母，或者嘗試了解失蹤人員的消息。我看著他們，和他們一樣難過。

　　911 事件很可能會把一些人推向政治上的保守主義，但它對我卻產生了相反的影響。

　　我生來就是個自由主義者。這是我待人處世的自然方式。911 事件之後，我的政治立場變得愈來愈左傾。我發現，在回應這些恐怖主義攻擊時，美國的公民自由也受到了傷害。這個國家開始漸漸變成了監視著人民的國家（surveillance state）。2001 年 10 月 26 日，《愛國者法案》（*Patriot Act*）在沒有太多抗議的情況下得以通過。**這個法案賦予政府完全不須經由公民同意就能蒐集公民個人資料的權利。**（諷刺的是，正是政府在 2001 年的立法擴權，才讓我們公司在現在能自由利用個人資料。）

　　這個不斷侵犯人們隱私和不斷軍事化的國家，讓我感到不安。那時就是我第一次開始參與政治的啟蒙時期。911 事件發生後的第二年春天，我們年級中最聰明的一位女生邀請大家參加了新罕布夏州的霍華德・迪安的初選集會，我馬上報名參加並搭上了巴士。 我當時只有 15 歲，但是我知道迪安是一位進步派候選人。而在我從集會回到安多佛之後，就志願開始為迪安工作。我在我宿舍的電腦上，發電子郵件給尚未決定的選民。

　　在我升上二年級的時候，我收到了一份正式的邀請函，上面邀請我參加一項青年領袖計畫「引領美國」（Lead America）。這也是為什麼我會見到年輕的巴拉克・歐巴馬。他當時正在波士頓參加 2004 年民主黨全國代表大會，並在靠近港口的一個環保集會中發表演講。我在只有 30 人的人群中聽完了他激勵人心的演講，然後等著他走下

臺。

他看起來又高又帥，雖然已經 30 多歲了，但看上去比實際年齡小了 10 歲左右。他散發出很多溫暖和希望，只要在他身邊，我就覺得一切都會變好。自我介紹時，我對他說自己是芝加哥人，並告訴他我幫迪安所做的事情。

歐巴馬聽完我說的話，對我說：「其實我正要參選美國參議員。或許你會想在我的選戰團隊中當志工？」

當然，我馬上答應了。於是在他參選參議員時，我加入了他的志工團隊。後來在參選美國總統時，我離開大學去他的選戰團隊中當實習生。我曾經把時間精力都奉獻給歐巴馬和他的選戰活動，最後我甚至休學，夜以繼日都為他的總統選戰努力。我是一名歐巴馬的狂熱支持者。當時，我甚至讓我的母親為我的選戰夥伴們烤了一些上面印有歐巴馬頭像的餅乾。

那就是我在安多佛的樣子。這就是我在劍橋分析公司工作之前的樣子。

在參加高中同學會之前，我想了想高中同學可能知道我的哪些資訊。我並沒有把 SCL 公司的經歷放在我的 LinkedIn 頁面或是臉書上。他們能在社群媒體上看到的最後動態，可能是我在倫敦與各國政要會面的動態，或是我率領貿易代表團前往利比亞的照片。

在同學會上，一開始我沒有告訴同學們我現在在做什麼。我讓他們以為我還在人道援助領域或外交領域工作。

其中一些同學對我說：「畢業後到現在你做的那些事，一定很有趣。」

之前也許是這樣沒錯，但是我最近的生活雖然也很有趣，卻變得有些意想不到。我現在和不久前的生活有著完全相反的路線。就在一年前，我還是一名在印度從事人權研究的進步派運動人士。但現在突然之間，我變成一家公司的業務開發主管，而這家公司曾經和美國中央情報局合作，現在則努力幫共和黨選舉。在這個過程中，我憑藉著

一些演技，開始覺得自己慢慢融入了這個新角色。

在同學會中，我只對少數幾個人說了我現在真正的工作是什麼。這些人大多是來自富裕家庭、有家族信託基金的小孩或同學。我還曾經和他們在政治問題上爭論過。

我描述了關於奈及利亞和「心理戰」的工作內容，以及 SCL 公司是如何在世界各地計畫選舉策略。「這聽起很棒，我沒想到你會做這樣的事！」他們聽完後，讚嘆道。

同時，我也跟這些朋友解釋了為什麼我現在在 SCL 的美國分公司劍橋分析公司工作。就在解釋給他們聽的時候，我發現我也試圖向自己解釋清楚到底發生了什麼事。

第二次面見班農，
川普要我們馬上趕往華府支援選戰

我們第二次去見史蒂夫‧班農的時候，是在 2015 年 9 月中旬。他想知道我們公司有什麼新進展，於是我和亞歷山大前往華盛頓向他彙報。

第二次見面時，我對他有了更多的了解。我讀過班農在布萊巴特新聞網上發表的一些極端言論，也意識到他大部分的觀點都和我的觀點完全相反。所以我很緊張，比上次還要緊張。他真的相信他所寫的一切嗎？不可能吧。從我對他本人的觀察發現，他聰明又有謀略。但我不了解，他在布萊巴特新聞網上發表那些製造恐慌的文章，到底能得到什麼呢？

這一次，當我和亞歷山大抵達「大使館」時，開門的是班農。他穿著一條舊的四角短褲和一件普通的白色 T 恤。當他看到我們站在門口的樣子時，他一定發現自己的穿著有問題。於是他消失在房子裡，然後我們在地下室再次見面時，他換上了運動衫和牛仔褲。

我們一起討論了公司新的潛在客戶。亞歷山大自豪地說我們打算去法國遊說前總統尼古拉·薩科奇（Nicolas Sarkozy）。此外，亞歷山大說我們也打算進軍德國，為安格拉·梅克爾的政黨基督教民主聯盟（Christian Democratic Union）工作。

班農對兩個人選都有一些意見。他告訴我們，他更喜歡我們為極右派候選人拉票，譬如法國國民陣線（National Front）的政治人物馬琳·勒龐（Marine Le Pen）。這時手機響了起來。

他看著手機螢幕，臉上露出滿意的表情，然後把手機轉到我們面前。**來電顯示上寫著「唐納·川普」。**

他把手機拿到耳邊。「唐納！」班農用洪亮的聲音喊道。「我可以為你做什麼？」他把模式轉為免持聽筒，然後一個男人的聲音從手機中傳出，而我對這個人的看法，就像是我對安·庫爾特和馬琳·勒龐的看法一樣。川普的聲音有種鼻音和傲慢的腔調，我在那個很不真實的真人實境秀曾經聽過他的聲音。在那個節目中，他坐在金色城堡中的金色王座上，嚴厲斥責他的下屬，就像國王要砍掉弄臣和遊民的腦袋一樣。

川普在電話中說：「我在這裡準備反伊朗核協議的集會，準備到快瘋了。」他人在紐約，我猜他就是在他紐約的城堡裡打這通電話。

亞歷山大曾經提到，川普將會和克魯茲一起上頭條新聞。但現在從川普的話中，可以明顯感覺到他對這個活動感到惱怒。班農透過幕後談判才安排好了這次的集會活動。此舉原本是為了擴大川普的政治基礎，同時也為了提升克魯茲的地位。但顯然地，兩個人對彼此都沒有多少好感。

「我們正在這裡收拾行李，準備明天飛過去看你和泰德。」川普告訴班農，「我們實在忙不過來了。一切都變得好巨大。太巨大了。你到底什麼時候要派你的那些英國人過來？！」他喊道。

班農盯著亞歷山大和我，然後說：「我現在剛好跟他們在一起，」他繼續說：「一個英國佬和布特妮！要我現在請他們過去嗎？」

那時的我還沒有意識到川普和劍橋分析公司之間有什麼緊迫的事情要談，但實際上卻真的有。2015 年 6 月，亞歷山大曾和科瑞‧李萬度斯基會面，那是川普在川普大廈的手扶梯上宣布參選總統的前一天。亞歷山大是由班農介紹認識了科瑞，而且參與在這些事情當中的每個人，早在川普投入選戰之前就認識彼此了。而且無論川普是真的打算競選總統，還是打算建立更大的商業帝國，我們公司都會想要努力拿到選戰業務。於是從 6 月之後的三個多月裡，我們公司和科瑞來來回回討論，但還沒有敲定和川普會面的確切時間。而現在，川普本人就在班農的電話中，大聲要求我們去川普大廈幫他解決問題。現在，科瑞怎麼可能對他的老闆說不呢？川普告訴我們，科瑞第二天一早就可以在川普大廈見我們。「然後我和科瑞要在上午 10 點飛到國會山莊。」他說。

亞歷山大曾經向我保證，我永遠不用直接參與牽涉到共和黨的政治工作。現在他又向我保證，**推銷給川普的不一定要是政治方面的服務，推銷給他的也可以是商業服務**，只要那能夠轉換成一些實際的合約就好。然後他說，這是一個巨大的機會，所以我們必須抓住它。

那天晚上，我們前往聯合車站，跳上了開往紐約的火車。馬里蘭州和德拉瓦州昏暗的景色迅速滑過了火車車廂的窗戶，夜幕隨著每一英里的軌道溜過我們的腳下。

川普參選不過是幌子，
他的真正目的是建立「媒體帝國」？

那時，我很想知道亞歷山大到底要我在第二天早上說什麼。「所以，我是要推銷商業服務還是政治服務，或者兩者都有？」我問道。

「嗯，」他心不在焉地回答，「哪一種都可以。」然後他轉頭回去忙自己在做的事。「真的都可以。但我需要妳給我驚喜。」他現在

經常對我這麼說。

　　但他叫我不用擔心。川普只是表面上在競選總統。所以不管是推銷商業服務還是政治服務，對他來說都一樣。亞歷山大繼續說，川普競選總統的真正原因是為了創造條件，然後推出一個叫「川普電視」（Trump TV）的商品。換句話說，他的參選只不過是一場騙局。畢竟政治和商業本來就是一體兩面。

　　亞歷山大告訴我的資訊讓我大吃一驚：所以川普的選戰其實和競選公職無關？

　　「的確無關。」亞歷山大說。川普所做的一切都是為了激發更多觀眾和鞏固既有觀眾的眼光，然後進行至今為止他最大膽的商業冒險——建立世界上最大的多媒體帝國。川普對這個目標投入的努力，將會更勝於他在建立房地產帝國時的努力。

　　這是真的嗎？所以川普不可能當上總統？

　　亞歷山大解釋說，川普會成為美國總統的這個想法無疑很荒謬，很多人也都會覺得這個想法非常荒謬。畢竟美國人民永遠不會容忍這樣的事情發生。所以實際上，到時候克魯茲、盧比歐或其他人可能贏得共和黨的提名，然後輸給希拉蕊。其實川普參與共和黨初選就是一個龐大商業計畫的幌子，不過劍橋分析公司無論如何將會加入這個商業計畫的創始階段。所以我們要一開始就參與進去。畢竟，「川普電視」的一切都和數據資料有關。而劍橋分析公司目前為止所做的很多事，都是為了鞏固我們在美國保守派數據資料庫上的壟斷地位。透過這項能力，我們能創造出「川普電視」不可或缺的必需品。

　　所以班農把我們介紹給川普團隊，實際上就是把川普新帝國的鑰匙交給了我們。

　　我們的會面時間是約在第二天早上八點。我從來沒去過川普大廈，所以亞歷山大叫我先和他在前門碰頭。

　　會面的前一晚我幾乎沒睡。亞歷山大的話讓我緊張了起來。而且我還知道了「川普電視」背後的出資者就是默瑟家族，而班農則是這

個計畫的提倡者、主持人和思想領袖。在這場所謂的競選活動之中，川普集團將蒐集資料，然後將這些資料交給一家企業。最後這家企業會成為班農、羅伯特和麗貝卡的政治傳聲筒。如果能得到這份合約，就會讓亞歷山大和我們公司取得巨大的成功。同時，公司當然也不會做任何傷害克魯茲選情的事。我們在「川普電視」上的工作甚至可以幫助到克魯茲，因為我們可以給他一個很好的宣傳平臺。換句話說，這沒有什麼好擔心的，亞歷山大這麼說。

　　每一次集會、每一場辯論、每一份聲明，還有從川普口中說出的每一句話，完全都是為了激發、辨別並鞏固他的粉絲和觀眾。參加共和黨初選就是他對整個計畫的試探。接著川普日益壯大的「政治基礎」將成為他新產品的消費者。整體而言，當時川普在「競選」上還沒有花太多錢，因為競選只是他用來測試訊息傳遞的方法，而這樣的方法可以說是出色、划算而且獨一無二。在這個過程中，我們公司會透過幫助川普來發一筆財，進而成為在這家新企業中扮演關鍵角色的傳播和資料分析團隊。

「拜託，大家都願意免費為川普服務，劍橋分析要證明自己有什麼特殊之處」

　　那天，我站在紐約第五大道上，周遭的人們匆匆趕著要去上班，男人們穿著西裝，女人們手拿高跟鞋、腳穿運動鞋，而孩子們正要上學去。我想，他們都不會知道我們到底要做些什麼。

　　一進入川普大廈，穿過那些鍍上青銅的大門，我和亞歷山大就登上了一部電梯。電梯開始上升，經過了無數層樓。當電梯門打開時，我嚇了一跳，因為眼前的景象看起來非常眼熟，但我卻不知道為什麼。當我正試圖找出答案時，科瑞從一間角落的辦公室中走了出來，他穿著一件藍領襯衫，捲起袖子，看上去洋洋得意、信心十足，好像

剛剛在做一件非常重要而且很有挑戰性的事。而他似乎也有點分心，但我不知道究竟他是在忙什麼事。他似乎是那種腦袋裡沒什麼料的人。他的「15 分鐘成名故事」早已遠近皆知：據說有一次，那是科瑞還在俄亥俄州眾議員鮑勃‧奈伊（Bob Ney）那裡擔任行政助理的時候（這位鮑勃‧奈伊就是後來被爆出收賄醜聞的那位），他帶著洗衣袋要進入美國眾議院的辦公大樓，但裡頭放了一把手槍。科瑞因此被逮捕。他聲稱這是一場意外。如果真的是意外的話，這代表他很蠢。但是我也一直認為這件事不小心透露了他心中某種凶殘的個性。

現在他走上前來迎接我們，輕鬆地和我們握了握手，然後很快就鬆開。我突然想到，也許他之所以同意和我們見面，只是想做人情給班農。

我環視了一下四周。我們所在的樓層基本上無人居住；天花板非常高，似乎是由許多金色的柱子支撐著；宏偉的辦公室裡空無一人，只有鍍金的牆上掛著「讓美國再次偉大」的標語。

我仍然無法擺脫那種我曾經到過這裡的感覺。

科瑞一定注意到了我的神情。「看起來是不是很眼熟？」他似乎很開心地說。「噢，」他繼續說，「你是不是也會看《誰是接班人》？」然後不等我回答（事實上，我已經發現了答案），他就搶先插了話：「你一定看過吧！」科瑞來自麻薩諸塞州的洛厄爾（Lowell），雖然在華盛頓待了幾年，他仍然有一點新英格蘭地區的口音。「歡迎來到片場！」他揮著雙臂說道。

科瑞是我見過最像二手車業務員的政治工作者了。他總是滔滔不絕說著自己忙得多麼不可開交，還有他的客戶多麼受歡迎。現在他談到川普是最好的人選，絕對是最好的。然後對我們說，你們很幸運能來到這裡討論如何支持這麼受歡迎的傢伙。

我們坐在科瑞的辦公室裡，但我幾乎沒辦法仔細聽他說話。因為我滿腦子都在想，川普的總統競選總部竟然是真人實境秀的場景？

在我們說話的同時，川普在隔壁房間裡跑來跑去準備飛往華盛

頓。我瞥見他幾次，但沒有機會被介紹給他，也沒有機會直接和他說話。因為我們花了接下來的一個小時和科瑞協商談判，想要帶著「勝利」笑著離開。但首先，我們必須聽著科瑞訴說自己的一切，然後還要聽著他說他的候選人是多麼重要多麼特別。

科瑞的長篇大論基本上就是在向我們推銷他自己和川普。在他告一段落之後，我總算有機會也向他推銷我們的服務。科瑞對共和黨的政治活動並不陌生，畢竟他職業生涯的大部分時間都在參與選戰。但我對資料分析工作的描述似乎讓他有點吃驚。然後他突然打斷了我的話，繼續想跟我們說川普是多麼受歡迎，所以幾乎不需要任何幫助。

亞歷山大和我反駁了這種說法，並解釋為什麼我們的工作不僅重要而且必要。要不然川普要如何在初選中和其他 16 位候選人競爭？更不用說如果不尋求幫助的話，那要如何和希拉蕊・柯林頓這樣強大的政治人物競爭？

在我們激烈來回的談話結束時，科瑞似乎開始接受了我們的想法。他用桌上的電話打給班農，按下了免持聽筒的按鈕。

「喂，史蒂夫！我們這裡有你介紹的英國人。你知道現在很多人都在求我們，希望加入我們的選戰嗎？大家都願意免費為我們工作，因為他們非常想要參與其中！所以說，你能開什麼樣的條件給我呢？」

第 7 章

英國脫歐，
劍橋分析準備大展身手

2015 年 9 月

　　9 月下旬的巴黎：天氣不錯、觀光客開始減少、孩子們重返校園。在這個季節，你可以輕易親近這座城市，但亞歷山大和我則是來到這裡征服法國的。

　　我當時應該是只屬於劍橋分析公司的人。其實我正要搬到華盛頓，因為公司在那裡開設了第一家美國辦事處。然而，亞歷山大要我陪他去法國一趟，去遊說成立一個幫尼古拉・薩科奇競選總統的團隊。亞歷山大保證，這只是一次性的行程。就幫他一個忙。他也知道我很忙，所以他不會再讓我做這種事了。

　　雖然那時我忙著往返於倫敦和華盛頓之間，找尋辦公空間和公寓，搬一些必要的行李，同時安排把薪水的幣值從英鎊換成美元。但我仍然認為法國之行是個好主意。

　　我們公司發展得很快，人手卻不夠。我是唯一一位負責國際業務開發工作的員工，也就是自己一人一個部門。我要負責公司的全球業務，也要在美國幫忙。但是我喜歡巴黎。我想，如果我們和薩科奇簽約，我不會介意在美國首都和「光明之城」巴黎之間通勤。

　　亞歷山大曾在 2012 年向尼古拉・薩科奇推銷服務，但薩科奇拒絕了他。最後薩科奇以 3.2% 的差距輸給了法蘭索瓦・歐蘭德（Francois

Hollande）。亞歷山大不想再讓薩科奇的團隊犯下同樣的錯誤。這一次，薩科奇所代表的中間右派政黨改了名：從人民運動聯盟（Union for a Popular Movement）改名為共和黨（Les Republicains）。現在，競選團隊必須要開始準備了。雖然選舉還有兩年，這似乎是一段很長的時間。但亞歷山大總是說，只有在必要而且條件特殊的情況下，才有辦法在 6 ～ 9 個月的時間裡贏得選舉。否則，預先規畫的最佳時間就是兩年。

歐洲業務受到重挫，
法國人極度厭惡用個資打選戰

　　這趟來巴黎是一天的行程，我們坐歐洲之星列車往返。我們早上出發，中午時分亞歷山大已經在巴黎市中心一棟典型的 19 世紀建築裡開始他的推銷演講。這座 4 層樓高的黑色塔樓有著高聳的天花板和精心製作的木頭裝飾。那時臺下坐著的觀眾都是政治和商業傳播領域的顧問公司人員。他們也是我們希望在法國合作的夥伴。那些法國顧問的年紀大約都是 40 幾歲，穿著乾淨整齊，非常專心聽著演講。

　　一些客戶被演講的資料分析部分搞得暈頭轉向，但有兩位高層似乎對這個部分特別有興趣。他們對劍橋分析公司的工作有許多疑問，包括：如何蒐集資料、如何在內部處理資料以及如何實現「精準鎖定」。但是當亞歷山大講完，問大家還有什麼問題時，大家突然一片沉默。

　　其中一個男子清了清嗓子，然後說：「不行，這根本行不通。」

　　另一位高層搖了搖頭表示同意。「這完全不可能，」他說，「法國人永遠不會接受這種做法。」

　　亞歷山大和我一樣感到困惑不解。「為什麼？」他問道。「問題就在個人資料，」其中一名男子說道，「如果人們知道某個候選人在

這麼做，那他絕對會敗選。」

亞歷山大和我都了解法國法律：只要使用者做出選擇去分享他們的個人資料，就代表他們做出了有意、知情且合法的決定。英國也是如此。

「這裡不是美國。」另一個人說。

是的，我知道這裡跟美國不一樣。在美國，使用者很多時候是自動**被**分享個人資料，法律允許公司或機構蒐集用途不受限制的使用者資料。和法國和英國相比，美國的個資保護措施比較少。

但他那句話的隱含意思很明顯：我們沒有歐洲人所背負的包袱。**法國人、德國人和許多其他西歐人，都對利用個人資料這件事情很敏感。**這也可以理解。雖然法律允許公司或機構在人們許可的情況下蒐集資料，但仍然存在個人資料被濫用的前例。這樣的濫用非常可怕。

納粹曾經蒐集了猶太人、吉普賽人、身心障礙人士和同性戀的公民資料，正是這些資料讓大屠殺成為可能，也讓大屠殺的過程非常有效率。第二次世界大戰結束後，歐洲進入了數位時代，於是為了防止類似的事情再次發生，歐洲立法者制定了嚴格的個人資料保護法。實際上，個人資料的隱私也是歐盟的一項基本原則。因此歐盟訂下明確的規範，限制濫用資料和侵犯人權的流氓行為。

亞歷山大和我很清楚這些事情，但我們並不認為在法國或歐洲其他地方這些事情是不能克服的。至少在來到這裡之前，我們沒有那樣想過。

亞歷山大嘗試說服那些聚集在我們面前的與會者。他告訴他們，我們會讓使用個人資料的過程公開透明，確保這個過程能夠完全符合法律的條文和精神。而且當今任何想要打選戰卻不使用個人資料的人，都會逐漸被淘汰。但那兩個男人卻不為所動。於是最後，我們只好友善地離開。對於這趟旅程，亞歷山大和我都很震驚。我們從來沒有想過在政治選舉中使用個人資料是那麼令人討厭的事，我們一直都只覺得，這是無可避免的一件事。

英國出現新商機，
兩大脫歐陣營積極尋求「劍橋分析」協助

我們不發一語，登上了開往倫敦的歐洲之星列車。我們這才發現歐洲並不是美國。在這裡，第二次世界大戰所造成的傷口尚未癒合。

列車從巴黎加速開往加萊（Calais），但到加萊的時候卻停了下來。我看到新聞說最近在英法海底隧道的法國端入口常常出現延誤。因為歐洲移民危機帶來了許多難民，其中又有許多難民在隧道入口處搭起了帳篷。他們不顧危險，只想用各種方式非法穿越邊境，有時他們會爬上貨運火車或是站在卡車的保險桿和車頂上。許多難民失足而死，也有些難民在邊境的運河裡淹死。據報導，在過去的 9 個月裡邊境警衛隊阻止了大約 3.7 萬次這類的非法越境，這數字令人難以置信。警衛們曾描述數百名非法移民的「夜間入侵」。他們猛烈進攻這條路線，只希望少數幸運兒能抵達英國。[1]

那時，歐洲出現了前所未見的難民危機。根據聯合國難民署高級專員的報告，世界各地的戰爭和衝突導致大約 6,000 萬人流離失所，這個數字相當於義大利的人口。[2] 而僅僅在 2015 一年，就有超過 100 萬難民進入歐盟國家，其中許多人希望能進入英國。因為到了英國，就能取得免費的健保和公共住宅。除此之外，對那些一路穿越其他歐洲國家的許多難民來說，英國是他們最後的希望。[3]

大多數的難民來自穆斯林占多數的國家。他們有各式各樣逃亡的原因，譬如從武裝衝突到氣候變遷的影響。當時，難民一群一群湧出敘利亞、利比亞、南蘇丹、厄利垂亞、奈及利亞和巴爾幹半島。

從非洲偷渡是一件特別危險的事，因為那裡的走私者要價很高，而且經常一大群人（有時多達數百人）擠在一艘不穩定的船或木筏上，航行於危險的地中海。[4] 相關當局估計，那年有多達 1,800 位難民在從非洲偷渡前往歐洲的過程中淹死。[5]

我們的列車似乎要永遠停在跨海隧道的入口處。但最後，列車還

是再次啟動了。當我們加速進入法國和英國之間隧道的黑暗入口時，亞歷山大轉頭過來跟我說，他一直在思考一件事。他說我們在英國即將有個令人興奮的機會：一場歷史性的公投。而這個公投將決定英國是否會留在歐盟。

美國一直都在舉行公投。幾乎在所有的地方選舉和州級選舉中，美國人都要投票決定許多議題，例如：是否要花錢建新學校、是否要通過限制公共場所喝醉酒的法令、是否允許在人行道上停放電動摩托車等等。但是在英國即將到來的是全國性的公投。英國在歷史上只舉行過兩次全民公投，一次是 1975 年的歐洲共同體成員身分公投，另一次則是 2011 年的「排序複選制度」（Alternative Vote）公投。而這次即將到來的公投很有爭議，而且影響深遠，因為它有可能改變整個歐洲的現況。

由於簽下了《馬斯垂克條約》（Maastricht Treaty），從 1990 年代末期以來英國一直是歐盟的一部分。但長久以來，英國人對開放邊境、歐洲統一以及英國參與歐盟的好處等議題，都一直存在廣泛的分歧。

英國和其他歐洲國家共用單一貨幣和單一市場能有什麼好處呢？歐盟是建立在崇高的理念基礎之上：歐洲各國經濟公平、不歧視、信仰共同的民主和人權價值觀。歐盟提供了不受國家邊界限制的行動自由，並且強化了歐洲各國之間的團結。的確，由於歐盟總是致力於促進成員國之間的和平與繁榮，它在 2012 年 6 月獲得了瑞典學院頒發的諾貝爾和平獎。6

但是，愈來愈多的英國人轉而擁抱本土主義和分裂主義。就像在美國一樣，國族主義和部落主義也開始在英國興起。因為英國就像美國，兩者都在獨立和自治方面擁有悠久的歷史。最近，支持「脫歐」的民粹聲量，開始變得和支持「留歐」的民粹聲量不相上下。

在即將到來的「英國脫歐」公投中，人們分成兩派立場：「留歐派」，他們支持留在歐盟，口號是「一起強大」。他們支持一種超越單一國家的治理框架，在這個框架中各國可以透過共同的法律和規範

一起來維護自由和人權。但這樣做，也會讓國家在一定程度上喪失了自主的空間。

另一方面，「脫歐派」則要求完全退出歐盟。他們的理由是，英國需要選擇自己的法律規範，也需要關閉邊境、禁止非法移民進入，並將資金留給英國國內的機構，譬如英國人珍視的國民健保服務（National Health Service）。

亞歷山大承認，如果 SCL 公司要接下公投運動的工作，可能會有些棘手。畢竟這是一場英國選舉，而做為一家英國公司，我們一直嘗試不去碰觸英國政治。SCL 公司不希望在自己的國家被認為是偏袒某一方。雖然說，它在世界其他地方都是這樣做的。

亞歷山大解釋說，他一直都很有興趣和英國脫歐公投中的任一方合作，**但留歐派相信他們會贏，所以他們不認為需要聘請像 SCL 公司這樣的昂貴政治顧問**。然而，脫歐派卻提供了合作的機會，這機會非常誘人以致難以拒絕。

在脫歐派中，兩個重要的團體正在爭取成為脫歐運動公投的正方委任代表。為了獲得代表權，每個團體都必須先向選舉委員會陳述自己的理由。而 SCL 公司很幸運，因為這兩個團體都想與我們合作。

亞歷山大說，我們很快就會分別和兩個團體會面。所以他又要請我幫忙了。

總體而言，脫歐派的組成是一個複雜的群體。他們的成員包括了一些英國現代史上最具爭議且最會製造分歧的政治人物。亞歷山大說，他寧願不要和這些人來往，以免被別人嘲笑。尤其想到那天在巴黎發生的事，他就更在意自己的形象。他還指出，此時他面對的情況和我面對的情況差不多：我不太願意與克魯茲或川普扯上關係；而亞歷山大也不希望與那些令人反感的英國政治人物扯上關係。

「我知道妳有很多事情得做。」他說。這指的是我要搬去華盛頓的事。但他希望我願意花額外的時間，向英國脫歐派推銷我們公司的服務並和他們合作，直到他們和我們簽下合約。亞歷山大說，這只會

花很短的時間，但在這段時間裡我必須成為 SCL 公司在英國脫歐議題上的代表人。做為交換，他將繼續擔任劍橋分析公司聯繫美國共和黨的代表人。

雖然我非常忙碌，但亞歷山大的提案，對我來說似乎不是一件很難抉擇的事。首先，那時我和其他所有英國人都看到了同樣的報導。我和絕大多數英國人一樣，確信脫歐派沒有任何獲勝的機會。

此外，和脫歐派見面可以讓我獲得一些關於公民投票的寶貴經驗。也許我能在這一次歷史性的選舉中學到不少東西。

再來，那時我的男朋友是提姆。他和他的朋友以及家人都是保守的蘇格蘭人和英國人。他們覺得為了更多的自決權而離開歐盟是一件好事。這對蘇格蘭人來說尤其是如此，畢竟他們曾經 3 次試圖脫離英國獨立，但最後都失敗了。現在，我的男友打算投「脫歐」一票。所以如果我為脫歐派工作的話，也不會造成情侶之間的不合。

還有另外一個理由：我內心深處一直偷偷希望有一天我能成為英國公民。我一直夢想在這裡生兒育女，因為這是一個公共建設資金充足、崇尚自由進步價值的國家。

最後，脫歐其實也可能對英國公民有好處。這其中有一些合理的政治因素。身為一位人權運動人士和自由主義者，我看到在歐盟領導下的英國變得愈來愈保守。因為歐盟會強迫英國執行一些跨國的法律規範，而坦白說，這讓英國在一些事情上有了愈來愈多的限制，譬如英國開始限制大麻和迷幻藥的銷售。但我認為這些行為應該除罪化。做為一位人權運動人士，我相信，獨立的英國也可能會是一個更能好好為人民服務的英國：讓人民變得更自由，而不是更不自由。

全部這些理由就是當時我願意答應亞歷山大的原因。而且比起我們在法國遇到的那些令人沮喪的人事物，眼前的提案似乎很無害（更不用說，亞歷山大暗示，為脫歐派工作可能會獲得豐厚的佣金）。這一切就像是亞歷山大和我之間的討價還價，跟吃完午餐要怎麼結帳的事一樣簡單。「我負責美國人，妳負責英國人。」亞歷山大興致勃勃地向我提

議。他也對我承諾，在這之後，我再也不需要把自己的公眾形象和保守派做連結了。

迅速與 Leave.EU 敲定合作

我要推銷的第一個對象，是脫歐派團體「Leave.EU」（「脫離歐盟」組織）。負責該組織的主要人物是一位叫做艾隆‧班克斯（Arron Banks）的傑出商人。他是一位保險經紀人，也是保守派的巨額贊助者。亞歷山大跟我說，班克斯曾是英國保守黨黨員，但後來他離開了保守黨加入英國獨立黨（UK Independence Party）。亞歷山大說班克斯對數百萬人有影響力。

10 月下旬的某個週五，Leave.EU 的五位成員抵達了 SCL 辦公室。他們看起來各不相同，馬上讓我留下了深刻的印象：艾隆‧班克斯是一位娃娃臉的中年男子，那天他穿著西裝打著領帶，頂著圓滾滾的肚子搖搖擺擺走進會議室，就像是一個幫派的頭頭。他握手時力道強勁，自我介紹時聲音非常洪亮。

陪同班克斯前來的是 Leave.EU 的執行長莉茲‧比爾尼（Liz Bilney）以及傳播部門總監克里斯‧布呂尼—洛（Chris Bruni-Lowe）。莉茲是艾隆的左右手，有著一頭滑順漆黑的長髮，像浮油一樣灑落在臉上。但除了莉茲的頭髮以外，他們兩人都不是太起眼。

第四個人是戴著眼鏡的馬修‧理查森（Matthew Richardson）。他是一位看起來怡然自得的律師，自稱是法律顧問。但我不確定他是在哪裡擔任顧問，是 Leave.EU 的法律顧問？還是班克斯的私人顧問？

第五個人叫做安德魯‧威格摩爾（Andrew Wigmore）（大家也叫他「安迪」[Andy] 或「威格西」[Wiggsy]）。他是一個古怪的傢伙，也是班克斯的某種生意夥伴。但我永遠搞不清楚他在選戰中所扮演的角色。那時我覺得安迪看起來更像是一位上了年紀的運動員，而不是政客。結

果後來證明他是前足球運動員,也擅長不定向飛靶射擊。總之,他是一個怪人。在他進入會議室坐下來之前,他拉開背包,從裡面拿出一堆小瓶的酒,就是在飛機上會看到的那種。然後他把酒分給房間裡那些剛認識他的人。他說,酒瓶裡裝的是貝里斯蘭姆酒(Belizean rum)。

我那天的任務是對 Leave.EU 推銷公司的服務,並且盡可能蒐集足夠的資訊、了解他們的需求和資料蒐集能力,以便事後把正式的提案給他們。聽完我的演講之後,班克斯(安迪叫他「班克西」)(譯注:Banksy,為英美著名的匿名街頭藝術家)的反應非常興奮,他說他不僅想要讓我們幫忙打公投選戰,還想要讓我們去幫忙英國獨立黨以及他的保險公司。

班克斯說,最迫切的問題是要如何在代表權競爭中脫穎而出。Leave.EU 的競爭對手是 Vote Leave(「投票脫歐」組織),而且他們很可能比班克斯的組織更有優勢。Vote Leave 是由許多英國的主流政治人物所組成,該組織有強大而穩固的人脈。所以,班克斯想上演一場政治秀,證明他們的組織比 Vote Leave 更適合擔任脫歐選戰的正方委任代表。4 個星期後,在向英國選舉委員會正式提出申請之前,Leave.EU 計畫舉辦一場公開座談會。

贏得正方委任的代表權很重要,因為這意味著能獲得選舉委員會的財務支援(700 萬英鎊的額度)以及播放指定電視廣告的機會。後者在英國是一項巨大的特權,因為英國法律禁止一般人製作傳統的政治廣告,除非是獲得官方指定的政治團體。

為了幫班克斯的團隊準備座談會的演講,我必須知道他們有什麼資料。接著我們會準備一個兩階段的提案,並在座談會之前完成第一階段的工作。

「雖然現在還早,」班克斯說,「但我們最好別再等了。」他會讓他的團隊盡快把他們能整理出來的資料送交給我。

砸錢介入英國公投、美國大選的團體，
根本是同一票人！

　　Vote Leave 也計畫和我們公司會談。但當他們得知我們也會和他們的對手見面時，他們就退出了。他們就像英國版的傑布・布希，他們想要的是忠誠。另一方面，Leave.EU 渴望任何機會，也沒有餘裕考慮太多自尊心問題。他們就像英國版的泰德・克魯茲。因為他們離勝利很遙遠，所以他們很快就同意簽下沒有競業禁止條款的合約。

　　這場會議結束之後，我收到了兩封關於 Leave.EU 的電子郵件。其中一封是我們公司的財務長朱利安・惠特蘭（Julian Wheatland）寫給班克斯和安迪的信件，當中說明了 SCL 公司針對記者會所進行的計畫準備工作，朱利安稱這些工作為「資料分析和創意支援短期計畫」，計畫的目的是「展現知識能力以及資料導向的選戰方式」。在這封電子郵件中，朱利安還用一種非常英式的說法，請求 Leave.EU 預先支付費用給我們。

　　另外一封是班克斯寫的電子郵件，他想關心一些後續事務。在信中，他問我們 SCL 公司是否能找到「在英國有家人」的美國人，並且說服他們捐款給 Leave.EU。我不確定班克斯到底想要什麼，也不知道為什麼他會覺得這樣做很好。不過我注意到，收信人中除了其他人以外，也包括班農。

　　我想這解釋了班克斯是怎麼找到亞歷山大和 SCL 公司：是班農介紹的。畢竟，班農是美國版的奈傑爾・法拉吉（Nigel Farage），而這兩人也剛好是朋友。法拉吉是英國獨立黨的創始元老，也是歐洲議會中的活躍人士。他成為歐洲議會議員的唯一理由，就是希望從中徹底瓦解歐盟。[7] 我在成年以後，幾乎大部分的生活都是在英國度過。所以對我來說班農不像奈傑爾一樣活躍，但現在我發現班農也是一位極端的搗亂人士。兩個人都是「好戰的民粹主義者」（現在這個名詞可以算是全世界各地都正在興起的一種新品牌）。

班農和法拉吉支持的民粹主義是一種「『我們』對抗『他們』」的民粹。他們認為，「當權者」和「菁英階層」都很腐敗，而普通人則很純潔。他們都相信（或者至少曾經公開宣稱）「政治正確」不過是菁英主義的煙霧彈，被用來打壓坦率和「直言不諱」（plainspoken-ness）。[8] 他們兩人發表意見時都不介意冒犯社會禁忌，而且講話都非常粗魯。我完全不意外發現他們兩人是朋友。

　　當我在為眼前的工作做準備時，我提醒自己，如果班克斯是透過班農和法拉吉找到我們的話，那麼我最好給 Leave.EU 最棒的服務。

　　從 Leave.EU 那裡拿到數據資料所花的時間，比我預期中還要久不少。最初，班克斯派了莉茲・比爾尼過來，但她雖然是 Leave.EU 的執行長，卻對資料的事情一無所知，也不知道那些資料可能會在哪裡。於是她叫我聯繫他們組織位於布里斯托（Bristol）總部的另一位員工。那位員工告訴我他們組織根本沒有太多資料，不過他的確可以讓我取用僅有的一些資料。後來我只好向先前會議中認識的其他成員求救，最後他們組織的馬修・理查森聯繫我，說他可以幫我。那時理查森的話聽起來好像是說，英國獨立黨除了一些調查資料之外，還有一個龐大的全體成員資料庫。然後，他讓我們和英國獨立黨的 IT 人員取得聯繫，同時表示他會安排他們盡快也盡可能用安全的方式把資料交給我們。

　　但馬修怎麼會有這麼大的權力？我問朱利安，他馬上回答說馬修的另一個身分其實是英國獨立黨的祕書。

　　我嚇呆了。我想不通為什麼馬修可以同時擔任 Leave.EU 的法律顧問以及英國獨立黨的領導階層？從根本上來說，這可能有法律問題。例如：公投選舉活動是否應該使用來自政黨的資料？如果授權我們使用資料的人不是公正第三方的話，這樣是否有法律問題？當時我覺得這有點問題，但也沒再多想，畢竟重要的是馬修能授權我們所需的資料。他會把他手上的資料都交給我們，然後我們公司就能夠以這些資料為基礎開始努力。

就在此時，我不得不去美國一趟，因為我和我的家人早就計畫好要去紐約旅行。離開前，我跟辦公室裡的資料科學家們說我之後不在，然後問他們如果收到英國獨立黨拿來的資料後，是否可以馬上就開始工作？我跟他們說時間很緊迫。

　　這趟去美國的旅行對我來說其實很大手筆。我讓父親、母親和妹妹坐飛機來紐約待幾天，讓他們住在一家很好的旅館。在紐約，我們一起吃了一頓大餐，看了一場百老匯演出，還去了博物館。我把銀行裡存的每一分錢都用來招待他們了。但是花點時間和家人相處總是很值得的，而且這樣也可以幫家人忘記幾個月之前發生的那些不好回憶（之前提到過的，我們被迫交出家裡所有值錢的東西）。

　　儘管我在紐約安排了各種慶祝活動，但奇怪的是，我父親的情緒仍然非常平淡，他常常很早就獨自一人回到旅館房間休息。現在他在老家的生活仍然很沉悶：暫時住在妹妹家裡的空房，沒有找到工作，也沒有動力去找工作。所以我很高興我有一些餘裕來為他和母親還有妹妹三人做一點事。而之後我還想做更多。尤其這 6 個月以來，我都有穩定的薪資收入，也開始覺得自己可以自食其力了。之後，我想我能更常見到他們，因為我很快就要搬去華盛頓特區了。這也是我成年之後第一次回到美國生活。

　　在紐約時，我很少和家人談論我的工作，但我會分享一些事情的大概情況。我的妹妹娜塔莉在大學裡學過心理學，所以當她聽到劍橋分析公司運用「OCEAN」模型來分類選民時，她表現得很感興趣。我們也談到了如何利用公司的能力來產生正面的社會影響。娜塔莉的政治立場和我的政治立場沒什麼不一樣，她也支持進步派。而且她一直以來都是一個不折不扣的民主黨支持者，這也和我一樣。所以，當我無意中透露我正在和班農合作時，我並不意外她會有負面反應，雖然說和她談到這件事還是讓我覺得不太舒服。

　　當時她把手指放進嘴巴裡，假裝要嘔吐。「妳怎麼會這麼做？」她喊道。

「但是他很聰明。」我答道,因為找不到更好的解釋。

就在我和她談到這樣的事情時,我突然接到了一通奇怪的電話,那是公司在倫敦的首席資料科學家大衛·威金森博士(Dr. David Wilkinson)打來找我。威金森博士負責 Leave.EU 的資料分析。當我接起電話時,他正在笑。

「布特妮,」他煞有其事地說。「妳要的資料到了!」

這件事好笑的地方在於,馬修·理查森從英國獨立黨黨部派了一個人,帶著一臺很大的電腦主機坐上火車一路來到倫敦。那個人就這樣慎重地把這臺主機帶來 SCL 辦公室,然後跟我們說裡面應該可以找到大量資料。當時,我在倫敦總部的同事們都覺得既震驚又好笑,因為他們早就想過傳送資料的幾種方式,但卻從來沒想到有人會直接把 1990 年代的笨重電腦整臺扛過來。

結果,他們在硬碟中只發現了兩個很小的 Excel 檔案,一個檔案是英國獨立黨成員的個人資料,另一個檔案則是英國獨立黨所做的關於大眾脫歐立場的調查報告。所以資料量其實很小,他們可以直接把兩個檔案附加在電子郵件中傳送給我們,或甚至帶一個 USB 隨身碟過來,而不用帶整臺電腦。但不管怎樣,大衛說,這些資料足以讓他們開始工作了。

英國獨立黨未經黨員同意,將個資用於脫歐選戰,這樣合法嗎?

當我回到倫敦時,兩個組別的資料建模結果已經出來了。至少初步看起來,這些資料非常有用。

大衛發現,「脫歐群體」由四個子群體組成。我們的訊息傳播團隊幫這四個子群體取了綽號:「熱情運動分子」(Eager Activists)、「年輕改革者」(Young Reformers)、「不滿的保守黨人」(Disaffected Tories)

和「魯蛇」（Left Behinds）。

「熱情運動分子」非常熱衷於政治活動，同時希望有機會進一步參與政治和捐款給政治團體。因為某些原因，他們對國家經濟和健保體制抱持悲觀的態度。

「年輕改革者」多是單身、在教育單位工作；在政治上活躍，也能和不同族群的人相處融洽；通常不喜歡過分談論移民問題。總體而言，他們對國家經濟和健保體制的未來相當樂觀。

「不滿的保守黨人」對現任和前任政府整體來說都還算滿意，但對政府在歐盟和移民問題上的立場感到不滿。總而言之，他們對國家經濟和健保體制抱持樂觀的態度，還有他們相信犯罪率正在下降。這個群體中，大多數人是相當富裕的專業人士和公司管理階層。大多數人在政治上不是特別活躍。

「魯蛇」或許是最有趣的一個群體。他們覺得自己愈來愈被全球化的社會疏遠。他們對國家經濟和健保體制深感不滿；認為移民問題很嚴重；他們懷疑當權者，包括政治人物、銀行和大企業；他們擔心自己的經濟收入和未來，也擔心正在惡化的公共秩序。換句話說，如果大衛有足夠的時間進行「OCEAN」計分，這些魯蛇可能會被歸類在高度「神經質」的類別。所以，只要傳遞的訊息能夠喚起他們的恐懼時，他們很容易接受。

我們模擬了結果，然後做成投影片和文件。這時朱利安和亞歷山大突然過來跟我說不要把這些文件分享給班克斯、安迪或其他 Leave. EU 的成員。因為他們還沒付錢，所以我不能給他們「免費服務」。我可以給他們看一下調查結果或投影片，但我不能把任何具體的文件交給他們，除非他們簽下了他們所承諾的合約，並且付款。這聽起來很有道理，但我也說，我們應該同時先繼續做研究，因為朱利安跟我提過，班克斯已經准許讓我們進行更多研究。我想，在合約真的簽完付款之前，公司高層顧慮的只是法律上的細節問題。畢竟馬修・理查森已經向我們保證，他正在安排讓英國獨立黨、劍橋分析公司和

Leave.EU 之間的資料共享變得合法。因此，我完全就打算利用這些資料研究來幫忙打選戰。我要讓 SCL 母公司的團隊繼續進行第一階段的資料研究工作，在其中盡可能獲得更多有用的資訊。

在 11 月 17 日舉行記者會的前一天，我們原定要進行預演，但是到了那天合約仍然還未簽好，我們也還未收到款項。此外，我們也遇到了一些法律上的問題（雖然說據我所知，這些問題後來獲得解決）。那時的問題是，我們擔心法律上是否允許我們使用英國獨立黨黨員的資料，或是允許使用英國獨立黨和 Leave.EU 共同進行的脫歐民意調查資料。最初在英國獨立黨蒐集黨員資料的時候，那些黨員並沒有選擇將個資分享給 Leave.EU 或是任何其他政治團體。所以在使用這些資料之前，我們需要法律同意。

終於在那天早晨，朱利安給我看了一份法律意見書。一位名叫菲利普·科佩爾（Philip Coppel）的皇家大律師在意見書中寫道，我們公司為英國獨立黨所做的資料分析工作不會有法律問題。因為皇家大律師的頭銜代表該律師是英國最具資格的公共法專家，所以我非常相信這份法律意見書。呼！法律上沒有問題了，分析工作也做完了，現在我們可以開始專心宣傳的部分。同時，那個時候英國獨立黨和 Leave.EU 簽署了一份資料共享合約。有人告訴我，這樣一來我們公司就更能在選戰中廣泛使用英國獨立黨的資料。

當時，我只專注在朱利安交給我的法律意見書上，而且我也很高興它給了我們許可，讓我們能做更多資料分析工作。但直到後來我才發現，這份法律意見書不僅是出自於科佩爾大律師，馬修·理查森其實也是共同作者。而我知道馬修是客戶的律師，也是劍橋分析公司為這個計畫所聘請的律師。那時的我只是以為，他的主要工作是律師，所以他幫英國獨立黨的領導層釐清法律問題。我還想說他可能是在幫菲利普·科佩爾弄清楚一些事情的細節，畢竟他很了解整個計畫，所以這說得通。然而現在回想起來，我卻覺得很奇怪。奇怪的點在於他竟然可以在法律上出示意見書，允許自己去做自己想做的事情。但那

個時候，我正在忙著準備 Leave.EU 的記者會預演，忙得不可開交。所以我幾乎沒有注意到這些細節。那時我正在對演講做最後的潤稿，同時在製作投影片。

Leave.EU 一旦使用「行為精準鎖定」技術，將擁有前所未有的選戰能量

記者會預演前，歐洲傳來了可怕的消息。11 月 13 日，伊斯蘭國的恐怖分子連續襲擊了巴黎，據稱是為了報復法國在伊拉克和敘利亞的軍事行動。他們首先在聖丹尼（Saint-Denis）郊區的法國國家體育場（Stade de France）周邊引爆了炸彈，那時體育場正在進行足球比賽；同時有人在街頭的咖啡店和餐廳隨機殺人；另外在巴塔克蘭（Bataclan）劇院也發生了大規模的槍擊事件，當時那裡正在舉行一場美國搖滾樂團的演唱會。連續的恐怖攻擊總共殺害了 131 人（包括後來自殺的 1 人），造成 413 人受傷。兩天之後，法國政府展開了針對恐怖事件的回擊，擴大空襲伊斯蘭國在敘利亞的據點。11 月 15 日，法國總統法蘭索瓦・歐蘭德在國會發表演講時宣布，法國將會向伊斯蘭國開戰。

11 月 17 日，我前往 Leave.EU 位於米爾班克大廈（Millbank Tower）的倫敦辦公室。那時的我意識到世界已經變得混亂不堪了。儘管如此，記者會的預演還是非常成功。整個計畫的團隊成員都聚集在一起，我們互相自我介紹，並且讓彼此知道目前為止各自所完成的工作。

當天出席的有艾隆・班克斯、安迪・威格摩爾、克里斯・布呂尼一洛以及莉茲・比爾尼。另外馬修・理查森也從英國獨立黨黨部趕來出席。著名的保守黨商人理查德・提斯（Richard Tice）也加入了我們。同樣加入我們的還有德高望重的人口統計學家、工黨專家伊恩・沃倫（Ian Warren）。沃倫參與的目的，是教我們如何瞄準自由派選民。

另外，最令人印象深刻的出席者是美國戈達德岡斯特公司（Goddard Gunster）的執行長，叫做蓋瑞·岡斯特（Gerry Gunster）。他搭專機從華盛頓飛來倫敦。蓋瑞的專長就是公民投票，他在美國的工作和劍橋分析公司很類似。他幫忙許多競選活動做選民研究、資料分析和策略擬定工作（例如，找出哪些是關鍵選民，並研究如何確保他們去投票）。蓋瑞過去幫許多委託人打贏選戰，在他的核心業務——公民投票領域，他的選戰成功率超過 95%。這樣的戰績簡直是無與倫比。[9]

會議開始後，班克斯報告說，到目前為止他們組織的脫歐運動已經募集到了 200 多萬英鎊的資金。理查德·提斯則報告說，從去年夏天以來，他們爭取到了 30 多萬名已登記的支持者，並且在全國各地組織了大約 200 個團體。他告訴我們，這些選戰活動已經開始「改變民意調查的結果」。現在，他們組織和 Vote Leave 在支持度方面已經不相上下，有望贏得選舉委員會授予的代表權。

馬修·理查森提供了最新消息，介紹英國獨立黨的拉票計畫和即將舉行的選戰活動。他們的想法是發起英國史上最大規模的選民登記運動；蓋瑞講解了找尋目標受眾的策略，他說如果公投是在 2016 年春天舉行，那麼就有 6 ～ 8 個月的時間，足夠大家做好充分準備；伊恩列舉了一些自由派選民最關心的問題；理查德·提斯提到，一旦英國擺脫繁雜的歐盟監管制度，倫敦做為世界金融之都就能得到前所未有的經濟成長；至於安迪·威格摩爾（他在這一切中所扮演的角色，其實我還沒有搞清楚），他又帶著小瓶的貝里斯蘭姆酒出現了，然後把這些酒分給那些他之前沒見過的人。比起脫歐公投選戰，安迪似乎更熱中推銷他的蘭姆酒。

然後輪到了我，我呈現了所有我們公司蒐集到的資訊和資料建模，同時放出了我做的投影片，其中包括視覺化的群體分類、每個群體關心的問題以及向特定群體傳遞訊息的方法。我也做了一個整理，告訴大家所有可以購買或可以獲得的英國選民資料。這些資料不僅能幫我們建立更精確的模型，還能幫我們建立英國選民的整體資料庫。

這就像我們公司在美國所做的一樣，大數據資料庫能幫客戶贏得更多選舉或是影響更多的消費者。我告訴他們，這是一項非常好用的工具，而且我懷疑在英國還沒有其他人使用過。這樣的資料庫將會讓我們擁有前所未有的選戰能量。

我的報告讓大家印象深刻。他們很驚訝，原來利用人的個性特質和所關心的議題來分類群體是這麼容易。而這樣的分類就能夠對群體進行「精準鎖定」。我繼續解釋實際執行起來會是什麼樣子：我們可以透過數位宣傳、社群媒體或是家戶遊說進行一對一的訊息傳遞，也可以針對廣泛的大眾，利用數據資料來更有效地傳遞演講內容或集會資訊。我講完後，在場的聽眾好像都清楚了解了劍橋分析公司對選戰活動的價值。

在會議結束之前，我們討論了如何進行更複雜的計畫，來幫助Leave.EU 獲得選舉委員會的代表權，同時也討論了到公投投票日之前的活動規畫。

「我希望讓代表權的競爭提早結束。」班克斯說道。他希望在選舉委員會需要做出決定之前，就把 Vote Leave 排除在競爭對手之外。因此，他需要盡可能製造很多公關噱頭，例如：公開座談會時，我會在臺上代表劍橋分析公司，和其他聘請而來的專家一起公開背書，證明 Leave.EU 才是準備最充分、最能動員選民參與公投的代表。

Leave.EU 利用法國恐攻，散布對移民的仇恨與恐懼

公開座談會是在倫敦市中心的一間教堂舉行。座談會的那天早上，電視上的頭條新聞是法國警方突襲巴黎郊區聖丹尼的一個恐怖組織據點，殺死了兩個恐怖分子，其中包括 11 月 13 日巴黎恐怖攻擊事件的幕後首腦。我們都知道，最近那些發生在法國的恐怖攻擊事件，是座談會所有與會者心中最關心、也不得不關心的事。所以 Leave.EU

將會保證讓移民問題成為公投選戰的核心議題，他們會強調如果開放更多移民，那就等於讓英國被入侵或被迫接受一顆「定時炸彈」。[10]

當我走到舞臺上坐上第一張椅子時，班克斯、比爾尼、岡斯特和提斯也分別上座。提斯先發表了一段開幕演講，強調脫歐的商業利益。他講完後，一名記者問說巴黎恐怖攻擊事件是否敲響了歐盟的喪鐘？班克斯避免直接回答了這個問題，但他表示「英國在歐盟之外可以把事情做得更好，」而這次的脫歐公投對於「夠強大夠好、能自由制定自己的法律、自由控制自己的國家邊境、擺脫歐盟束縛」的英國來說，就是一生一次的機會。「我們進行的是平民的選戰。」他這麼說。

另一位記者尖銳地問道：「你說這是一場平民運動，但是我在臺上座位卻看不到平民？」

這個問題引起不少笑聲。接著《每日郵報》的一位記者問道：「為什麼你們最重要的支持者是坐在我身後，而不是坐在臺上？你們覺得讓他加入很可恥嗎？」

這位記者指的人是奈傑爾・法拉吉。他坐在觀眾席上，一反常態地完全保持安靜。《時代雜誌》後來描述他是一位「帶著縱火犯微笑的預言家」。[11] 在這場活動中法拉吉資助了我們，讓我們提供給每位參與者一件 Leave.EU 的 T 恤，上頭寫著：「愛英國，就離開歐盟。」然後每件 T 恤裡還包著一個寫著「我不會被搶劫」的馬克杯（譯注：此為雙關，搶劫和馬克杯的英文都是 Mug）。這是要暗示，留在歐盟只會繼續被予取予求。

還有一位記者將矛頭指向了我們小組中的兩位美國人，也就是岡斯特和我。這位記者問道，美國人對美式選戰的熱愛對英國有什麼幫助？

岡斯特對這個問題不太耐煩。「聽著，」他答道，「在美國，我們對每件事都可以投票，早就進行了好幾百次的公投。我們會投票決定是否應該對自己徵稅；我們會投票決定是否應該讓沃爾瑪在這條街

上開一家新店；還有在去年，緬因州公投決定果醬甜甜圈和披薩是否應該當作熊的誘餌。」岡斯特充分知道自己在做什麼。這也是為什麼我們邀請他加入團隊的原因。

接著換我回答了，我說的基本上和岡斯特差不多。我說，劍橋分析公司能提供的好處是幫英國展開一場由下而上的選舉運動。因為我們能夠深入了解人們為什麼想要離開歐盟。還有，我們也能夠前所未有地提高選民的投票率。這就是我們的目的。

第 8 章

臉書，
最會卸責的個資漏洞公司

2015 年 12 月～ 2016 年 2 月

隨著 2015 年即將進入尾聲，亞歷山大也看到了劍橋分析公司的光明前景。我們加入了脫歐運動（至少我們當時是這麼認為）。雖然我們手上還沒有拿到雙方簽署的合約，但我們都知道快了，因為朱利安已經取得班克斯的書面確認。這代表說我們能參與或許是英國史上最重要的歷史事件，畢竟這場脫歐運動有可能徹底改變歐洲，也很有可能徹底改變英國的未來。而且就算最後英國沒有真的離開歐盟（當時大多數人都認為英國不可能離開），有機會能夠參與這樣一場歷史性公投也是一件了不起的大事。

而且，就在我代表公司出席上述座談會的同一天。亞歷山大正在德國向基督教民主聯盟推銷我們公司的服務，他想幫安格拉‧梅克爾總理競選連任。經歷了在法國的挫折以及我們與 Leave.EU 的互動，亞歷山大相信他找到了一種方式，能避免大家把劍橋分析公司的工作和第二次世界大戰納粹的資料蒐集連結在一起。畢竟二戰時期資料蒐集的惡行仍然困擾著德國社會。

儘管如此，劍橋分析公司在美國華盛頓成立辦事處的這件事，可能才是目前為止我們最大的成就。那時在我們租到辦公室、找到員工，一切安排妥當之後，我就搬到了華盛頓特區開始為忙碌的 2016

#好友API #按讚功能 #隱私危機

年做準備。辦事處的地點很完美，位於維吉尼亞州亞歷山卓市（Alexandria）河畔旁的一座美麗的古蹟建築裡。從那裡可以看到波托馬克河（Potomac）對岸的華盛頓特區景色。另外，好幾家重要的共和黨顧問公司都是我們辦公室的鄰居。很快地，我馬上和客戶們安排了一個接著一個的會議，讓大家知道劍橋分析公司來到此地了。那時的我，似乎能預見公司在不久的將來會有偉大的成就。

劍橋分析的業務開始飆速成長

我們在華盛頓特區的公司辦事處，很像一家即將發展成熟的矽谷公司。畢竟我們在打造辦事處的時候參考了 Google 和臉書公司的企業形象，而且我們也像它們一樣正在成長：有愈來愈多的員工和客戶、愈來愈多的數據資料，也搬到了更好的地點。每一天，我們都走得更快，也發明了更多創新的事物。

亞歷山大想讓我們在 12 月的假期之前舉辦劍橋分析公司的發表會。他要我們展示公司的最新發展，同時讓大家知道我們在政界高層有眾多的朋友和客戶。那時我們邀請的客人超過 100 位，名單簡直可以說是星光閃閃，其中包括共和黨全國委員會的傳播部門主管尚恩・史派瑟（Sean Spicer）、保守派政治運動人士拉爾夫・里德（Ralph Reed）、保守派民意專家凱莉安・康威（Kellyanne Conway）、充滿爭議的亞利桑那州警長喬・阿帕歐（Joe Arpaio），還有來自「大使館」的布萊巴特新聞網員工。此外，因為亞歷山大相信那句古老的諺語「我們應該親近自己的敵人」，所以他也邀請了所有還不是公司客戶、甚至還正在和我們客戶競爭的候選人。

另一件令人尷尬的事情是，我們和另一家經營「精準鎖定」技術的顧問公司合作舉辦了這次活動。默瑟家族曾想過要幫我們併購這家公司，但是它的創辦人卻不肯賣。（後來我們沒有併購這家公司，不過我

們挖走了他們公司中一位這個行業中的明星，她是才華橫溢的數位和廣告技術專家莫莉‧施威科特 [Molly Schweickert]）在聖誕節假期快到的時候，這家公司和我們已經很明顯是競爭對手。但發表會的活動也已經安排好。事到如今，無論如何表演都得繼續進行下去。而我們也的確這麼做。

當晚活動的另一個共同主辦單位是反對派研究機構「美國崛起」（America Rising）。該機構的負責人是馬特‧羅迪斯（Matt Rhoades），後來他創辦了一家公關公司，叫做「定義公共事務」公司（Definers Public Affairs）。這家公關公司最著名的事件，就是之後它被臉書公司聘來攻擊喬治‧索羅斯（George Soros）。許多人甚至認為那些攻擊有反猶太主義的色彩。「定義公共事務」公司的這種攻擊方式，和之後它攻擊民主黨的手法其實相去不遠。

考量到這些充滿爭議的來賓以及客戶們的隱私，我們包下了一家餐廳來舉辦活動。在那裡我們掛上了許多劍橋分析公司的旗幟，因為我們想讓大家知道公司現在是保守派的一分子，也是能夠打入菁英階層的政治顧問公司。依照每年公司派對的風格，我們僱了 DJ、安排了寬敞的露天酒吧，還準備了豐盛的食物。還有，我們希望前一天突發的事件不會破壞開幕之夜的狂歡氣氛。

《衛報》指控「劍橋分析」竊取臉書個資，但公司堅稱有獲得授權

2015 年 12 月 11 日，英國的《衛報》發表了一篇關於劍橋分析公司和克魯茲競選活動的報導。那篇報導震驚了許多人，因為當中有許多爆炸性的指控：劍橋分析公司違反了臉書公司的服務條款來獲取使用者的資料。這些資料的內容是約 3,000 萬名臉書使用者和他們朋友的個人資訊。其中絕大多數人並沒有同意分享個人資料。更重要的是，根據這篇報導，劍橋分析公司利用這些資料做為武器來影響共和

黨初選的結果，要讓泰德・克魯茲成為共和黨提名的總統候選人。[1]

這篇報導讀起來就像是間諜小說的情節。記者哈里・大衛斯（Harry Davies）聲稱，劍橋分析公司祕密取得了臉書的資料集合，正在密切和克魯茲競選陣營合作，部署強大的「心理戰」祕密武器來鎖定弱勢選民。根據大衛斯的報導，這個陰謀的幕後主使者是劍橋分析公司的老闆羅伯特・默瑟。他是一位像是邪惡博士的美國億萬富翁，想要破壞美國既有的政治體制，然後把國家推向極右派。

根據報導，劍橋分析公司取得資料的手法直接違反了臉書公司的服務條款。劍橋分析公司和一名男子簽訂合約來取得資料，而這名男子是透過使用第三方應用程式「好友 API」來竊取大量的個資。所以他自己也違反了臉書公司的條款。這名男子叫做阿列桑德・柯根（Aleksandr Kogan）博士，是劍橋大學的講師，和俄羅斯政府有關係。報導稱，柯根欺騙了臉書公司，以學術研究為幌子來蒐集個人資料，然後轉身就把資料賣給劍橋分析公司用於商業目的。如果合作條款沒有明確指出這些資料是要用於商業用途，那麼柯根就不能出售這些資料。報導暗示這樣的行為違反了個人資料保護法。

《衛報》聯繫了柯根博士，請他發表回應。柯根聲稱自己是無辜的。他說他可以拿出證據表明，他有權利自由使用從臉書所獲得的資料。另一方面，《衛報》無法聯絡到劍橋分析公司發表回應。因為那時我們大多數人都忙著前往美國華盛頓參加開幕晚會，所以除了紐約臨時辦公室的一位員工以外，沒有人接到電話。而那位員工接到記者來電時，不知為什麼匆匆忙忙地就掛斷了電話。

這篇報導讓劍橋分析公司看起來非常邪惡而且還可能犯下了重罪。畢竟記者暗示，我們公司滲透了世界上最大且最安全的社群媒體平臺。更嚴重的是，我們公司違背了公眾的信任。

我們每個人都不太相信這些指控是真的，而我也從來沒聽說過柯根博士這個人。在我和泰勒博士進行推銷訓練的過程中，我知道 SCL 公司和劍橋大學的學者有密切合作。畢竟泰勒博士和吉列特博士都在

那裡獲得了博士學位。而劍橋分析公司這個名字，則是班農想出來的，原因就是有這種學術上的聯繫。另外我也很清楚，我們從臉書獲得了一個龐大的資料集合。我們公司的宣傳手冊和投影片都會公開承認，我們擁有約 2.4 億名美國人的個人資料，其中包括平均每人 570 個資料點，總共 3,000 多萬名美國人的臉書資料。

假如我們是用非法手段取得了這些個人資料的話，那麼我們幹麼還要公然宣傳這樣的事呢？我們似乎早有足夠的資料，所以即使不靠臉書的資料，公司仍然能取得有效的成果。

自 2010 年開始，惡名昭彰的「好友 API」允許 SCL 等公司在臉書上安裝自己的應用程式，然後透過應用程式從使用者和他的所有好友那裡蒐集個人資料。我們都很清楚這一點，那麼問題出在哪呢？當使用者決定在臉書上使用一款應用程式時，會出現一個該應用程式「服務條款」的勾選框。絕大部分使用者都不願意去讀服務條款，然後就勾選了同意，等於免費提供自己的 570 個資料點，以及每位朋友的 570 個資料點。因為使用者勾選同意，所以這筆交易並不違法。畢竟文件寫成白紙黑字，向任何願意閱讀「法律術語」的人說明了服務條款。但是，許多使用者急著去玩應用程式所提供的小測驗或遊戲時，跳過了仔細閱讀的步驟，所以在不經意之間就給出了自己的個人資料。最嚴重的問題在於，他們這麼做的同時還洩漏朋友的個人資料，而這些朋友本人並沒有同意。

我知道公司擁有的一些臉書使用者資料是來自「性羅盤」和「音樂海象」等線上測驗（這些應用程式也曾在我們的倫敦辦公室流傳）。不過同時我也非常清楚，公司製作和使用這些應用程式的時間點是在 2015 年 4 月 30 日之前，也就是臉書公司關閉第三方應用程式管道的日期。畢竟，那時泰勒博士提醒過每位員工蒐集資料的最後期限即將到來，而我也是收到他通知的其中一位。當時我還整理了在最後期限之前可以購買的臉書資料集合列表，並且幫忙確定了我認為公司應該購買的資料。現在《衛報》的那篇文章聲稱，柯根博士所蒐集的資料

可以追溯到 2013 年，但那個時間點卻離關閉第三方程式的日期還有很長一段時間。

這個故事在一夜之間造成轟動。《財富》（*Fortune*）雜誌和《瓊斯夫人》（*Mother Jones*）雜誌等非常有影響力的新聞媒體都引述了這篇報導。此外，《商業內幕》（*Business Insider*）和 Gizmodo 等網站也都轉載了這篇報導。

在 2013 年，柯根博士的資料蒐集方式是在一個名為「土耳其機械人」（Mechanical Turk）的亞馬遜集市平臺（Amazon Marketplace platform）上運作。他付給使用者每人 1 美元，讓他們自願參加「這就是你的數位生活」（This Is Your Digital Life）的人格特質測驗。當使用者在臉書上完成測驗之後，這個應用程式就會連接到好友 API，獲取使用者本人和使用者好友的資料。接著柯根博士根據人格特質測驗得到的答案，建立了一個資料訓練模型，分類歸納所有使用者的個性。最後，據說他把這些資料集合和模型賣給了劍橋分析公司。然後泰勒博士測試了柯根的模型，並依照類似的人格特質測量法，創立了更準確的新模型。

開幕派對當晚，劍橋分析公司和 SCL 公司的員工聚在一起討論《衛報》的報導。我們在爭論誰該負起責任。如果柯根博士在 2013 年以某種方式違反了臉書公司的服務條款，並且給了臉書公司和我們公司虛假的陳述，這樣的錯誤難道不是柯根博士的個人責任嗎？

泰勒博士曾經和柯根博士合作過。儘管那天晚上泰勒博士似乎受到大家的怪罪，但他堅稱自己有得到授權，所以從柯根那裡獲得的資料都是合法的。然而，劍橋分析公司被媒體塑造出來的形象讓他非常擔心。他說，這種負面形象會拖垮公司的信譽和業務。而且需要很長很長的時間才能恢復。此外，我們和臉書公司的關係也備受考驗。泰勒博士那一整天都在瘋狂地和帕羅奧圖網路安全公司（Palo Alto）的高層人士聯絡。

公司的員工聚集在泰勒博士和亞歷山大周圍，但亞歷山大對於這

場騷動非常不以為然。他說他不認為這個負面新聞會影響公司的利潤，然後他向我們做了一個手勢，說道：沒有人會在今晚的派對上關心這個故事，所以他想要我們專心喝酒慶祝。不過，那天的晚些時候他又對我說他覺得派對很失敗，我對他突然改變的態度感到奇怪。不知道是什麼原因，他覺得這裡的派對並不像在英國一樣開心。「英國的派對好多了。」他說，然後喝了一大口雞尾酒。

「共和黨人好無聊。」他說道。隨後他聚集了一群「最愛」的員工，當中也包括我。他帶著我們在派對結束之前就離開場地，然後到了公司的新辦事處公寓。亞歷山大在這裡終於能夠更放得開，他到處噴灑香檳，就這樣大家一起度過了更開心更自在的時光，一起熬夜喝酒玩樂，直到亞歷山大宣布解散。

臉書的「按讚」功能，其實是他們的獲利工具

當我一開始進入 SCL 公司的時候，我就很清楚亞歷山大是受到臉書公司的成功模式所啟發，同時也是受到「Google 分析」的潛在能力所啟發。在 2011 年和 2012 年，臉書公司已經上市成為一家巨型的資料蒐集公司，並且利用資料做為資產來進一步提升公司的商業價值。對亞歷山大來說，這是值得借鑒的成功典範，也讓他在面對其他人的質疑時，對於公司的願景仍然能抱持信心。

年輕的劍橋分析公司員工都受到亞歷山大的願景所激勵。我也是其中之一。我們在為一家新創公司工作，而這家公司正在創造一些重要、真實的東西，這些東西很可能可以提升網路世界中人們的參與度。

我自己在使用臉書上的經歷，和其他千禧世代的使用者沒什麼不同。臉書似乎一直以來就是我生活中不可或缺的一部分。我本人並不認識馬克・祖克柏，但是我的一位高中同學在 2004 年臉書公司成立

時認識了祖克柏，他的名字叫做克里斯・休斯（Chris Hughes）。我和克里斯曾在安多佛學校的校刊《費城人報》（Phillipian）一起工作過。後來我在大學時，看到克里斯參與了臉書公司的成立，那讓我感到非常興奮。

上高中的時候，我記得我在馬克和克里斯的 AIM 即時通個人檔案中看到了 Thefacebook.com 的連結，我也記得我從其他就讀哈佛大學的高中朋友那裡看過一樣的連結。當時，哈佛大學的學生是這個網站的唯一一群用戶，大家都邀請別人來看看「臉書上的我」。你可以點連結查看他們的宿舍位置和生日。到了 2005 年 9 月，臉書開始開放給美國頂尖高中和海外大學的學生使用。那時我就迫不及待地想要擁有自己的臉書個人檔案頁面。我還記得自己是在 2005 年 7 月，收到大學錄取通知信的那一刻註冊加入了臉書。在我真正拿到我大學的電子郵件地址之前，我用那封錄取信的電子郵件地址來申請登錄臉書。到了我大學一年級的尾聲，也就是 2006 年，任何一位有註冊電子郵件地址的人都可以成為臉書的使用者。原本只限大學生登錄的網站，開始向全世界開放。

就在那過後的一年，克里斯・休斯進入歐巴馬競選團隊工作，而我也是那時加入的。他是第一個帶著臉書公司的經驗來參與政治競選活動的人。他把自己的專長帶到了芝加哥的競選總部，幫助民主黨人改變了他們和支持者之間的聯繫方式。當時，我和克里斯一起在新媒體小組工作。回首過去，我覺得那是一段純真又令人興奮的時光。

當時，臉書公司幾乎沒有特別為政治選舉打造的服務機制。有一天，我們的新媒體團隊注意到，志工花了太多時間在選擇接受或拒絕參議員歐巴馬在臉書上的好友邀請。畢竟，根據選戰活動的策略，歐巴馬做為總統候選人不能和任何在個人檔案中提到槍枝、毒品或裸體的使用者成為「朋友」。成千上萬湧入的臉書好友請求，迫使我們採取行動。為了控制我們的工作量，我們決定做出改變。我們決定取消歐巴馬臉書的「加好友」功能。因此，我創立的巴拉克・歐巴馬臉書

頁面，變成了第一個可以變成「組織單位」（編注：即現在的「粉絲專頁」）的個人頁面。在這種頁面上，政治人物、音樂人、女演員和其他公眾人物無法被「加為好友」，只能被「喜歡」或「追蹤」。

在此之前，你必須是一個人，才能擁有自己的臉書頁面。所以將參議員歐巴馬的個人頁面轉換成「組織單位」的頁面是巨大的一步。這一步也讓之後其他非個人的單位（競選單位、非營利組織、企業）變得能夠在臉書上建立頁面。而且那時臉書已經開放給大家進行商業活動，所以它的確也必須創造新的工具來支持這些使用者的需求。

那時的臉書還沒有開放資料分析的工具。所以，為了追蹤誰來看過歐巴馬的頁面，新媒體團隊採取了傳統的方法。我們在 Excel 表格上一個一個手動輸入每位訪客的資訊，也一個一個回覆臉書上的訊息和貼文。但也因為這麼做，我們得到了非常好的評價：大家都很興奮能直接從歐巴馬參議員那裡得到個別化的訊息回覆。也就是在那個時候，我第一次意識在到大眾傳播中需要把訊息個人化才會真正有效。所以當時我們的資料蒐集方法雖然很簡陋，卻也非常重要。

那時的臉書還沒有「動態消息」（Newsfeed）的功能，也沒有辦法直接在網站上利用使用者資料向特定的目標受眾投放廣告。所以，我們只能依靠電子郵件帳戶來接收資訊，然後再用電子郵件來回覆我們的支持者。儘管到後面這樣的工作變得愈來愈繁重，我還是為我們所做的這些工作感到自豪。因為這種簡單的資料蒐集，能讓我們針對全國各地的人民來制訂他們覺得最重要的政策，並且提高他們的政治參與度。從年輕人到老年人，從北方到南方，透過我們細緻的資料比對工作以及簡單卻有目標性的訊息傳遞，美國各地的社區、各地的人們開始重新關心起政治。

當時為了和藝術社群產生連結，選戰活動在各種平臺發出呼籲，請求各地的藝術家將他們的作品傳給我們做為官方選戰宣傳的候選材料。我清楚記得有一天，我收到了一封電子郵件，而那封郵件是來自羅德島設計學院（Rhode Island School of Design）的畢業生和藝術家謝帕

德·費爾雷（Shepard Fairey）。費爾雷完全獨立於我們的競選團隊，但是他幫我們製作了一張紅白藍相間、漂亮的歐巴馬肖像照。他最初把這張圖當作街頭藝術作品貼在網路上，後來免費把作品寄給我們。這張圖可以和切·格瓦拉（Che Guevara）著名的肖像照比擬，當時也成為選戰中轟動一時的視覺焦點。所以，那個簡短而針對藝術家的請求，最後產生了超出我們想像的成果。

臉書當時發明了一種創新的功能來幫助使用者和大眾聯繫，那就是「按讚」的設計。當其他使用者「按讚」你的頁面時，他們就會在自己的頁面上「看到」你的貼文。那時臉書還沒有付費廣告機制。當時我記得在公共領域中，因為還沒有人完全知道臉書要如何持續賺錢，所以有很多人在討論它是否可以成為可持續性的商業模式。事實上，「按讚」功能除了讓使用者能夠蒐集追蹤者的基本資訊以外，也給了臉書更多有價值的東西：**每個使用者的「按讚」代表了成千上萬的新資料點，而臉書可以把這些資料蒐集起來，最終轉化成能賣錢的資訊。**

在 2007 年的時候，臉書還是一個看似溫暖、舒適又無害的地方。它當時所使用的宣傳語言也同樣讓人覺得舒服：你可以「把大家加為好友」。此外，那時的臉書除了「按讚」貼文以外完全沒有其他選擇，因為那時還沒有推出表情符號來讓使用者表示憤怒、悲傷或震驚等其他心情。所以如果說「Google 的重心是在於提供資訊，那麼臉書一開始的重心就是在於連結人群」。[2]

臉書「好友 API」違法外流用戶的好友個資

在歐巴馬參與競選的期間，即使我們在臉書上收到了令人不安的仇恨言論，我們也還能用個案的方式來處理。畢竟，那時還沒有演算法來偵測網站上出現的不當行為或語言，也無法自動封鎖不當留言的

人。雖然當時臉書還沒有成為一個政治立場上兩派人馬極度分化的全國「鄉民論壇」，但我仍然記得在歐巴馬的頁面上，有一些留言讓我感到震驚。[3] 我記得更清楚的是，歐巴馬本人拒絕用負面的方式去回應，所以他對於那些種族主義的話和刻薄的話都展現仁慈和寬容的態度。那時我們工作人員會輪流蒐集一些恐嚇言論，並向聯邦調查局報告。

因為臉書公司拒絕擔任公共辯論的仲裁者，同時想要繼續堅持做一個社群媒體平臺而不是做出版商，所以它想讓言論自由的使用者自行決定內容。但我們的團隊卻不是這樣想。到了 2007 年夏末，我們的新媒體團隊開始認為臉書這項工具有一些嚴重的缺陷，而我們也在內部會議的討論中決定要封鎖煽動種族仇恨的貼文。在內部會議中，我們的辯論非常激烈：是要避免審查制度？還是要制止種族仇恨？最後我們選擇刪除那些有冒犯性的內容，從輕微的負面評論（無論是針對歐巴馬的民主黨對手還是針對共和黨），到針對歐巴馬的死亡威脅等內容都有。其實，那時我們的團隊完全禁止了負面評論。雖然刪除那些負面評論的過程很冗長又乏味，而且每天都需要數十個志工花費數小時進行這樣的工作，但是很快地，我們也建立起了一支審查部隊。

2008 年的競選活動也扶持了許多支持歐巴馬的政治資料專家，他們在大選結束後陸續創立了藍色實驗室和奇維斯分析公司等機構，並在 2012 年的選舉時回來兜售他們的服務。這些專家知道如何在臉書上投放廣告，也知道如何幫助民主黨人找到使用各種平臺的最佳方式。簡而言之，他們能在內容創作和訊息傳遞之間提供無縫接軌的服務。更厲害的是，藍色實驗室和其他類似的公司還能提供資料建模和預測分析。雖然說從現在往回看，當時的資料建模和分類技術可能沒有像今天一樣那麼複雜，但是這些公司的服務仍然可以讓當時民主黨的資料分類技術遠遠超越傳統的人口統計資料、性別或黨派等等。因此他們能夠專注於研究選民的候選人偏好、投票率可能性、黨派立場或是醫療保健和就業等議題。

2012 年的時候，我沒有加入歐巴馬的連任競選團隊。但那時我研究了臉書的新功能，也因此知道為什麼 2012 年的選戰團隊在處理資料和資料分析方面都變得非常厲害。2010 年的時候，臉書已經找到了許多方法來賺其他企業的錢。這些企業非常渴望從臉書平臺上獲取大量資料，也非常渴望傳遞訊息給世界各地的人。其中最賺錢的方案之一就是「好友 API」。當時，任何應用程式開發人員（例如上述報導中的柯根博士）只要付費，都能在臉書的平臺上開發自己的應用程式。而那些應用程式會允許他們取用使用者的個人資料。

這對歐巴馬競選團隊來說是巨大的一步：他們開發了自己的應用程式放到臉書上讓大家使用，並且透過應用程式蒐集而來的資料，進行更精確、更有策略的訊息傳播和交流。2012 年歐巴馬競選連任時使用的這些應用程式並沒有引起什麼爭議，主要是因為使用這些應用程式的人幾乎都已經是歐巴馬的支持者，而且他們是有意選擇交出自己的個人資料。他們的目的是想要繼續參與討論，同時向更多人傳遞有關歐巴馬的訊息。然而，無論臉書公司的服務條款是怎麼樣隱瞞重要事項，個人用戶都不應該有權代表他們的朋友同意分享個人資料。因此臉書公司其實做了法律上不允許的事：他們不應該把取用好友資料的權限，給予第三方應用程式開發人員。2012 年，一些歐巴馬競選團隊的工作人員後來站出來承認，參與這種非法獲取資料的行為讓他們感到非常不舒服。雖然說他們同時認為自己這麼做是為了好的結果，所以在道德上不會那麼有問題。歐巴馬競選團隊的整合及媒體分析主管卡羅爾・大衛森（Carol Davidsen）寫道：「我在選戰團隊中負責所有的資料整合計畫。儘管當時我們遵守了遊戲規則，也沒有用蒐集的資料做任何骯髒的事，**但是『好友 API』就是唯一一個讓我感到毛骨悚然的工具。**」[4]

雪柔・桑德伯格承認，
臉書靠著出售用戶個資，賺取大量商業利益

　　臉書公司在 2012 年的美國總統選舉中，讓客戶得到難以置信的投資回報。從 2010 年到 2012 年，臉書公司對第三方應用程式的開放讓各家企業都能獲得許多使用者資料。有了大約 4 萬家第三方應用程式開發商的幫助，以及愈來愈多的應用程式使用者在臉書上停留了數倍的時間，這家社群媒體公司現在有能力向任何企業或組織提供每位使用者的數百個資料點。2010 年，美國聯邦貿易委員會（Federal Trade Commission）就因為「好友 API」這項機制以及其引發的「詐欺行為」對馬克・祖克柏和臉書公司提出了警告。人們開始希望臉書公司填補漏洞，但是他們卻很難找到一種方法讓填補漏洞和公司成長能同時進行。[5] 臉書公司有可能同時關心個人資料保護和公司利潤嗎？這兩個目標互相矛盾。於是他們甚至開始更大膽地利用不透明的方式蒐集和使用資料。

　　沒有人知道，為什麼聯邦貿易委員會在 2012 年的時候無法發現這一點。畢竟當時很難不去注意臉書公司的營運長雪柔・桑德伯格（Sheryl Sandberg）所說的話。在臉書公司首次公開募股的 4～5 個月之前，她公開承認公司和資料經銷商之間有許多商業利益上的往來，也談到公司是如何蒐集更多的使用者資料，同時為了付費廣告商建立更準確的目標受眾定向工具。這些資訊都明確代表臉書公司能夠以某些特別的方式蒐集資料，以賺取大量商業利益。[6] 而事實上，臉書公司也直到 2015 年才改變了關於「好友 API」的政策，但聯邦貿易委員會卻從未追蹤此事。[7] 當然，這其實對 2012 年的民主黨來說是好消息，因為當時歐巴馬團隊曾利用臉書這個龐大的平臺贏得了總統選舉。同時這對臉書公司來說也是好消息，因為他們於同年公開上市，市值達到 180 億美元。[8]

　　到了 2014 年期中選舉的時候，劍橋分析公司開始使用臉書，也

利用了許多當時臉書中更創新的工具。臉書廣告工具的準確性在2012 年之後展現了飛躍般的進展，當時有兩種投放廣告的方式。在2015 年 4 月之前，劍橋分析公司（或任何其他公司或單位組織）可以向第三方應用程式開發人員購買從臉書蒐集而來的資料，並且向任何在線上的臉書使用者投放廣告。透過資料分析，我們和以往相比更加了解了這些使用者。或者還有另外一種方式，某家公司可以利用自己蒐集的資料，採取一些更創新的訊息傳遞模式：該公司可以從這些資料中選擇想要傳遞訊息的受眾群體名單，然後向臉書公司付費，「安裝」這些群體名單，接著搜尋「類似受眾」。然後臉書公司會找到 1 萬（或者 10 萬，甚至 100 萬）個類似的受眾。這樣一來，該公司就能透過臉書平臺直接把廣告投放給那些類似的受眾。

關閉「好友 API」其實只代表了一件事：除了臉書公司本身以外，沒有其他公司能再進一步利用臉書的資料來賺錢。因為不能再使用好友 API，所以開發人員現在都必須使用臉書公司本身的廣告工具來接觸平臺上的使用者。那時至少世界上大多數人都認為，臉書的資料再也不能被其他人拿來進行資料建模了。

到了 2015 年底，《衛報》那篇報導的出現，撼動了劍橋分析公司和克魯茲的競選團隊。但臉書公司此時仍然安然無恙，他們只聲稱自己完全「掌控」了所有使用者的資料，並且強調會保證資料安全，所以完全沒有什麼需要擔心的地方。當時，臉書公司在隱私方面受到最多批評的點就是好友 API，但它已於 2015 年 4 月底關閉。所以沒有人會像把柯根博士和劍橋分析公司揪出來那樣，也把臉書公司揪出來批判。

看起來臉書已經成為世界上最好的廣告平臺。所以假如它不安全，或者使用者的隱私被侵犯了，那麼罪魁禍首一定不是它而是其他公司或人。

泰勒為什麼刪除了臉書資料庫？
這可是整間公司的基石！

　　2016 年的整個 1 月，泰勒博士一直努力澄清關於使用臉書資料上的「誤解」。長達數週的時間，泰勒和臉書公司的政策主管艾莉森‧漢德瑞克（Allison Hendricks）不斷用電子郵件往返討論事情。我做為實際意義上的業務開發主管，也不斷收到那些郵件。在其中一封標題是「無罪聲明」的郵件中，泰勒想知道漢德瑞克是否滿意自己給她的解釋，泰勒說，劍橋分析公司無意之間取得了非法蒐集的資料。

　　不滿意。漢德瑞克寫道。她認為劍橋分析公司違反了臉書公司的服務條款。柯根沒有正確地蒐集資料，而臉書使用者也沒有同意讓自己的資料用於商業或政治目的。

　　泰勒解釋說，劍橋分析公司是透過第三方廠商「全球科學研究機構」（Global Science Research）來簽訂蒐集資料的合約。該合約允許將資料用於任何目的，而且劍橋分析公司可以永久保有這些資料的所有權。所以，這其實是一個很大的誤解。泰勒問道，臉書公司是否願意和劍橋分析公司共同發一篇新聞稿，以澄清此事？

　　漢德瑞克沒有放低姿態回答關於新聞稿的問題。她只說，臉書公司對使用者資料的政策很嚴格，然後問道：劍橋分析公司有沒有把柯根在臉書上所蒐集到的資料，分享給克魯茲競選團隊以外的人？還有，如果劍橋分析公司聲稱自己會刪除非法取得的使用者資料，但臉書公司方面要如何確保沒有其他備份呢？

　　泰勒回覆說，劍橋分析公司沒有把臉書的資料交給任何客戶，即使是克魯茲的競選團隊也沒有給。公司只是在內部使用那些資料來做資料建模。他說，客戶只收到了連絡人資訊的清單，「頂多還附加了一些標籤」，其中包括個人的模型計分，譬如 75% 的機率可能投票、90% 的神經質等等。更重要的是，泰勒認為，柯根的模型實際上是沒有用處的，因為它們在測試中得到的結果，只比隨機的表現要稍微

好一點而已。所以，柯根只是向劍橋分析公司提供了一個基本的概念，說明關於人格特質的資料建模是可行也有效的方法，僅此而已。劍橋分析公司是自己蒐集資料，自己做調查，自己建模。此外，泰勒抗議說，柯根蒐集的資料完全可以刪除，因為它其實也沒什麼用。

看到這個說法讓我很震驚，因為泰勒博士總是告訴我臉書的資料是多麼重要和有價值。為什麼在突然之間，他願意刪除它？當然，我們需要和臉書公司保持良好的關係，畢竟被禁止在臉書上投放廣告就代表我們公司業務的終點。但是，失去這些資料值得嗎？

到了1月下旬泰勒寫信給漢德瑞克，說他「出於善意」刪除了劍橋分析公司伺服器上的臉書資料，並確認了沒有其他備份。幸運的是，漢德瑞克對此感到滿意。漢德瑞克在之前的電子郵件中都會簽上「艾莉森」，但泰勒收到的最後一封郵件中她改簽「艾莉」。這是一種友好的姿態，代表兩家公司之間一切順利，事情已經解決了。

透過聯繫我們公司並且要求刪除柯根的資料，臉書公司得以壓制資料外洩的爭議，同時說服自己和公眾臉書公司已經盡了一切努力來解決這個問題。當然，他們並沒有針對劍橋分析公司的資料庫進行任何徹底的調查，也沒有透過簽署任何合約在法律上確認使用者資料實際上已經被刪除。相反地，在沒有證據、沒有法律追訴權，也沒有盡責調查的情況下，臉書公司就認為劍橋分析公司履行了承諾。

然後，為了盡可能修復表面上的問題，臉書公司禁止柯根博士再使用他們的平臺，並且譴責劍橋分析公司用了不恰當且違反其服務條款的方式獲取資料。這彷彿只是為了讓使用者放心，所以連忙說聲「沒什麼好看的，快走吧。」臉書公司想對大家說的話，就像漢德瑞克在電子郵件中對泰勒博士寫的：類似的事情再也不會發生了。

第 9 章

一個專業的政治顧問，
要能一隻手捏住鼻子，
另一隻手去拿錢

2015 年 9 月～ 2016 年 2 月

其實在我搬到華盛頓特區之前，我和亞歷山大之間關於不與共和黨人合作的原則，早就已經失效了。我和他並沒有簽下什麼正式的約定，所以每一天，在無意之間，原則都一點一滴地滑動。2015 年的整個秋天，就在《衛報》報導出現之前的幾個月裡，我發現自己已經深陷於共和黨的工作之中。我想我早就應該預見此事：假如劍橋分析公司沒有在政治選舉上高調獲勝，那麼要如何在商業上獲得成功呢？

不過關於我逐漸放棄原則的過程，其實還有更多原因。

有些是心理上的原因。有些則是因為純粹的自尊心。還有些是因為貪婪，或者更確切地說，是因為我愈來愈渴望得到遠比生活所需還要多更多的薪水。但也有部分原因是我被一位很會利用我弱點的男人迷住了，而且他的確很有魅力。

對於我當初做出為亞歷山大‧尼克斯和劍橋分析公司工作的這個選擇，我願意承擔全部的責任。但是我也必須說：那時的我很年輕，也很脆弱。的確，亞歷山大並不知道我的很多私事，例如他不知道我家庭的經濟狀況，因為我就像瞞著別人那樣也瞞著他。然而，他逐漸掌握了足夠的「資料點」，因此能夠說服我去做一些在其他情況下我不會去做的事情。

亞歷山大很像我父親，
我開始無法想像沒有他的生活

　　亞歷山大是這家公司的天才創辦人，他找到了許多方法去影響世界各地的選民，並迫使他們採取行動，有時甚至還會迫使他們做出違背自己長期利益的事。當我呼吸著劍橋分析公司的空氣時，我也漸漸讓亞歷山大成為自己生活中不可或缺的一部分。當我以為我正在善用資料分析這項工具時，實際上我卻也成為了獵物。

　　而我心理上的原因在於，當我還小的時候，我父親是一位生活多彩多姿又很有想法的成功商人。他很有個性、精力充沛，但又脾氣暴躁。我又愛他又怕他。而當父親幾乎成為呆滯型僵直症患者，躺在床上一動也不動之後，我在亞歷山大身上看到了那個父親曾經擁有的成功男性企業家形象。我一直都很欣賞具有這樣形象的人，所以我會欣賞亞歷山大也是不足為奇的事。

　　亞歷山大和我父親一樣善變，甚至有時比我父親更善變。他的行動飛快，總是在房間裡動來動去，腦子裡充滿各種別人跟不上的想法。他的個性快樂開朗，他的熱情總是很有感染力。他讓周遭的人都想要跟著他的腳步一步步往前走，以他為中心繞著旋轉，或者想要獲得他的稱讚而感到溫暖。漸漸地，我變得無法想像沒有他的生活。

　　我在倫敦的第一個夏天，有時會工作到很晚。部分原因是為了表現我在工作上很努力，努力到想要付出一切。黃昏的時候，亞歷山大會進來辦公室。這時他通常剛打完馬球比賽，仍然穿著馬褲和馬靴。他身上會穿著一件充滿汗水的襯衫，外面套著藍色的運動夾克，褲子上還黏著馬毛。在我眼中，他看起來又好笑又完美。他會有點醉醺醺的樣子，帶著紅通通的臉頰，神情充滿著勝利的喜悅。這種時候，他會跟我講起下午比賽的故事。

但是這位騎在馬背上享受人生的英雄還有不為人知的另一面。有時我從工作中抬起頭，會看見他在玻璃辦公室裡往外看著我和其他員工。他瞇起眼睛似乎在等待一個機會，準備在我們犯了一個小錯、言行舉止輕率、或是犯下嚴重錯誤時，隨時撲上來。的確，他有在公共場合痛罵員工的習慣。我們知道在他非常生氣的時候，就會罵人「腦弱」。

之前有一次，我從一臺電腦前經過，電腦螢幕上正播放著一段克魯茲反墮胎的可怕影片。那時我不禁對著影片和克魯茲大笑，然後說了一句我現在記不起來的話。但亞歷山大的聽覺一定異常靈敏。他馬上從辦公室裡衝了出來，對著我大吼大叫。不准再這樣笑了！他制止我。如果客戶看到了怎麼辦？他說，我應該隱藏自己的立場。

我的生活就在那種害怕被罵的恐懼之中度過，因為這樣的情況實在太多，多到實在數不清。但亞歷山大的情緒常常也轉變得很快。他會在某一瞬間大吼大叫，然後就好像什麼事都沒發生一樣，突然轉向你，面露愉悅，問你晚上想去哪裡吃飯。

「我不會記恨，」亞歷山大在第一次訓斥我之後解釋道，「我不會提起過去的錯誤，但這不代表我改變了想法。我只是更喜歡說完我想說的之後就繼續向前走。所以，我們都不要記恨，繼續往前看吧，好嗎？」

一開始亞歷山大認為我是正要發光的人才，所以他對我產生過高的期望。但是當我沒有達到他的期望時，他又容易對我失望。例如，當在我談下第一筆生意之後，沒有馬上再談下另一筆生意時，他就對我很失望。我的問題在於一開始就把標準定得太高了。他的問題在於他沒有意識到，我之所以能談下第一筆大生意純粹是因為新手運。

在我沒有談成奈及利亞的第二份合約（以及額外的 200 萬美元費用）的時候，亞歷山大非常生氣。那是他第一次對我大吼大叫，當時他用了最大的嗓門吼叫，還持續了很長一段時間。儘管我有很多理由可以說明為什麼合約沒有談成，但那時我還是沒有回嘴，默默站在那裡接

受了他的指責。畢竟，我可以反問：為什麼你還沒有付錢給奈及利亞人，就離開瑞士了？為什麼山姆‧帕頓當初在阿布加的「危機溝通」行動沒有明顯的成果？還有我在賽莉絲回國的時候從她那裡得知的事實：她說公司賺到那麼多利潤，但是為什麼只能在競選活動上花費80萬美元？

但我什麼也沒說，只想置之不理。

在奈及利亞的合約之後，我沒有為 SCL 公司帶來任何社會援助或人道援助的合約，然後我當時追蹤的選舉或商業合約也沒有任何後續。這都激怒了亞歷山大。即使是當我在隨興地跟他談話時，他的機智話語也很可能突然會變得尖酸起來。有時他對我的尖酸攻擊是有預謀的。

只要能分到股票，其他事情我都能妥協

比起突然發怒，更糟糕的是亞歷山大可能會開始忽略你。儘管他把注意力放在我身上的時候非常挑剔，但一想到他可能會開始忽略我，我就更感到難以忍受的痛苦。如果我能取悅他，那最好，但如果我直接被忽略，那就是最糟糕的事。

這種時候，我的自尊心就會開始運作了。2015 年接近尾聲的時候，亞歷山大向公司全體員工發出了一封電子郵件，宣布將要在公司裡進行改組。他的願景是在公司裡納入了新的「垂直單位」（verticals），其中包括一個產品開發團隊和一個資料導向的電視團隊。後者將和 TiVo 和 Rentrak 合作，透過全新的管道接觸選民。此外，泰勒博士和吉列特博士將帶領一個更大的資料分析部門，管理在倫敦和休斯頓為克魯茲競選總部工作的一群資料科學家。

其他員工也被賦予了更大的職責，例如基蘭和佩里要管理許多新進員工。薩比塔則成為了副總裁，同時被亞歷山大調到了華盛頓特區

的辦公室。財務長朱利安則會更常出現在公司。然後亞歷山大也說，公司除了華盛頓特區的新辦公室以外，很快還會在紐約的第五大道上成立新辦公室，地點就在麗貝卡・默瑟的紐約分公司裡頭。

另外，亞歷山大為了加速與共和黨合作的競選活動，找來了兩位後起之秀。在這個過程中，我也幫忙了兩人的面試、僱用和培訓。其中一人是來自「目標勝利」公司（Target Victory）的莫莉・施威科特（Molly Schweickert）。在當年9月威斯康辛州州長史考特・沃克（Scott Walker）退出選舉之前，莫莉曾為他工作。她將會在我們公司領導一個新的數位行銷和策略團隊。另一人則是沃克州長的前數位部門主管馬特・奧茲科夫斯基（Matt Oczkowski），他將接管產品開發部門，並和SCL加拿大分公司（也稱為「AIQ公司」[AggregateIQ]）合作，致力於為我們不斷增加的客戶開發新軟體。AIQ公司是SCL公司獨家合作的軟體開發商和數位合作夥伴，兩家公司的關係密不可分，所以AIQ公司又常常被稱為SCL的加拿大分公司，後者的名稱有助於他們低調行事。AIQ公司的員工甚至在談生意的時候，還能使用SCL公司或劍橋分析公司的電子郵件。

但在這一連串公司改組中，亞歷山大完全沒有提到我。

直到目前為止，我一直認為自己對公司來說是不可或缺的角色。我參與了莫莉和馬特的招聘工作。我還親自開設了華盛頓特區的辦公室、親自發掘頂級的顧問、招聘文書行政人員，並對所有人進行培訓。那一年，每當亞歷山大要我做什麼，我都會去做：我盡力向科瑞・李萬度斯基推銷公司的服務；我幫他處理了英國脫歐的事，所以他不必親自動手；我和他一起去了巴黎，試圖說服法國人接受資料科學。這些都是一次性的任務，同時因此分散了我在自己工作上的注意力。儘管做了這麼多，我卻好像變成了隱形人。

現在，我為了公司而搬到美國華盛頓特區，也為此做出了巨大的犧牲。但我沒有得到升遷機會，也沒有得到任何補償。

這就是貪婪的起頭，如果你想這麼說的話。

雖然這可能不明顯，但是我實際上並沒有從劍橋分析公司的成功中獲益。從最早的時候開始，亞歷山大就在我眼前放下誘惑的獎賞，但那是放在剛好讓我永遠搆不到的距離。

　　隨著時間的進展，他把關於錢的話題從薪水換成了延遲的獎勵。「股票，」他說，「這會是妳想要的。」我們現在必須精打細算，坐經濟艙，住平價旅館，但因為我是在早些時候就加入了公司，所以將來公司上市的時候，我分到的股票將會價值不菲。他常常說我將來能接他的位子，這樣他就可以把公司交給能幹的人管理，然後自己退休去了。或者，他會雀躍地說：也許妳會比我更快離開公司，然後去創立自己的公司，成為世界上薪水最高、最受歡迎的政治顧問。

　　「待在我身邊，小布。」他說。

　　曾經我以為自己只會在這家公司一兩年，然後我又想說待個五年，但是現在我沒有明確的期限了。大概至少要待在那裡直到領到該領的獎勵吧。當時我 28 歲。我想要付出 200% 的自己。我想盡全力工作來證明自己的價值，所以我會繼續保持耐心。那時，除了成為亞歷山大眼中和劍橋分析公司裡頭不可或缺的角色以外，其他的一切對我來說都不重要了。所以我也變得不介意幫忙那些自己不支持的政治人物贏得選舉。

　　而且為了去美國工作，我不得不放棄博士學位。當我告訴亞歷山大說，一想到我不能成為「凱瑟博士」，我就覺得遺憾。他說：「但這就是妳讀完博士以後會想得到的工作。」他繼續說：「很快地，妳就會有很多錢，妳可以去做任何妳想做的事。」我甚至可以回去完成我的博士論文，他說，不過這一次，學校會覺得很幸運有我這樣的學生，甚至可能會付錢請我去完成博士學位。

　　他講的話似乎很有道理。

共和黨客戶不斷突破道德底線，
同事離職了，我則選擇不正視問題

為了能讓我在美國順利工作，亞歷山大教導我各式各樣的事。

第一件事：一個人只要能賺錢，就可以忍受任何人的陪伴。你必須做的就是一隻手捏住鼻子，另一隻手去拿錢。

另外他說，我也不需要尊敬和公司一起合作的客戶。「一起合作」這樣的說法是重點。我們公司不是「為」共和黨人工作，也不是「為」脫歐派工作。我們只是提供服務而已。而且，因為我的工作只是向他們推銷，而不是身在他們的競選活動中工作，所以我在那裡談好生意之後就可以離開。一旦談好離開之後，後續我們公司營運團隊所做的工作就不關我的事了。我沒有太多機會能監管後續的工作，但是有時我會在政治廣告或選戰過程中，看到一些我們公司創意工作的成果。我也發現公司傳遞的訊息中有些不是正面的。這雖然令人失望，但也不意外。那時我開始對負面選舉產生一種「一如既往」的感覺，但我從來沒見過公司傳遞任何過於冒犯人的訊息。甚至，其中一些訊息其實是非常正面且鼓舞人心的。我確信公司營運團隊做的每一件事都光明正大，而且品質良好。這一切讓我心安理得，因為我知道自己是在推銷很好的產品。而我們的工作實際上讓客戶贏得了許多選舉，也代表贏得了許多人心。

至於我只是在當一位「推銷人員」嗎？亞歷山大說，這其實是一個過分粗糙的講法。在 SCL 公司的時候，亞歷山大和我決定使用「特別顧問」的頭銜，那是為了讓人聯想到聯合國特別顧問的工作。而當我在美國拿到新名片時，上頭寫著我是劍橋分析公司的「專案開發總監」（director of program development）。我不是推銷小姐。我是一個開發新想法的人。我創造新事物，建立人與人之間的連結。他說，有了這樣的頭銜，有一天或許我就可以去聯合國或是一家非政府組織工作。

同時，亞歷山大也提醒我不要批評客戶。公司的客戶中只有少數

幾個人他無法忍受，而他總是非常小心不讓別人看出來。當然，對我來說這可能更困難。因為在我眼裡，許多客戶都像是在上演一場病態又拙劣的政治模仿秀。或許我最好忽略他們不像話的言行，而把他們當成喜劇演員。

正當我到美國要安頓下來的時候，公司裡的其他人卻正在逃離這部黑色喜劇。賽莉絲是英國人。一直以來我把她看作是自己的一面鏡子，因為她也來自人道援助的領域。她對我說，只要我們公司還在為英國脫歐努力，她就不可能再繼續為這家公司工作。而哈里斯（他有位男朋友）也說，他再也不願意幫泰德・克魯茲想出什麼福音派、反同性戀的訊息內容了。他厭倦了坐在辦公桌前，做著廣告幫忙宣傳婚姻只應該是一男一女之間的事。畢竟這種時候他一定會滿腔怒火，嘴裡喊著：「這完全是胡扯淡！這個白癡！」

對於這些事，我同樣也覺得難以忍受。但我想我早已習慣了美國福音派的觀點，因為我這一生總是不斷聽到無止境的同性婚姻爭論。而且我知道和有宗教信仰的人爭辯是一件很不容易的事。雖然我不同意這些人的觀點，但我發現同性婚姻議題在美國福音派社區中是一個注定失敗的爭論，然而同時，這個議題也是美國選舉活動中針對宗教支持者的一個重要傳播策略。儘管這麼說，反同性戀訊息對我來說仍然難以忍受。而當哈里斯最後跳槽去英國內閣辦公室（British Cabinet Office）工作時，我並不感到意外。但諷刺的是，他可能會在未來幾年專門負責關於英國脫歐的資訊傳播工作。

與此同時，我則待在美國奉獻一切，想努力讓自己成為對亞歷山大和公司來說都不可或缺的員工。我也希望找到我感興趣的客戶，或是找到能帶給我鉅額佣金的合約。2015 年秋天，在《衛報》那篇文章發表之前的幾個月裡，我幾乎不眠不休地為劍橋分析公司工作。那時我的推銷對象幾乎囊括了所有重要的保守派和無黨籍人士，以及幾乎每一位想要競選更高職位的共和黨政治人物。

在佛羅里達州迪士尼樂園所舉辦的「陽光峰會」（Sunshine Summit）是一場荒謬的共和黨人聚會，對我來說則是一種沉浸式的觀賞體驗。在這樣的聚會裡，前副總統迪克・錢尼（Dick Cheney）會在幻想曲宴會廳中很認真地配合星際大戰黑武士的主題曲大步走上舞臺。看到這樣的場景我就笑了。仔細想想這或許並不好笑，但能看到一些我認為是糟糕政客的人正在開自己玩笑，我就會感到很滿足。我也會想，或許他們知道自己所做的事是不對的，而這一切只是一場遊戲。

隨著 2015 年進入尾聲，我幾乎已經對所有潛在的共和黨客戶推銷過一遍了。我曾經很開心地加入聚集在唐納・川普身邊的人，看著川普拿起《時代》雜誌，對著封面上自己的照片簽下名字。我也曾和泰德・克魯茲合影。另外，我也去過鳳凰城，見到了喬・阿帕歐警長，從他那裡拿到了一枚收藏用的硬幣，其中一面印著他的臉，另一面則印著「不要吸毒」的字樣。我還拿到一件印著他大型簽名的粉紅色紀念內褲，這種內褲就是他曾讓犯人穿的那種。還有，我曾和全國步槍協會（National Rifle Association）的高層主管們一起喝著啤酒，雖然我曾把他們視為敵人，但當時我還是向他們推銷了公司的服務。

面對上述的每個人和每個例子（當然還有更多例子）時，我的確無法簡短回答許多人提出的質問：你怎麼能和這樣的人共事？全國步槍協會推行的選舉活動叫做「扣下投票的扳機」（Trigger the Vote），但這個活動和槍枝無關，而是關於選民登記。沒錯，那些選民都是共和黨人，但選民登記不就是為了幫助一般美國人參與，而讓我們有更好的代議民主制度嗎？與參議員克魯茲、班・卡森或共和黨全國委員會合作，不就是在不平衡的選戰中建立公平的競爭環境嗎？就像亞歷山大常說的，民主黨人從 2008 年開始就掌握了數位世界的技術和訣竅。現在是時候給共和黨人同樣的工具了。總得有人得去做。那為什麼我們不做呢？ [1]

如果這是極端的道德相對主義、如果我的腦袋裡有個小小的聲音對我說：「布特妮，妳的想法有問題。」那我一定沒聽到。就算有人說答應為劍橋分析公司工作是魔鬼的交易，我也沒有立場去判斷是否

真的是如此，而且這樣的判斷也不會帶給我好處。畢竟，如果當時我真的能想清楚的話，我早就做出判斷了。

奇怪的是，我沒有出現過良心不安或認知失調的心理狀態。現在我明白了。我離原來的自己愈遠，就愈來愈堅定地變成一個全新的人：一個易怒、過度自信、自我保護、自以為是、難以相處的人。

雖然我自己的思考邏輯可能有缺陷，但當時我也參考了一些法律書籍，同時效法了我心目中的人權英雄、倫敦道蒂街的皇家大律師約翰·瓊斯。我學到的是，當一位優秀的人權律師為被指控犯下戰爭罪的當事人辯護時，不會任意評斷他的當事人，而是堅持法律原則。這也是我在心理掙扎思考以及合理化自身選擇的時候，所堅持的方式。所以當我逐漸一步一步深入地與那些我通常會鄙視的人相處時，我會想起很多過去學到的法律訓練以及職業道德的公正原則。

那時的我下了一個決定。我認為用 Google 搜尋客戶的名字或用類似的方法來研究他們，都是在浪費時間。我告訴自己，這些工作「超出了我的薪資等級」，而且我非常忙碌。我只是一部推銷機器，無法入睡、一直旅行、總是在用手機。所以，那時我嘗試只專注於客戶身上最棒的優點。

阿帕歐警長「很好笑」。

參議員克魯茲「握手很有力」。

麗貝卡·默瑟「很親切」而且「態度舉止無可挑剔」。

至於參議員克魯茲的超級政治行動委員會主席凱莉安·康威，則是「很有彈性」。

500 萬美金，
讓克魯茲的知名度從 5%，上升到與川普旗鼓相當

在眾多共和黨人當中，恐怕沒有人比凱莉安更讓人討厭了。在任

何地方，她總是最強烈的反對者。而且她有一個壞習慣：總是用自以為是、高高在上的語氣在說話。同時，她的話中會帶著強烈的信念，這讓你儘管有時知道她大錯特錯，但有一瞬間你可能還會覺得或許她才是對的。

但是我們沒有辦法選擇要不要與她一起工作。她是麗貝卡的親密友人，所以她就在麗貝卡的安排之下出現了。不管怎麼說，我敬佩凱莉安所強調的「完全女性員工」理念，以及她為了實現該理念而成立的「民意調查」公司（Polling Company）。因為我一直很難看到女性在政治領域中獲得更多權力，更別說在保守派的政治領域了。但這還不足以說服我認同她。雖然我不知道為什麼，但凱莉安經常待在劍橋分析公司的辦公室裡，也總是和麗貝卡待在一起。有一段時間，當我知道她會出現在那裡的時候，我會安排其他的計畫，譬如花很多時間去吃午餐和休息，以避免她尖銳的目光。

凱莉安對我們公司一直都很不滿意。她批評了各種面向：我們每一項工作都太貴了，而且進行得不夠快，或者我們沒有達到她所期望的目標。但幸運的是，她幾乎完全對我不理不睬。好像對她來說，我是無關緊要的人。而當我在紐約辦公室與「遵守諾言」委員會（Keep the Promise）成員開會的時候（這就是克魯茲的超級政治行動委員會，會議有時就在麗貝卡的「重造紐約」組織會議室裡舉行），我經常瞥見凱莉安跟在麗貝卡身後到處跑，就像一隻小狗一樣。

凱莉安有空的時候，總會當著亞歷山大的面譴責劍橋分析公司的不是。亞歷山大經常被她激怒，但卻無法反擊：因為凱莉安領的是麗貝卡的薪水。所以當凱莉安在辦公室時，指揮系統會變得有點不平衡。亞歷山大在私底下曾經對我抱怨說，麗貝卡會要求我們公司提供凱莉安免費的服務，包括公司所費不貲的原創研究和其他相關服務。換句話說，麗貝卡出賣了亞歷山大和劍橋分析公司。亞歷山大曾當著我的面說凱莉安是個徹頭徹尾的婊子，他還說真希望麗貝卡成立另一個超級政治行動委員會來資助我們，而且新的委員會不是由凱莉安來

掌權。

　　默瑟家族為克魯茲的競選團隊和超級政治行動委員會投入了數百萬美元。其中大部分，至少 500 萬美元，直接流向了劍橋分析公司，而默瑟家族和班農都在公司的董事會裡頭。這創造了一個規律的現金循環，同時還能完成選戰的工作。在劍橋分析公司、克魯茲競選團隊和超級政治行動委員會之間，資金進進出出，不過總是留在同一個生態系之中。如果你只看美國聯邦選舉委員會（FEC）公開的選舉經費資料，你會以為資金流出去了。但實際上，資金總是會回到原本的口袋。

　　克魯茲在 2015 年初選的排名一直非常前面，部分原因就是持續不斷投入資金，而劍橋分析公司就是不可或缺的因素。克魯茲經過一場又一場辯論之後，民調上比瑞克·裴利（Rick Perry）和史考特·沃克更有優勢，而與馬克羅·盧比歐（Marco Rubio）和唐納·川普旗鼓相當。克魯茲絕大多數時候都拒絕誹謗他人，而是堅持自己的政策，同時他能用一種前所未有的方式激勵美國福音派選民。

　　據亞歷山大的說法，在這一切的背後，是劍橋分析公司帶起了克魯茲的支持度，讓他開始變得有競爭力。當克魯茲剛開始競選時，他在全美國只有 5% 的知名度。此外，認識他的人幾乎都很鄙視他，尤其在參議院中更是如此（而且他才剛進去不久）。他在國會中幾乎沒有支持者，更不用說一般大眾對他的看法了。

　　競選活動逐漸朝著出乎我們意料的方向發展，不過有一件事我們很確定：我們祕密武器的魔力似乎正在發揮作用。克魯茲的追隨者正在呈指數級成長，同時代表草根運動的小額捐款人也不斷增加，這讓人想起了歐巴馬的選戰。在休士頓的克魯茲競選總部裡，我們也聽到報告指出選民的參與度大幅提升，還有愈來愈多的追隨者加入。另外，許多人也承諾在黨團會議和初選中會投票給克魯茲。

「劍橋分析」已經鎖定了搖擺州的中間選民，隨時能將他們轉換成克魯茲的支持者

　　2015 年 9 月，我透過視訊連線，向凱莉安推銷我們公司神奇的資料建模技術。當時我人在倫敦，而她則在美國的辦公室。我正試著拿下克魯茲超級政治行動委員會的另一份合約。在這份新合約中，我們會為克魯茲做更多資料分析工作，其中包括我們的「心理圖像」和「精準鎖定」工具。這些技術能夠透過議題平臺讓更多選民轉向支持他。當時，劍橋分析公司的董事會希望透過我們的小團隊，以及近乎無限的潛在預算（這要感謝聯合公民訴聯邦選舉委員會案 [Citizens United v. the Federal Election Commission]。當時最高法院判決認定，憲法第一修正案的言論自由條款適用於企業組織以及個人，所以兩者都能投入競選資金），讓超級政治行動委員會強力運作，把克魯茲推向主流，最後讓他有能力和希拉蕊·柯林頓競爭總統大位。就像凱莉安所說：「希拉蕊·柯林頓每天早上醒來的時候，都是她家裡第二受歡迎的人。」如果我們繼續產出目前為止看到的巨大成果，我們就可以增加克魯茲受歡迎的程度，讓更多選民轉向支持他，進而讓他獲得共和黨提名，甚至讓他選上總統。雖然說，我覺得他不太可能走到那麼遠。那時的我只是忍不住在想，如果我成功地拿下了克魯茲超級政治行動委員會的合約，亞歷山大應該會稱讚我，甚至可能會給我一筆鉅額佣金。

　　「嗨，布特妮。可以跟我的員工解釋一下為什麼他們應該與妳合作嗎？」視訊會議開始的時候，凱莉安粗魯地對我這麼說：「你們可以怎樣幫助我們呢？他們不了解你們公司，所以想知道接下來會發生什麼事。」

　　她其實非常清楚我們公司在做什麼，但我想她是故意裝作不知道，然後來測試亞歷山大手下看起來比較年輕的員工，像是我。她想測試看看我是否能達到她滿意的標準，或者看看我能不能成為她另一個抱怨的對象。

視訊會議時我看不見她，她也看不見我。在我們兩邊房間的螢幕上，我們都在看著同個投影片。

而我在「汗水箱」會議室中，汗流浹背。

首先，我向凱莉安和她的員工介紹了劍橋分析公司在 2014 年的期中選舉中，是如何與約翰．波頓的超級政治行動委員會密切合作而取得成功。公司的倫敦辦公室幫我整理了一些令人印象深刻的例子，內容大多是關於家庭價值和愛國主義的廣告。而這些例子都運用了心理圖像和精準鎖定的技術。其中有一個廣告讓我當時有些震驚，它顯示了在國家安全的議題上，利用人們的恐懼是多麼容易。廣告中拍攝的，不是孩子們快樂穿過田野的畫面，而是美國各地國家紀念碑前的白旗，而紀念碑上刻著「我們從未投降。現在也不會投降。」我向團隊展示了這個廣告的 5 種不同版本，所有版本都是我們和波頓的超級政治行動委員會合作時所使用的。當時，我們公司會根據選民的人格特徵和目標受眾模型，選擇傳遞其中一個版本的廣告。我們提供的資料明確佐證了廣告的效果。我準備了一張圖表，上面有點閱率、參與率，以及選民支持度的變化。波頓當時甚至還僱了公正的第三方來確認我們在廣告投放後的民意調查結果。確認的結果顯示，的確有統計上的顯著差異。

當時，劍橋分析公司在網路上和電視上傳播的個性化數位廣告，成功說服選民在期中選舉時投票給阿肯色州、北卡羅來納州和新罕布夏州的共和黨參議員候選人。同時，我們的廣告也明確地讓更多選民認為國安議題必須成為重要的選舉議題。在北卡羅來納州，我們向一群被「OCEAN」模型歸類為高度「神經質」的年輕女性傳遞訊息。在使用精準鎖定技術說服她們之後，我們發現在 95% 的信心水準下，廣告讓這些女性的擔憂程度相對於控制組增加了 34%，並且影響了她們的投票選擇。

在這之後，我整理報告了公司目前為止為克魯茲競選活動所提供的服務，然後我就開始大張旗鼓地推銷：與公司過去為波頓所做的服

務相比，劍橋分析公司現在能運用更複雜的「心理圖像」分析為克魯茲做些什麼呢？

　　劍橋分析公司已經完成了吃力的前置作業。我們的資料科學家已經分析了愛荷華州和南卡羅來納州的選民基礎，這兩個州都是初選早期的關鍵州。在愛荷華州，已經確定有 82,184 名「可說服」的選民，而在南卡羅來納州，這個數字是 360,409 名。研究小組進一步在兩個州的這些目標選民身上，發現 4 種不同的人格特質類型。在愛荷華州，可說服的選民類型中還可細分為「禁慾主義者」（Stoics）、「照護者」（Carers）、「傳統主義者」（Traditionalists）和「衝動者」（Impulsives）。禁慾主義者占目標選民總數的 17%。而如果是年齡介於 41 ～ 56 歲之間的白人男性，禁慾主義者則占 80%；照護者則占目標選民總數的 40%，幾乎都是年齡介於 45 ～ 74 歲之間的女性；傳統主義者則占目標選民總數的 36%，幾乎都是年齡介於 48 ～ 60 歲之間的男性；剩下的一組「衝動者」，其組成大約是 60% 的男性和 40% 的女性，主要是白人族群，年齡則大都介於 18 ～ 32 歲之間。在南卡羅來納州，群體的類型基本相同，唯一不同的是，他們沒有「衝動者」這個類型，取而代之的是「個人主義者」的類型。

　　為了確定這些群體最關心的問題是什麼，劍橋分析公司的資料科學家拿了 400 多個人口統計資料和商業資料點來做預測模型。然後他們進一步把 4 個類型中的成員細分為「動員」、「說服」或「支持」類型，以此了解選民的個人需求。「動員」類型的選民，代表可以嘗試讓他們參與競選活動、擔任志工、參加集會或是在社群媒體上分享內容。「說服」類型的選民，代表可以嘗試讓他們喜歡上候選人以及他的政策，然後真正贏得他們的選票。「支持」類型的選民，代表可以嘗試讓他們捐款或再進一步參與。

　　一旦我們找到了目標受眾群體，我們就可以開始計畫如何傳遞訊息。而訊息內容則是根據每個選民的需求所訂製的。一個關心國家安全、移民和傳統道德價值的「禁慾主義者」會收到包含「傳統」、

「價值觀」、「過去」、「行動」和「結果」等詞彙的訊息。這種訊息的內容必須簡單、忠於事實且充滿愛國情懷，通常還會搭配懷舊傷感的圖片，例如美國海軍陸戰隊隊員在硫磺島摺鉢山（Mount Suribachi）豎立美國國旗的經典照。

傳遞給「照護者」的訊息則完全不同。這些訊息必須強調家庭，譬如使用「社區」、「誠實」和「社會」等詞彙，而且語氣要溫暖。其中，以家庭為重點的廣告尤其有效。如果要傳遞關於支持擁槍的訊息，則可以這樣寫：「第二修正案，你的家庭保險政策。」如果要傳遞關於移民問題的訊息，則要寫得更讓人緊張和恐懼：「我們不能讓家人冒險，必須保護我們的邊境。」

愛荷華州的「個人主義者」則是對其他種類的訊息才會有最佳反應。傳遞給個人主義者的訊息應該包含「決心」和「保護」的詞彙（或喚起決心和保護的感覺），例如：「美國是世界上唯一的超級強權。我們必須起身行動。」

最後，我的推銷演講大獲成功。凱莉安和克魯茲超級政治行動委員會答應簽下了 2015 年第四季的合約，也很可能會繼續簽下 2016 年第一季以及之後的合約。簽下合約之後，我們公司就把詳細的計畫告訴凱莉安和她的團隊，並且付諸實行。結果，在愛荷華州的黨團會議之前，克魯茲在民意調查中的支持度節節攀升。

替克魯茲競選的同時，
「劍橋分析」也在同步爭取川普的選舉合約

雖然凱莉安總是刁難我們，但她對克魯茲卻非常忠心耿耿，而且在很多場合都可以看出她這樣的態度。2015 年秋季，某一天我和凱莉安剛視訊會議完不久，人正在紐約辦公室裡工作時，亞歷山大找我和凱利安、麗貝卡和班農一起開會。他想讓我告訴大家與川普合作的

最新進展。這個時間點，其實離我和亞歷山大到川普大廈推銷的那天還不到 1 個月。但我還是走進會議室，開始報告我們迄今為止做了什麼來爭取川普的合約，還有我們打算如何進一步推進合作。

我還沒說完，凱莉安就打斷了我。她很生氣地說：「現在我們還在幫克魯茲參議員競選，你們公司就找其他候選人推銷服務，這樣不對！」她說，我們需要全力支援克魯茲，而如果我們不打算這麼做的話，她也不想和我們合作了。

亞歷山大趕緊當起和事佬，同時想讓凱莉安知道我們這麼做很公平。他提醒她：「凱莉安，但是我們是在做生意。而且你們當初並沒有要我們簽下競業禁止條款。」講完，亞歷山大的聲音突然變小。「先這樣吧，布特妮，」他指了指會議室的門，「妳可以先走了。」

他一定也看到我所看到的：凱莉安眼中的怒火。

我轉身要離開，但還沒走出門外，凱莉安就突然站了起來，帶著她波浪褶邊的香奈兒套裝和細高跟鞋從我身邊呼嘯而過。她就像發怒的芭比娃娃一樣，大步走向電梯，然後消失在電梯裡。最後空氣中似乎還留下了頭髮著火的淡淡氣味。

亞歷山大後來告訴我，他和班農為了安撫凱莉安的情緒，向她透露了不為人知的事實。就像亞歷山大曾經和我說過的那樣，他說川普不是真的在選舉。最後，他們成功說服凱莉安認為川普不會對克魯茲構成威脅，所以凱莉安說她不介意了。顯然地，這也讓我們公司同時幫川普和克魯茲工作的可能性增加了。畢竟，在 2015 年秋天的時候，幾乎所有人都覺得川普不可能真的贏得勝利。

凱莉安對與川普合作的未來感到不安，但她其實更在意《衛報》那篇針對劍橋分析公司、柯根博士、克魯茲競選團隊和臉書公司的爆料。看到報導的時候，凱莉安很生氣，因為她覺得記者汙衊了克魯茲。在之後的幾個月裡，那篇報導也一直深深影響著克魯茲超級政治行動委員會和劍橋分析公司的關係。

我記得有一天，薩比塔緊咬著舌頭走進亞歷山大的辦公室，準備

與凱莉安進行電話會議。1小時後薩比塔出來了，但她看起來的樣子就好像剛被一群野狗撕成碎片。的確，儘管凱莉安明明身在遠方，但是當劍橋分析公司的員工在跟她講電話時，似乎總是會被咬掉一隻耳朵之類的。所以一提到凱莉安的名字，亞歷山大總是會翻起白眼。

不過，凱莉安並不是克魯茲陣營中唯一難搞的人。她是克魯茲超級政治行動委員會的重要人物，而我們公司還接觸了位於休士頓克魯茲官方競選總部的資深員工。他們也非常凶狠。那都是一些身材高大、舉止粗魯的傢伙，有時甚至會帶著點45口徑的手槍，嚇壞了我們公司派去休士頓的工作人員。此外，他們很愛抱怨：他們指控我們公司專門為他們開發的儀表板軟體（當時這款軟體的名字應該就是「里彭」[Ripon]）從來沒有派上用場過，甚至認為自己被騙了。或許，這款軟體真的有漏洞，但我也得知許多人實際使用過都沒問題，例如有些人在挨家挨戶拜訪遊說的時候，就已經將它安裝在平板電腦上使用了。不過抱怨歸抱怨，克魯茲團隊也知道，如果他們和劍橋分析公司分道揚鑣的話，默瑟家族的資金可能就會和我們一起消失。所以他們還是繼續跟我們合作，一邊抱怨，一邊看著政治獻金滾滾而來。

但他們愈跟我們合作，我們公司員工的生活就變得愈悲慘。事實上，與那些德州硬漢們來往的唯一好處就是：每當劍橋分析公司的員工從休士頓回來時，他們都會頭戴牛仔帽、腰上繫著有「孤星」（Lone Star）標誌扣環的皮帶、腳穿靴子，然後來到辦公室炫耀一番。的確，穿著西部風格的服飾漸漸成為我們公司所有人的社交禮儀。這麼做一方面是想要帶點諷刺意涵，另一方面也是想要表明我們是德州牛仔團隊的一員。

民主黨為我做過什麼？憑什麼要我忠心耿耿？

或許就是因為有了我們公司那些戴著牛仔帽的資料科學家，所以

克魯茲在愛荷華州黨團會議中取得了巨大的成功。他在此獲得了27.6% 的選票，雖然這只代表 51,666 的投票人，但克魯茲卻能因此得到 8 張黨代表的票。這也是他在初選中的第一場勝利，但這一場勝利也在其他州激起了漣漪。

2016 年 2 月 1 日的晚間，也就是克魯茲在愛荷華州黨團會議中獲勝的那個晚上，我終於感覺到輕鬆了不少，畢竟過去一陣子工作好像總是壓在我胸口，讓我喘不過氣來。於是在我們公司位於水晶城（Crystal City）的公寓裡，我與亞歷山大和朱利安一起喝著香檳，看著選情的好轉，一直慶祝直到深夜。我覺得那種改變的感覺真是太棒了：我成功了，我成功做了一些有意義的事。

我拿出手機，看了看自己和參議員克魯茲在迪士尼樂園的合影。照片裡頭，我們都在笑，我們互相抱住對方，就好像我們是老朋友一樣。自從來到美國以後，我很少在社群媒體上發表任何有關我工作的貼文，但是那晚我把這張照片上傳到了我的臉書，還配上了文字：「我們贏下愛荷華！！」然後添加了「#datadrivenpolitics」（資料導向政治）、「#CambridgeAnalytica」（劍橋分析公司）、「#IowaCaucus」（愛荷華州黨團會議）、「#groundgame」（草根運動）、「#CruzControl」（克魯茲掌控全局）、「#winning」（獲勝了）等等主題標籤；還加上了許多表情符號；最後寫上：「我和克魯茲參議員在迪士尼樂園。」

當我第二天早上醒來時，我開始意識到自己昨晚的愚蠢行為。我的進步派朋友們對我的不滿就在一夜之間爆發。

「你可能喜歡獲勝的感覺，」一位我的老朋友寫道，「但你晚上怎麼睡得著？」

看了訊息，我感到垂頭喪氣，也覺得自己十分孤獨。雖然我拿下了克魯茲超級政治行動委員會的合約，但亞歷山大從來沒有真正地信任過我。他認為是他自己和麗貝卡談成了生意，而不是我。沒錯，劍橋分析公司已經成功為克魯茲贏得一場重要的勝利，但是如果你問亞

歷山大這是否是我的功勞，他很可能會說不是。而且，在我公開宣稱這場勝利是屬於我的之後，我也讓自己必須面對許多嚴厲的批評，這其實是我一直盡力避免的情況。直到目前為止，就算我還沒有正視自己的行為，至少我還保護了自己，並沒有讓那些自由派的朋友有機會評論我或是把我貶得一文不值。

就在那時，我開始看到自己過去的世界真的要消失了。我的克魯茲勝利貼文，得到了許多老朋友的負面評論，而且這還不是最糟的。最糟的是這些朋友開始放棄我了，也對我不抱希望了。因此我覺得我別無選擇，只好也拋棄他們，擁抱眼前這個新世界。

我不僅開始對我曾經反對過的事情保持中立，而且更開始擁抱一種和我過去生活方式截然不同的價值觀。我踴躍參加新朋友邀請的派對。我開始更關心穿著打扮，還有如何建立人脈。我想利用一切的機會去認識那些可能會帶給我好處的人，而我也開始輕蔑地回顧自己的過去。民主黨為我做過什麼嗎？為什麼我曾經如此忠心耿耿？

我的守護天使死了，再也沒有人會收留我

如果說我還有重返過去那個世界的最後一絲希望的話，那個希望也在當年春天永遠破滅了。原因第一當然就是我的臉書貼文，但另一個重要原因則是一通電話。我的前同事羅勃·莫特斐德（Robert Murt-feld）從倫敦打來找我。他是個性外向的德國人，也是一位人權專家。他做事非常有條理，甚至比最好的顧客關係管理（CRM）軟體還要厲害。而我在進去劍橋分析公司之前就認識他了。

「你有聽見我說話嗎？」他問道。

我當時正在紐約時代廣場，周遭是熙熙攘攘的遊客和刺耳的喇叭聲。為了能聽清楚他的聲音，我躲進路邊的店家。

「你要不要坐下來，或者靠著什麼東西。」他說。

我環顧四周，然後走到大樓的後門，在髒兮兮的地上坐了下來。「好了。」我說。

道蒂街的約翰・瓊斯律師死了。

羅勃告訴我的時候，這件事還沒上新聞。其實，多年前就是羅勃把我介紹給約翰・瓊斯律師，所以他覺得現在也有責任親自告訴我這個噩耗。整個事件的發生經過都令人匪夷所思。到處都是謠言。羅勃也不知道事情的真相。我們只知道，有人在倫敦地鐵站的軌道上發現了約翰的屍體，但是到底發生了什麼事？警方目前還沒發現任何監視器錄影。

他是被推下去的嗎？有很多人想要約翰死，例如那些他曾起訴的人或是憎恨他每個爭議客戶的人。這些爭議客戶包括穆安瑪爾・格達費、朱利安・亞桑傑以及在波羅的海國家進行種族滅絕的政府官員。他是被謀殺的嗎？

我們後來才知道，約翰患有嚴重的憂鬱症，甚至曾經住院一段時間。但醫院太早讓他回家了。聽到他的死訊時，我們的腦袋裡一片空白，只能想像他的工作是多麼繁重，薪水又是多麼微薄。我們猜想，或許是繁重的工作和微薄的報酬給他太多的壓力了。但他的所作所為又是那麼崇高、重要又充滿理想。在聯合國面對最複雜的情況時，總是一再選他做為人權代表。他的博學和善良受到全世界的追捧。

這件事深深困擾著我。但一開始，我甚至說不出自己為什麼會這樣。

約翰在人權領域的工作受人景仰，因此世界各地的人總共為他舉行了 3 場追思會。而每一場我都參加了。第一場是由在紐約的羅勃所組織的，舉辦在國際轉型正義中心（International Center for Transitional Justice）；第二場在海牙舉辦；第三場則是在倫敦舉辦。所有人權運動中的頂尖大人物都出席了追思會：約翰的同事艾瑪・克魯尼、道蒂街法律事務所的創辦人傑佛瑞・羅伯遜皇家大律師（Geoffrey Robertson QC）、許多外國的代表團、數不清的世界頂級人權律師、運動人士和法學

家。人們在追思會上發表演講、朗誦詩歌、播放約翰工作的影片。看著影片中他在國際法庭上進行辯護，就是見證一件美好的事情，也讓大家再次明白他的死訊對整個世界來說都是一場悲劇。我幾乎無法接受眼前的事實。

那年春天，當我在為約翰哀悼時，我也意識到那是在為自己某部分的死亡哀悼。雖然我從未向別人透露，但我心中曾偷偷希望如果有一天我不再幫亞歷山大工作的時候，我可以走出黑暗進入光明的道蒂街法律事務所工作。而如果那樣的時候有個人會張開雙臂迎接我的到來，那麼他一定非約翰‧瓊斯莫屬了。

他絕對不會任意評論我的所作所為。他也不會因為我可能曾經做錯事而對我反感。他留給這個世界的遺產，就是他會幫那些沒有人想辯護的人辯護。他會把我看作一個曾經有明確原則但卻迷失了方向的人。我多麼希望約翰會正視我這個人，而不只是看到我犯下的罪。這就是我的白日夢，我夢想著約翰會原諒所有我過去做錯的事，還有我以劍橋分析公司的名義即將要做的事。

但是現在他已經死了。於是再也沒有人可以原諒我了，也再也沒有人可以收留我了。

凱莉安詭異的預言：激情將會取代一切

到了 2016 年 3 月的第一週，克魯茲成為共和黨初選僅存的 4 位候選人中的一位，其餘 3 位是盧比歐、凱西克（John Kasich）和川普。我們開始忍不住想，克魯茲會不會真的有希望獲得共和黨的提名。當然我們也認為，如果他代表共和黨參選總統，那麼希拉蕊幾乎一定會在總統大選中獲勝。那時，福斯新聞網（Fox News）在底特律舉辦了一場黨內辯論，最後卻演變成了人身攻擊大會。在辯論中，克魯茲試圖讓自己看起來有當總統的樣子，但卻失敗了。雖然讓克魯茲這樣不受

歡迎的人在我們公司的幫助之下獲得提名，會是一場有趣的白日夢。不過他就是敵不過川普正在玩的遊戲，也就是打破傳統的政治語言和禮節。川普的非典型政治語言讓許多人開始覺得有趣。甚至盧比歐那時也降低身段，想要學習川普的講話方式，於是他開始攻擊川普奇怪的橘黃膚色和顯眼的小手。後來在辯論中，川普為自己手的尺寸平反，並且說自己「下面的尺寸也沒問題。」他指的是自己陰莖的尺寸。一想到這場辯論就令人不寒而慄。

第二天我參加了保守派政治行動大會（Conservative Political Action Conference），這是一年一度的保守派活動。在 2016 的選舉年，這場會議在馬里蘭州的國家港口（National Harbor）舉行，地點離華盛頓特區只有一河之隔。亞歷山大受邀參加一個名為「誰會投票，誰不會投票？2016 年選民分析」的小組座談會。但是因為他不想和凱莉安同臺，所以他找到了擺脫困境的辦法：讓我代替他去參加演講。他說，他要去見捐贈給共和黨大筆資金的賭場大亨謝爾登・阿德爾森（Sheldon Adelson）。但後來小組座談會開始後，他還是溜進了會場。儘管當時的我並不知道。

在代替亞歷山大去參加演講的過程中，我有機會認識了一大群保守派出版業界的資深記者（當然包括凱莉安）。這是我在共和黨圈子裡最顯眼的一次登臺，也是第一次我遇到如此大量的共和黨觀眾：超過一萬多人聚集在會場裡，而且還有更多的人在有線衛星公共事務電視網（C-SPAN）上觀看。你可以說這場活動就是我的「出櫃」，或者至少這場活動可以讓劍橋分析公司第一次要真的加入著名政治顧問公司的行列。而且因為我們之前幫助克魯茲取得了勝利，所以已經在共和黨中獲得更高的地位。這是劍橋分析公司值得慶祝的時刻，而我現在就是這個成功的新創公司當中的代表人物之一。

我盡力讓自己冷靜下來。在這麼短的時間內，我已經做了我所能做的最好準備。現在我手邊也準備好了談話重點，我對自己說，我的工作就是要和觀眾分享劍橋分析公司帶來的新東西，還有告訴他們我

們的附加價值是什麼。在後臺的時候，我與全國步槍協會的執行長韋恩·拉皮埃爾（Wayne LaPierre）簡短交談，然後化了妝。當座談會開始的時候，我穿著我阿姨給我的舊牛仔靴和母親曾在安隆公司穿的白色套裝（當然我把 1980 年代的墊肩從裡頭拿了出來）大步走了出來，試圖展現出自信。我是那天舞臺上最年輕、最資淺的人。

主持人是美國保守派聯盟（American Conservative Union）主席馬特·施拉普（Matt Schlapp）。他向會場的觀眾一一介紹我們。介紹到凱莉安的時候，施拉普稱她為「民調壓力」（pollstress），這是凱莉安喜歡的一個奇怪的綽號。

我以為座談會的主題應該是分析 2016 年的選民結構，但是當談話開始的時候，主題卻變成了評估川普對共和黨所造成的破壞，以及如何應對。但我對這個新主題一竅不通。

《華盛頓時報》（Washington Times）的查理斯·赫斯特（Charles Hurst）表示，他不知道如何應對川普為共和黨內部帶來的巨大分歧。赫斯特前一晚在底特律參加了共和黨的辯論會。他說，川普對酷刑的立場，完全展現了共和黨內部意見的分裂。

赫斯特說，當川普講到支持「比水刑更嚴厲的酷刑」時，觀眾席的「某一排群眾倒吸了一口氣。」但隔了兩排的群眾卻歡呼起來，揮舞著拳頭。

那的確是個危急的時刻。

馬特·施拉普想知道有什麼方法可以讓共和黨團結在一起。佛瑞德·巴恩斯（Fred Barnes）回答說，他在美國政治中什麼大風大浪都看過了，但川普永遠不會入主白宮。巴恩斯是《旗幟周刊》（The Weekly Standard）的創辦人，他從 1976 年喬治亞州的一位花生農民當選美國總統開始（編注：1976 年大選，民主黨自稱花生農民的卡特 [Carter] 當選總統），就一直在報導華盛頓的政治新聞。巴恩斯預測，川普的不受歡迎程度將會吸引某位偏向共和黨的無黨籍總統候選人出現，最後在 3 人競選的情況下，讓希拉蕊輕鬆拿下總統寶座。這就像當年無黨籍總

統候選人羅斯・佩羅（Ross Perot）的出現，把比爾・柯林頓推上總統寶座一樣。

我仍然不知道該說什麼。

這時候凱莉安插了進來，然後像往常一樣，完全控制了談話的走向。她贊同地說，川普很晚才加入初選也破壞了共和黨的團結，他會把勝利拱手讓給希拉蕊。但凱莉安也補充說，我們還有希望。此時她身穿黑色洋裝，雙手放在膝蓋上端正地坐著，然後凝視著臺下的 1 萬名觀眾。

凱莉安繼續說，最後是誰當共和黨總統候選人這件事並不重要，因為無論最終共和黨推派誰，我們都能想出辦法支持他。她說，如今「勝選率」（electability）已經不再是重要的議題，因為激情會取代這個議題。凱莉安的這句話當然是有點詭異的預測，但也是很精采的一句話。就在這個時機點，我本來可以插話說一下劍橋分析公司可以做些什麼來讓候選人充滿激情。畢竟，我們和克魯茲這麼合作過。

但是我卻沒有插話。事實上在整個座談會中，我只發言了一次，那就是馬特・施拉普直接問我如何連結選民的時候。

「我們如何連結選民？」我說。我們怎樣才能找到搖擺的中間選民呢？更重要的是，我們如何找到他們的「說服力槓桿」？

後來，當我看到亞歷山大在觀眾席中，知道他也來了的時候，我希望他為我感到驕傲。我在心中想著：我讓他開心嗎？我表現得好嗎？我有找到他的「說服力槓桿」嗎？有讓他覺得我是一個有價值的人嗎？我的表現值得稱讚嗎？

但是那時我沒有時間仔細問他。

座談會結束時，他只說：「幹得好。」他喝醉了，但他並沒有像從馬球場上走下來時那樣神采奕奕，也沒有因為勝利而陶醉。「至少，妳沒有搞砸。」他說道。

我從他那裡能得到的讚美，最多也就是這樣了。

第 10 章

史上最昂貴的網路選戰

2016 年夏天

　　事實證明從長遠的角度來看，撐起克魯茲的支持度是一件很困難的事。他的不受歡迎程度最終擊敗了他，甚至連我們公司改變選民行為的技術都無法解決這個問題。據我在內部聽到的評價，劍橋分析公司在支援克魯茲競選活動和超級政治行動委員會上的工作，做得非常好。我們把克魯茲這個人從一位參議院中的害群之馬，變成了家喻戶曉的大人物和著名的參議員。但川普所帶起的「說謊泰德」（Lyin' Ted）這個汙名一直存在，於是克魯茲在最後關頭退出了初選。

　　劍橋分析公司從來不認為這代表了失敗。事實上，我們還把這件事當作勝利來慶祝。畢竟，在美國各地的報紙和電視上都有報導克魯茲選戰機器長久以來的成功模式，甚至在世界上其他地方也有類似的報導，當中尤其有很多人對資料科學在政治中的應用感到驚豔。「克魯茲的競選團隊能拯救新聞業嗎？」一位《富比士》雜誌（Forbes）的撰稿人若有所思地提到，他希望我們能找到祕訣，讓數位時代的讀者和訂閱用戶回來看新聞。「克魯茲的競選團隊用心理剖繪（Psychological Profiling）技術來推動勝選。」另一位作者這樣誇獎我們。儘管克魯茲輸給了川普，但我們公司卻收到了來自企業和政界人士源源不絕的洽詢。

劍橋分析公司和默瑟家族非常看重克魯茲，也為他付出了非常多的時間和心力。不過克魯茲退選之後，不代表我們也要退出總統選舉。事實上，我們公司和默瑟家族私底下也聯繫川普有一陣子了，我們搭上線的時間點比大家知道的還要早得多。

麗貝卡・默瑟：讓川普的崛起成為現實的女人

　　對一些人來說，默瑟家族其實完全不值得尊重。一位羅伯特・默瑟的前同事不滿地說，默瑟認為「除了賺錢的多寡以外，人類沒有任何其他內在價值」。而鮑伯自己也曾說過：「貓是有價值的動物……因為牠會帶給人類快樂，」相反地，一個靠政府救濟福利過活的人卻只有「負面價值」。¹我個人並不反對鮑伯。畢竟這些話聽起來就很像是一位內向的資料科學家會說的話。我知道他們當中的許多人有某種反社會傾向，而且比起人類同胞，他們常常更喜歡數字。無論如何，我只見過鮑伯 3 次。除此之外，我沒有其他能用來評論他的參考指標。

　　我第一次見到鮑伯是在 2016 年的 7 月，也就是我們從克魯茲轉為支持川普後不久。當時他來到我們位於紐約的新辦公室，想來看看他資助的新據點。在此之前，劍橋分析公司一直占據著新聞集團大樓內、麗貝卡「重造紐約」組織辦公室中的一個小房間。那房間裡頭其實只有一堆桌子和一張乒乓球桌，而當時亞歷山大就把那張乒乓球桌當作他的工作桌。這既不方便又古怪，但偶爾也有好處，因為有時我們會即興來場乒乓球賽。現在，新辦公室則位於史克萊柏納大樓（Charles Scribner's Sons Building）的 7 樓，這棟大樓就在第五大道和第四十八街交叉口，離川普大廈只有幾步的距離。這裡的空間簡潔、乾淨、現代，最重要的是這裡有一個真正的會議室。會議室裡頭有保護隱私的不透明窗戶，牆上掛著超現代的藝術作品（über-modern art），

那是麗貝卡的姊姊從她的收藏中借給我們的。

　　大家都知道鮑伯非常害怕人群。所以為了避開人群，他那天特別選在公司的開幕晚會之前過來。有一次在少見的演講中，他說自己更喜歡「深夜中電腦實驗室裡的幽靜，還有那個地方空調的氣味……磁片的旋轉聲和印表機的喀嗒聲。」[2] 那天我和他握手時，我們幾乎完全沒有說話。他跟我握手的感覺很僵硬也很隨便。或許因為他是非常傑出的資料科學家，所以我告訴自己說我在他眼中只是毫不重要的人。

　　班農曾經說過，因為默瑟家族是在晚年才富裕起來的，所以他們有「非常中產階級的價值觀。」[3] 我不確定我是否在他們身上看到了這一點，但這也不代表說他們沒有這項特質。對他們來說，我只是一個他們手下的手下，一個會愉快地跟他們打招呼的人。

　　當時，我和麗貝卡‧默瑟會在辦公室見面。或者如果我工作到很晚，而亞歷山大正在和她一起吃晚餐時，亞歷山大就會打電話來叫我去他們吃飯的那家餐廳，這樣我就可以向麗貝卡報告客戶的最新情況。我從來不是他們晚宴上的客人，我也從來沒想過當個客人，畢竟我只是一個每次晚餐結束前會出現的下屬。當我聽著麗貝卡說話時，我發現她通常頭腦很冷靜。她可能很討厭那些我心目中的民主黨英雄，但在我面前，她從來沒有說過什麼無禮的話。比起她，或許我有些共和黨親戚所說的話更無禮。

　　無論她的政治立場為何，她和她父親在公司內外都擁有相當巨大的權力。我在劍橋分析公司待的時間愈長，就愈能清楚看到這一點。雖然時光流逝，但我從未忘記是她讓劍橋分析公司的一切成為可能，也是她讓川普的崛起成為現實。

川普為了隱藏背後金主，
要求劍橋分析以「第三方團體」為名義簽約

　　2015 年 9 月，在我向科瑞·李萬度斯基推銷公司的服務之後，我們和川普團隊的合作交涉陷入僵局，但卻從未停止溝通。我已經擬好了與川普競選團隊合作的第一份合約，後來事情變得比較複雜之後，我就把合約草稿交給了比較資深的員工。其中一個問題是，川普希望在這份合約中，我們公司是以清白的第三方團體為名義來簽訂，而且別人必須看不出來默瑟家族在這之中的關聯。當時，他的競選主張是他自己就能夠資助自己的競選活動，所以不需要依賴任何有錢的捐款人。知道這件事情後，一開始亞歷山大和朱利安建議我們用「AIQ 公司」的名義簽約，但後來他們認為這間公司可能和劍橋分析公司的連結太過明顯，因為當時 AIQ 公司負責我們公司所有的數位選戰活動，而且每天都會共享許多資料。據我所知，最終一家名為哈頓國際（Hatton International）的控股公司成了簽約的中間人。哈頓公司是朱利安的公司，在過去的許多競選活動中，它都被用來當作 SCL 公司的承包工具。

2016 年 3 月，
「劍橋分析」放棄克魯茲，倒戈支持川普

　　這項與川普保持一定距離的交易，讓默瑟家族的運作得以在檯面下繼續進行好幾個月。過了好一陣子以後，公認的故事情節變成這樣：默瑟家族是克魯茲的堅定支持者，他們直到最後一刻才同意出手幫助川普的競選活動。具體來說，公認的這個時間點是在 2016 年 8 月中旬，那時發生了所謂的川普選舉「默瑟化」現象。這也就是班農當上川普競選總部執行長，而凱莉安當上競選經理的時候。

但事實上，劍橋分析公司開始為川普工作則是 2016 年春天的事。當時，克魯茲的競選團隊與默瑟家族之間的關係已經岌岌可危，其實從當年 1 月開始就一直是如此。1 月時，臉書公司與劍橋分析公司的醜聞風暴席捲了媒體。雖然克魯茲在 2 月的黨團會議上獲勝，但也無法完全阻止這輛列車脫軌了。在我們公司董事會和休斯頓的克魯茲競選團隊之間，每天似乎都有無止境的武裝鬥爭。當年 3 月在經歷了一場特別嚴重的爭吵之後，我記得亞歷山大悄悄對我說，這次克魯茲競選團隊的抗議，可能是壓垮默瑟家族支持的最後一根稻草。所以祝他們好運了。而那次爭吵，也開啟了默瑟家族和劍橋分析公司接管川普競選活動的第一步，同時也是把克魯茲超級政治行動委員會重組成支持川普的第一步。對於這件事，當時亞歷山大要求公司裡的每個人都要發誓保密。

亞歷山大從麗貝卡那裡得到了許可，經常在幕後與川普的女婿傑瑞德・庫許納（Jared Kushner）合作，一起制定競選活動計畫。2016 年 3 月和 4 月，從史考特・沃克州長競選團隊加入我們公司的馬特・奧茲科夫斯基，開始在全國步槍協會的「扣下投票的扳機」活動中工作。但不知道怎麼的，他也必須找出時間為川普工作。同一時間，莫莉・施威科特開發了一個為川普量身訂做的數位計畫。而在超級政治行動委員會那邊，艾蜜莉・康乃爾（Emily Cornell）正在為可能會叫做「擊敗狡猾希拉蕊」（Defeat Crooked Hillary）的競選活動制定戰略。艾蜜莉是一個經常生氣的保守派政治顧問，也是前共和黨全國委員會的員工。在我看來，她在情緒控管方面很有問題。那時，如果聯邦選舉委員會允許的話，「擊敗狡猾希拉蕊」就會是超級政治行動委員會的正式名字。但後來聯邦選舉委員會否決了這個名字，所以他們最終把組織取名為「美國得第一」（Make America Number One），後來也是這個組織帶領了反希拉蕊陣營的許多攻擊。

到 2016 年 6 月下旬，來自劍橋分析公司的兩個團隊已經開始行動，一個在紐約，另一個則在聖安東尼奧（San Antonio）。兩個團隊背

後的支持者都是默瑟家族。

在「劍橋分析」進駐前，川普團隊的數位選戰簡直糟透了

聖安東尼奧這座城市就是川普競選活動的神經中樞。保羅·曼納福特（Paul Manafort）擔任競選總幹事的時候就駐紮在那裡而不是在川普大廈，雖然說川普大廈才是官方競選總部的所在地。這是因為聖安東尼奧是布萊德·帕斯卡爾（Brad Parscale）的家鄉。布萊德·帕斯卡爾是數位廣告公司吉爾斯—帕斯卡爾（Giles-Parscale）的共同老闆。他一直以來都是川普的網站設計師，而現在川普要他來負責數位選戰的工作。問題是布萊德沒有資料科學或資料導向傳播的相關經驗，所以麗貝卡知道川普會需要我們公司的協助。

2016 年 6 月，當劍橋分析公司的早期團隊（由馬特、莫莉和幾位資料科學家所組成）抵達聖安東尼奧時，他們發現布萊德和川普團隊的數位媒體工作都處於令人擔憂的混亂狀態。馬特在 6 月 17 日回了一封信給我，當時我問他一個關於商業客戶的問題，他說他沒有時間幫我，因為他需要花費所有的時間精力與布萊德一起工作，讓川普的分析團隊步上軌道。據我所知，當時他們是免費去那裡服務，用「試點實驗」（pilot test）來證明我們公司的價值。對亞歷山大來說，這個試點實驗是一筆很大的開銷，因為他得讓一群公司最優秀的員工不眠不休地免費工作。但我想，亞歷山大一定認為只要川普最後簽下合約的話，一切都值得了。

當我們公司的團隊抵達聖安東尼奧時，他們震驚地發現布萊德沒有自己的選民模型，也沒有任何的行銷工具。布萊德找了 5 位不同的民意調查專家蒐集資訊，但他們卻各自為政。理想狀態下在競選活動開始時，你會希望資料庫已經上線運作了，最好還有一個資料建模的程式。有這樣的資料庫和模型，才能讓民意調查專家調整他們的問

卷，讓問卷配合手上的資料庫，最後變成有用的政治模型，再以此分類選民。例如，我們經常使用 0 ～ 100% 分數，去判斷某個人有多少機率會去投票（選民傾向），或者某個人有多少機率會對某位特定候選人感興趣（候選人偏好）。但川普團隊的資料狀況卻非常混亂，這讓我們公司的團隊不得不從頭開始。[4]

數位廣告三大計畫，耗資史上最重 1 億美金

我曾經協助公司的團隊撰寫提案計畫，所以我知道他們打算建立一個大型資料庫，並蒐集每一位美國人的資料並建立模型。然後他們會將競選策略分成三個互相關聯的計畫。第一個計畫的重點在於建立金主名單並向他們募款。這個部分是選戰的關鍵，尤其當時川普團隊還沒有展開任何募款活動，但我們需要資金才能立即開始打選戰並且把選戰擴大成全國性規模的活動。所以不管川普在電視上是怎麼說的，他的選舉資金可不是只靠自己。

第二個計畫的重點在於說服選民。也就是說，他們要找到搖擺的中間選民，說服他們以某種方式喜歡上川普。這項計畫將在一個月之後啟動。

第三個計畫的重點在於催票。這項計畫所涉及的工作包括：登記選民、讓可能會支持川普的選民提早投票，或是確保他們在投票日出來投票等等。

毫無疑問地，當團隊開始全速運轉時，川普的競選團隊將會花很多錢在社群媒體上。根據大選結束之後的統計，川普競選團隊的社群媒體經費支出達到了史上最多。團隊中僅僅一家劍橋分析公司支出的經費就高達 1 億美元，其中大部分是用在數位廣告上，尤其是臉書的廣告。這麼多的廣告經費支出，也讓臉書還有其他社群媒體平臺願意提供更高級的服務。當時，這些社群媒體公司經常推銷給我們類似於

白手套的選舉廣告服務，其中包括許多能即時幫助選戰的新工具和新服務。

但這些社群媒體巨頭其實不僅提供了新技術，還提供了人力。

Facebook、Google 和 Twitter 的人力支援，讓川普團隊發揮最大優勢

坐在莫莉、馬特和我們公司的資料科學家身旁的，就是來自臉書、Google 和推特等科技公司的外派員工。臉書把與川普競選團隊的合作稱為「客戶服務＋」。[5] Google 則表示，他們為川普的選戰提供了「顧問能量」的服務。推特則稱他們的服務為「免費勞動」。[6] 而當川普團隊張開雙臂歡迎這些幫助的同時，柯林頓競選團隊卻因為某些原因決定不接受臉書公司的幫助。這樣的差異必然給了川普明顯的優勢，而且這樣的優勢甚至無法簡單量化。在選戰中，這些外來的專業技術團隊可以發揮很大的作用，因為他們不用透過競選經理來管理或指導。畢竟，競選經理總是不眠不休地忙碌工作，所以這樣的外來支援可以幫忙競選團隊節省很多的時間和能量。

後來我才知道，臉書公司曾向競選團隊和劍橋分析公司的工作人員展示許多新服務，例如如何聚集「類似受眾」、創造「自訂廣告受眾」（custom audiences）和投放所謂的「隱藏廣告」（dark ads），後者就是只有特定受眾才能在動態消息上看到的廣告內容。雖然希拉蕊競選團隊內部可能也有一些類似的技術，但川普競選團隊卻是每天都能獲得來自社群媒體公司的直接幫助。這些非常有價值的服務，也能讓川普團隊總是可以立即利用新工具和新功能，以此發揮最大的選戰優勢。

在選舉結束之後，我得知其他社群媒體公司外派到川普團隊的任務也取得了類似的成果。推特公司推出了一款名為「對話式廣告」

（Conversation Ads）的新產品。它會顯示一個下拉清單，上面有主題標籤的建議。一旦點了建議的主題標籤，推特就會自動將廣告和主題標籤一起轉發。這確保了川普團隊的推特貼文熱度能超過希拉蕊團隊。另外，Snapchat 則推出了「WebView 廣告」，這是一個能增加資料蒐集功能的服務。它會要求使用者註冊成為競選支持者，讓競選活動能夠持續蒐集使用者的資料，以此增加競選團隊的目標受眾。Snapchat 的員工還向劍橋分析公司的團隊介紹了一種新的平價產品，叫做「直接回應」（Direct Response）的功能。這個新功能是針對整天掛在線上的年輕使用者所設計。如果他向上滑動照片，就會出現一個可以輸入電子郵件地址的廣告視窗，其中的服務條款會讓使用者允許提供各式各樣的新資料。在那段期間，Snapchat 的 WebView 廣告和拍照濾鏡（譬如可以在你的自拍中加入支持候選人的裝飾）都贏得了巨大的成功。

　　而共和黨派駐在 Google 公司的人員，讓川普競選團隊更容易出價競標關鍵字搜尋來控制使用者的第一印象。當時川普競選團隊在 Google 的關鍵字搜尋、廣告搜尋說服效果以及控制第一印象等服務方面都增加了許多預算。他們瘋狂買下了許多 Google 關鍵字搜尋的服務。如果某位使用者搜尋「川普」、「伊拉克」和「戰爭」，第一個搜尋結果就會是「希拉蕊投票支持伊拉克戰爭，但唐納·川普反對。」這個搜尋結果會連結到一個超級政治行動委員會的網站，而使用者還可以看到網站的標題「狡猾的希拉蕊投票支持伊拉克戰爭。糟糕的決定！」此外，如果使用者輸入「希拉蕊」和「貿易」兩個詞，第一個搜尋結果則會出現「lying-crookedhillary.com」。這個網站有令人難以置信的高點閱率。

　　此外，Google 公司每天都會向川普競選團隊出售庫存，一旦有新的獨家廣告空間可以購買，他們就會通知川普團隊。譬如 YouTube.com 的首頁廣告空間，那是最令人垂涎的數位廣告房地產了。此外就像上述提到的，Google 公司讓川普團隊更容易出價競標關鍵字搜尋來控制使用者的第一印象。例如，Google 公司在 11 月 8 日投票日當

天，就把許多關鍵字搜尋賣給了川普團隊。這項服務在網路上吸引到大批的新支持者，並把他們帶往了各地的投票所。

「劍橋分析」在華府愈來愈出名，連美國國務院也捎來邀請

2016 年夏天，當川普的超級政治行動委員會和競選團隊都在幕後進行選戰活動時，我卻在追求自己感興趣的計畫。其中一個計畫是幫斯洛維尼亞總理培訓他的傳播團隊。當時，我接到了美國國務院打來的電話，他們問劍橋分析公司是否願意成為國務院的合作夥伴之一，向即將到來的外國代表團展示美國最棒的創新科技？接到電話的當下，我非常震驚又受寵若驚。我有機會帶領國務院團隊，為斯洛維尼亞人上一堂政治傳播課嗎？我覺得很榮幸，當然也很樂意主持這次的培訓計畫。也因為這樣的要求，我意識到劍橋分析公司在華府的政治圈裡變得愈來愈出名，也愈來愈引人注目了。

6 月 21 日，斯洛維尼亞總理的團隊來到我們公司的辦公室。那天的會議進展順利。就在我向他們告別的時候，他們團隊中一位最害羞的成員問起了川普。他問：劍橋分析公司正在為川普工作嗎？問完後他說他們也知道我可能無法明確回答這個問題。的確，雖然當時我知道馬特和莫莉正在聖安東尼奧幫忙川普的競選團隊，但我只能對問問題的人報以微笑。我回答，我不能承認也不能否認，但我對他們輕輕地眨了眼。這時其中一位成員跟我說，他們很高興有機會看到一個斯洛維尼亞人進入白宮。「你知道梅蘭妮亞‧川普來自我們國家吧？希望你正在為她的先生工作。我們會祈求你們獲得勝利的！」

第 11 章

脫歐女王布特妮

2016 年春～夏

2016 年的初夏，我們公司大半部分都在加足馬力為川普助選，至於我則是在去年秋天回到美國以來首度遠離政治。春天以前，我就沒有美國的政治廣告好做了，這一輪選舉的生意都已經談完了，這代表我終於有空專注美國和國外的商務和社群帳號。我為劍橋分析和幾間律師事務所、時裝公司、健康保險公司、餐飲集團和風險投資公司簽下了首份合約，為垂直行銷（verticals），也就是使用我們這套技術的產業開闊新生意。我沒什麼睡，也不怎麼照顧身體，大部分的時間都在飛機上度過，穿梭於紐約、倫敦、華盛頓之間。當然，還有我正在跑的客戶辦公室。亞歷山大告訴我別想太多：「我飛，故我在。」但我還是忍不住覺得這些實現願景的旅途讓我的生活有了意義。我每次起床都分不清楚自己到底是在上柏克萊街的公寓、提姆的公寓（我現在留在他家的已經不只是牙刷了）、水晶城的公寓，還是哪間商務旅館；不過就算迷失了方向，我還是找到了自己的步伐，這讓我很欣慰。

6 月的時候，我放了一個長假，打算和提姆一起度過。我們飛去葡萄牙陽光普照的阿爾加維（Algarve），那裡有完美的海灘，海崖上到處林立著粉刷成白色的屋舍，他一個朋友家裡在那有棟房子。那是

間 3 層樓的別墅,足夠讓我們還有另外十幾個人住在裡面。客人大部分都是英國人,我們的共通點就是想要遠離脫歐公投,只不過我想逃的理由不太一樣。

班克斯公器私用,
竟然用自家保險公司來做脫歐民調

儘管 11 月曾經出席過記者會,但其實我經手脫歐這份工作的時間並不長。據我所知,劍橋分析也是一樣。除了 11 月在記者會上和 Leave.EU 團隊一起露面外,我只跟 Leave.EU 往來一次,就是和大衛.威金森博士一起前往布里斯托拜訪他們的「官方總部」。此行的任務是向公投團隊呈現劍橋分析能為 Leave.EU 提供什麼服務,以及審核團隊當時在蒐集的數據,並說明如何使用我們所完成的數據分析。

那一天的感覺非常奇怪。我本來覺得這輩子永遠搞不懂,為什麼 Leave.EU 的總部會在布里斯托,而不是在倫敦。一直到抵達他們所在的商務園區,我才發現,這棟樸素方正的總部建築,同時也是艾隆.班克斯的艾爾頓保險(Eldon Insurance)總公司。

老實說,在前往會議室的路上,我根本分不出 Leave.EU 團隊的成員和經過我身邊的保險業員工有什麼差別。會議室大約有 10 個人,每個人都負責不同的部門,包括新聞公關、社群媒體、拜票、活動和電話服務。他們看起來都很蒼白,穿著樸素的衣服呆坐在椅子上,脖子上掛著出入證,看起來沒什麼熱情。直到我和大衛開口,他們的態度才為之一變。一知道我們前來的目的,他們就熱情地招呼我們。

他們說自己就像「沒有水的魚」一樣。這些人都不曾從事政治活動,因此很高興能得到這方面的專業人士協助。我很快就弄清楚了,他們只是普通的保險公司員工,卻被交付了選舉工作。我覺得很奇

怪，不過就班克斯的角度來說，這麼做也是滿有效率的。

但那天的感覺還是很怪。我跟大衛走進電話服務中心時，發現這裡和艾爾頓保險用的是同一個空間。正如我在英國國會的數位、文化、媒體暨體育部的「不實資訊」和「假新聞」聽證會上作證時所說的一樣，那裡大概有 5 排桌子，以及差不多 60 個人。團隊告訴我，他們正用艾爾頓的資料庫打給客戶，詢問有關脫歐的問題，而這個地方通常是用來回應保險客戶問題的。

電話服務中心的主管是一名看起來跟我差不多大的年輕女性。她大方地給我們看螢幕上目前民調所問的問題。我跟大衛看了一眼，想知道劍橋分析公司是否能協助改善他們所用的問題。

「您是否希望脫離歐盟？」

「您是否認為移民是個問題？」

「您是否認為我國的國民健保資金不足？」

這些問題偏頗到足以扭曲任何模型。他們做得一塌糊塗，而我很確定劍橋分析公司有很多辦法能幫他們打好這場選戰。

回到倫敦後，我就寫了一封信給布里斯托的團隊，請他們盡可能提供客戶和捐款人的資訊以及任何他們所擁有的各種數據。大衛會負責研究這些數據，而他的發現將會讓劍橋分析公司能開始研擬對 Leave.EU 的第二階段提案。

「劍橋分析」提供了敏感數據，客戶卻不付錢還失聯

在 Leave.EU 的社群媒體專家皮爾·雪福（Pierre Shepherd）將所有帳號和相關數據提供給劍橋分析使用後，劍橋分析團隊隨即開始設計第二階段。

不過，第二階段從來沒發生過。劍橋分析一彙整完我們所完成的第一階段，就聯絡不上「老班」和「老威」了；但他們仍在網站上表

示正與劍橋分析攜手合作，還不斷在新聞上提起跟我們的關係。惠特蘭聯絡過班克斯好幾次，他一直表現得對第二階段很感興趣，卻不曾為我們完成的第一階段付錢。包括英國選民的個人身分數據在內的敏感數據，就這樣被轉交給劍橋分析比對民調數據，建立模型並轉換成可供 Leave.EU 使用的目標族群。這些數據去了哪裡？亞歷山大為什麼和在奈及利亞的時候不一樣，還沒談完合約就同意了一份在自己國家進行的計畫？

我們和 Leave.EU 的合作關係顯然結束了，這讓我們陷入了尷尬的處境。畢竟，從 11 月以來我們就和他們公開保持關係。我們總共為他們提供了 3 天的諮詢，兩次是為了準備記者會，另一次則是在布里斯托幫他們的團隊加快速度。這還不算我們為了完成第一階段和準備記者會而花在處理數據上的工時。我們從來沒把投影片給他們，但在這段時間，我已經鉅細靡遺地和 Leave.EU 報告過投影片裡的發現。我們做了這麼多，卻從來沒簽過合約或是收到報酬，這讓我們很難說是自己完成了一切，或是就這麼放下。

班克斯沒有答覆我們，我們也不知道他是否打算繼續推動公投，因此有段時間，劍橋分析轉而接洽 Vote Leave 尋求合作。Vote Leave 的成員來自國會裡的保守黨，甚至是自由黨的建制派和主流政客，應該會是很好的顧客。不過一知道我們之前是和 Leave.EU 合作，他們就斷然拒絕了。包括我在內，許多劍橋分析員工都覺得，脫歐這筆生意顯然就要結束了。

「Leave.EU」投放的假新聞，導致留歐派議員慘死

從冬天到 2016 年春天，Leave.EU 即使沒有我們的幫忙，也相當成功，不過從外部來看，我很難不懷疑他們多少利用了劍橋分析為他們提供的諮詢和市場區隔。班克斯和 Leave.EU 花了數百萬英鎊進行

網路宣傳，他宣稱所有宣傳都是依靠數據科學，只在需要的時候提到劍橋分析的名字。他還自誇在臉書上，Leave.EU 每週能獲得 370 萬次點閱，是英國最大的病毒式政治運動。「這場運動，」他說：「一定做對了什麼，才會一直惹到所有該惹的人。」

投票前幾天，Leave.EU 在臉書上公布了一份「祕密調查」，聲稱他們揭發了要協助移民偷渡過英吉利海峽有多容易。威格摩爾也發了一組照片，圖說表示照片上是一名女性正遭到穿著連帽外套的男子暴力攻擊：「星期六一名少女在托登罕遭移民毆打。」Leave.EU 後來也轉了這篇文。

這些資訊發布後不久，就掀起了許多大規模抗議和暴力的主張，以及一起謀殺案。

2016 年 6 月 16 號，公投前的一個星期，約克郡一名叫做湯馬斯‧梅爾（Thomas Mair）的失業園丁由於心理狀態不穩定，並長期接觸脫歐運動的極右派反移民資訊、國民陣線的政治宣傳，以及網路上的美國新納粹及三 K 黨的意識形態，謀殺了被他認為是留歐派的國會議員裘‧考克斯（Jo Cox）。他用一把鋸短的步槍射中考克斯的頭部和胸部，然後又捅了她 15 刀。兩天後，梅爾在出庭時被問及身分，他的回答是：「叛國者該死，英國要自由。」他是受到什麼東西煽動應該毋庸置疑了。

英國成功脫歐，而我正是一大推手

公投日當天，跟我們一起待在阿爾加維別墅的每個人，都試著忽略彼此的政治差異。許多客人就英國的標準來說都是保守派，比如提姆飛過來之前就先投給脫歐一票。另一些選擇留歐的人，要不是因為傾向自由派，就是因為英國留在歐盟的話，他們能從穩定的歐元獲得可觀利益。投票結束後，我們喝了一堆葡萄酒，聚在房裡唯一的電視

旁邊，觀看這場一生一次、或許將改變歐洲歷史走向的公投。

最後，1%的選民決定了公投結局。最終結果是52%比48%，脫歐派獲勝。公投結果立刻造成了影響。英磅重貶，英鎊價格掉到了31年來的新低；而全球市場，包括道瓊指數都遭到嚴重的打擊。[1]

而在葡萄牙，電視機前跟我在一起的英國人有一半慶祝了起來。另一半則痛心疾首，有人還哭了出來。他們無法想像英國竟然會徹底失去理智、選擇脫離歐洲。那一刻，我們分裂成了兩邊，而我算是卡在中間的某個地方吧。我是個假裝成保守派的自由派，還在一家至少是幫脫歐派工作（或是跟他們合作，隨你怎麼講）一段時間的公司上班。

「看看你給自己找了什麼麻煩。」在這場公投前以及共和黨初選期間，我常聽到英國朋友這麼對我說。

「妳就是危機女王本人嗎？」他們會拿珊卓布拉克那陣子主演的電影片名來酸我，她在裡頭飾演一個狡猾的政治顧問，專門幫南美洲那些香蕉共和國的候選人競選。

我都對他們回以尷尬的笑容。

亞歷山大拒絕看那部電影，因為電影講的不是他的故事。他一直抗議道，自己負責過的國外選舉比任何人都還要多。而那部片竟然不是以他為藍本，簡直不可理喻。

脫歐公投的隔天，知道我在劍橋分析做事，同時知道劍橋分析也參了公投一腳的英國朋友都紛紛跟我解除好友關係，還把我踢出他們的線上讀書會和政治討論版。對他們來說，我根本就是一場危機。

6月27日，我再度回到英格蘭，身邊的人都露出了驚訝的表情。至於在劍橋分析，有些人倒是覺得自己做得不錯。我們都以為脫歐派會輸。投票前不久，我們還在煩惱是否該要求班克斯把我們的名字從Leave.EU的網站上拿掉，免得弄臭自己的名聲。不過最後我們沒那麼勇敢。畢竟，是董事會把我們介紹給那群「脫歐壞男孩」的。我們都害怕如果不接這份工作會惹到他們。不過幸好現在我們可以說，脫歐的勝利有一小部分是劍橋分析的功勞，雖然我們實際上發揮的功能，

說得最好聽也只是似有若無而已。

　　法拉吉曾說，脫歐公投是川普陣營的「培養皿」，因為它訴諸的是部落意識和民粹主義，足以撕裂整個國家。而且在許多方面，它也是 2016 年美國總統選戰的科技先驅──脫歐公投那天，大西洋彼岸的劍橋分析這臺機器可是動得非常厲害。

脫歐公投根本就是「操弄恐懼」的大集合

　　我一直有種揮之不去的感受，告訴我劍橋分析的研究被用來誘導選民投給脫歐。不出幾個月，這份感受就獲得了證實，只不過是 Vote Leave 先承認他們用了我們的方法，或者至少是差不多的方法。

　　承認這件事的人是 Vote Leave 的領導者多明尼克・康明斯（Dominic Cummings），他將數據奉若神明。他的計畫是靠數位手法，以臉書為主要戰場來打這場選戰。這樣的策略和英國數十年來的競選方式完全背道而馳。和《觀察家報》（*The Observer*）所披露的一樣，除了 AIQ 公司以外，Vote Leave 並未和其他公司簽約合作。該公司在整場選戰中都為他們工作，並向 BeLeave 和大英退伍軍人（Veterans for Britain）等相關組織提供協助。[2] 他們還直接在 Vote Leave 的總部駐有一個雖小卻舉足輕重的作戰中心。也就是說，當劍橋分析為 Leave.EU 工作的時候，還有另一個 SCL 公司的合夥企業在為其競爭對手工作，而該公司的智慧財產權同樣屬於默瑟所有。

　　我剛知道這件事的時候很震驚。我本來以為劍橋分析和 AIQ 公司每天都會分享各種數據，兩間公司幾乎是分不開的。他們是怎麼背著劍橋分析，指揮對手陣營進行宣傳的？太不合理了。

　　AIQ 公司的數位選戰不只在內容上和劍橋分析如出一轍，方法也有很多共通點。不久過後，有人洩漏了 AIQ 公司的提案，克里斯多福・懷利（Christopher Wylie）幾乎是一字不漏照抄劍橋分析的提案。他

們的策略也是利用焦點族群（focus group）、心理圖像建模（psychographic modeling）和預測演算法（predictive algorithm），並利用網路上的小測驗和比賽來蒐集使用者資訊，而且完全依法取得用戶同意。拿脫歐公投來說，就是拿用戶資訊比對英國的選民紀錄，然後將選戰文宣放上網路，以精確的訊息煽動全國人民。

這10週決戰向現實世界證明了，網路上的一切有多麼令人膽寒。Vote Leave所投放的錯誤資訊和假新聞包括土耳其等國家正在進行加入歐盟的談判。他們暗示支持留歐就是支持讓英國神聖的國民健保破產，以激怒搖擺不定的選民。我記得我自己也曾被這些訊息所影響。身為一個住在英國超過10年、享有免費健保的美國人，我不禁想像如果真像脫歐陣營所說的那樣，他們獲勝以後國民健保就能獲得大量資金，會是多美好的事情。而現在，回顧起那段時間，我發現這些訊息充斥著大量錯誤，甚至可以稱得上是犯罪了：從散布關於政府服務資金不足的恐懼，到移民和恐怖分子湧入邊境的幻想，脫歐公投根本就是恐懼的大集合。

後來，一名叫做艾瑪·布萊恩特（Emma Bryant）博士的研究者向國會提交了非常徹底的陳述書，這些陳述指出，Leave.EU也採用了我們的第一階段研究，並照後續提案執行了第二階段。威格摩爾向她吹噓自己如何採用劍橋分析的策略，從密西西比大學聘請了一批數據科學家，仿效劍橋分析成立了「大數據海豚」（Big Data Dolphins），利用「人工智慧幫脫歐派贏得公投」。

第12章

我們幫川普贏了大選

2016 年 8 月～ 2017 年 1 月

　　2016 年夏天的大部分日子裡，劍橋分析都在悄悄為川普的選戰效力。一直到共和黨全國代表大會為止，我們各個辦公室的員工都在忙著施展魔法，但許多人也選擇袖手旁觀，希望他們不像我們所宣傳的一樣那麼擅長說服選民。

　　劍橋分析為川普工作這件事雖然保密了好幾個月，但 2016 年 8 月的那些活動還是把默瑟父女，乃至於整個劍橋分析都推向了川普周圍的鎂光燈。我們整間辦公室每天打開新聞，看到董事會成員和生意夥伴，比如班農、麗貝卡和凱莉安這些人是怎麼控制整場美國總統大選的時候都會被嚇到。不久之前，他們三個都還是邊緣人物，雖然搞亂了保守政治，卻沒有主流到可以跟真正的候選人合作，說到進白宮更是一點機會都沒有。

　　但如今的事態卻再清晰不過了：希拉蕊・柯林頓和唐納・川普是唯一一對競爭者，而現在整座川普世界大廈裡頭都是劍橋分析的人。我認得出來，現在每天的新聞上都是我們公司的經營者，他們不僅是影響著美國，更在影響全世界。

　　但奇怪的是，川普陣營不只是在電視上入侵了劍橋分析；他們也確實直接入侵了我們的辦公室。每當川普大廈（像平常一樣）被抗議者

包圍，或是川普的「小圈子」需要一些隱私，我們第五大道的辦公室就會成為第二競選總部。我們商務團隊現在幾乎用不了會議室，裡頭永遠都是溜出總部的川普團隊。就算有商務會議，這些潛在客戶多半也是默瑟或班農介紹來的。而現在的首席營收長杜克‧佩魯奇（Duke Perrucci），這個顧家又認真工作的業務主管只需要和團隊其他人從頭「哇」到尾，合約就簽好了。整間公司都充滿著嗡嗡作響的能量，雖然讓人一頭霧水，但同時也令人興奮。劍橋分析似乎就要躋身華盛頓和紐約的權貴階層了。

　　至於我，則是整個夏天都為了簽到商務合約，而在美墨之間奔走。不過老實說，墨西哥的數據導向決策（data-driven decision making）仍落後美國至少 10 年。我大部分的時間都是和《財星》雜誌世界 500 強企業（Fortune 500）排行榜上那些全美和全世界最強的知名大公司，好比英博集團（AB InBev）和可口可樂打交道，結果我發現就算是這些最大的廠商，也不太會利用數據分析來接觸消費者。在墨西哥，數據很難買到，蒐集起來也很棘手，這些公司需要一切能夠取得的協助。接洽這些跨國生意讓我滿腔熱血，可以遠離川普陣營和他們在北邊那些大型造勢晚會上的仇恨言論更是讓我開心。

父親患上腦瘤，家人完全沒有辦法理解我的工作

　　我整個夏天都忙得要命，幾乎沒和家人講到話，能談的事情只有接踵而來的帳單，還有我能幫上什麼忙。幸好我人在墨西哥，這裡的生活開銷很便宜；要是住在紐約，我就會拮据到幫不上什麼忙。就算有機會能和父親或母親說到話，也都是聽到讓人沮喪的消息，唯一的例外是我父親終於找到了一份工作。他弄到了一份賣保險的差事，雖然只有佣金收入，至少是聊勝於無。新家也還沒有著落，所以我得繼續付錢給我們放家當的倉庫。

打給我父親的時候，他的聲音聽起來更沒力了。

「還好嗎？」我問。

「還好。」他說。

「工作怎樣？」

他的答案也是「還好」。

他講話還是一樣簡短。我不禁想像，照他這種跟我互動的方式，要怎麼好好跟客戶打交道？

到了9月底，我才發現這跟他的憂鬱症還是工作狀況都沒關係──他根本沒得憂鬱症，也沒去工作。他只是得了絕症而已。他的下脣漸漸下垂，說話變得口齒不清，還會無預警睡著。他好不容易才起身去看醫生。醫生為他安排了磁振造影檢查（MRI），結果一看到報告就嚇得安排他進醫院。掃描發現了兩顆腫瘤，一顆像手掌那麼大，占據了半邊腦子，造成壓迫；另一顆在另外半邊，比10分錢小一點。醫生說兩顆腫瘤都已經有3年，搞不好5年了。我父親那些嗜睡、情緒貧乏，還有天塌下來仍優柔寡斷的奇怪行為終於有了解釋。

從電話裡聽到這個消息時，他已經要手術了，我立刻決定要回去見他；就算他活下來，很可能也不是同一個人了。我寫了一封短信給亞歷山大，以及所有之前緊密合作過的同事，告訴他們我不知道何時才能回來工作，然後就飛回了芝加哥。

醫生只能切掉比較大的那顆腫瘤，因為同時開兩邊腦殼會毀了他的頭骨。至少兩顆腫瘤都是良性的，這讓我多少鬆了口氣，但它們還是造成了傷害。幸運的話，留在我父親腦子裡那顆會維持現在的大小，不過目前還是只能觀察追蹤。手術是侵入式的，結束後不久我父親就醒來了。我和母親、妹妹都一直待在加護病房的等候室，偶爾回戴斯酒店（Days Inn）的房間打盹。酒店位在芝加哥市郊一個我們沒什麼印象的區。

手術恢復期間，我們和父親的關係進入了新的狀態。他完全沒有說話能力，只能無助比著手勢，眼睛盯著我們的臉，期待回應與理

解。等到他好不容易有握筆的力氣，寫在紙上的也都是潦草的鬼畫符。我們把手機拿給他，希望他能戳一些訊息給我們看，可是他連密碼都不記得了。我們打開他的公事包。父親的辦公室以前一直都收著所有重要的工作文件，但現在他的包包裡都是亂七八糟的紙屑，大部分都是帳單，有些早就過期了。

他幾乎不說話，但他的臉上滿溢著憤怒與挫折。他變得暴躁易怒，不讓人接近，醫生說這是手術的後遺症；但護理師警告，要是他再不配合指示，就要把他固定在床上，免得他摔下來，撞傷還在復原的頭部。直到醫療團隊進一步評估為止，他都需要一直待在療養院，接受全天候的照護。幸好他符合低收入戶醫療救助保險（Medicaid）的資格，不然沒有保險的話，這些照護每個月至少要花好幾千塊，我們沒有一個人出得起。

我為什麼不早點要他去看醫生？我為什麼沒想到那些毛病可能是生理，而不是心理問題？因為我都不在家，沒有人在家，過去兩年我都看不到他的症狀愈來愈惡化。我愧疚得不知所措。我想要馬上辭掉劍橋分析的工作，留下來照顧他。可是我母親阻止了我，她看著我，提醒我真正該做的事：我必須回去工作。雖然帳單加起來也才幾百塊，但總得要有人要來付錢。我也沒有別的地方可以馬上賺到下一份薪水。

話說回來，我進劍橋分析工作不就是為了賺錢幫忙我的家人嗎？說得好聽點是我忘了這件事，但實際上是我已經忘記我自己是誰了。

我現在才知道，家人眼中的我已經變得一團亂又毫無方向。我跟妹妹講電話的時候都會避免提太多工作的事，主要是因為我不想聽到她的評價。我變得太徹底了。雖然她還是支持我，但她無法了解，為什麼我能這麼輕易適應和過去生活截然不同的世界。

在家人的認知裡，道德是我決定一切的指南針，只要能在我認同的非營利組織工作，我可以領著低薪，在最爛的區裡住廉價公寓住得很開心。而現在的我已經失去真正的方向，他們已經認不出我。

奇怪的是，當我看著鏡子裡的人，卻覺得這才是真正的自己。

雖然我徹底變成了不一樣的人，但家人仍然是我生命中最重要的事物，所以當父親的診斷報告出來時，我才會那麼震驚。劍橋分析是我們家的大好機會，能讓我們不致分散、飄零，從這輕易就會遺忘我們這種人的社會上消失。

我想投給希拉蕊，但我不敢去投票

2016 年 11 月 8 號，選舉日那天，我人一整天都在紐約辦公室裡。我沒做完多少工作，就像大家一樣。其他人都在聖安東尼奧、華盛頓特區或川普大廈裡，只有我們幾個還留在史克萊柏納大樓的辦公室裡，伸長脖子看著每一面牆上的螢幕，上上下下調著音量。有些人也溜出去投票，在西裝領上黏著「我投票了」的貼紙回來。

最讓我坐立不安的，或許是我沒有去投票。我是伊利諾州人，得飛回老家才能投票。我本來是這麼打算的，所以才沒有去弄不在籍投票，結果現在投不了了。我剛剛才從芝加哥回來，如果要再回去投票，看見我父親一定會承受不住。他變得愈來愈不穩定，因此從恢復室被轉到了精神病院。心智狀況也沒有改善，反而還更加惡化、更暴力了。

這件事確實讓我不想回去，但實際上，我也害怕得不想去投票。我怕如果劍橋分析繼續跟川普或川普集團做生意，他們就會發現我不想被他們知道的事情，他們會發現我想要投給希拉蕊，而不是川普。我會讓自己和公司都惹上麻煩。我很清楚，要弄到選民數據實在太簡單了。

我最害怕的就是被瞄準。

聖安東尼奧那通電話打來的時候是下午 5 點。脫歐公投和其他數據所建立的模型指出川普有 30％的機率勝選。這個消息打亂了我晚

上的計畫。前幾個星期，我想辦法弄到了一張希拉蕊在賈維茨中心（Javits Center）的慶功酒會門票。那張票就在我褲子的後口袋裡。

亞歷山大傳了訊息給我。看起來我得出席川普陣營的酒會了，不是因為他們會贏，而是因為考慮到他的支持率，這才是該做的事。酒會上的大家肯定只會互相安慰和痛罵希拉蕊，但有鑑於這份戰果，此時表明劍橋分析的色彩是很重要的，這可以提醒川普我們的價值。出發前，我和同事喝了幾杯。我們準備前往川普的酒會，繼續痛飲幾杯，然後照亞歷山大答應我們的一樣，趁「場面變得難看以前」逃離會場。

酒會表定在晚上 6 點半開始，要有邀請函才能入場，能拿到請束的都是川普－彭斯陣營的朋友和支持者。亞歷山大到最後一刻才把這封請束丟給我。我戴上牛仔帽，從我們辦公室走了 5 個街區來到希爾頓中城飯店，途中經過一堆提早開始慶祝的人群，這些穿著「希拉蕊當選」和計畫生育聯盟（Planned Parenthood）T 恤的支持者都開心得昏了頭，歡呼著準備迎接「第一位女總統」。

希爾頓酒店的川普慶功宴，極度低調

就算是在美好的夜晚，希爾頓也是個陰沉的地方，不像川普那些鑲金掛銀的飯店一樣華麗。但如果團隊選在川普的飯店舉辦酒會，他們就得交 1 萬美元的罰鍰給聯邦選舉委員會。更重要的是，他們也不想選個太大、太寬敞的場地，不然酒會看起來肯定會冷清得可憐。

希爾頓像堡壘一樣被圍得水洩不通。特勤局（Secret Service）探員像躲在防爆掩體後面一樣，站在垃圾車隊後頭。為了防止發生恐怖攻擊，警察都配備了半自動武器。附近還有個抗議人士在兜售一盒一盒自製的「川普隊長」穀片，他告訴聚在這裡的川普支持者，這些收入不會進川普的口袋，而是會歸紐約的無家者所有。不過他的努力對這

群戴著 MAGA（Make America Great Again，讓美國再次偉大）帽的川普狂熱支持者沒什麼用。

唐納・川普是個迷信的人，既然還有一點勝利的機會，他就不想太張揚地慶祝，免得觸霉頭。走進希爾頓飯店以後，我發現他們正在舉行一場低調得近乎不起眼的慶功宴。宴會廳的空間足以容納 3,000 人，但到場人數卻很少，除了舞臺附近放了一些編織氣球外，整個場地也只有一點點裝飾。舞臺是讓川普發表敗選演說的。我猜那差不多會在午夜的時候舉行，希望在那之前我早就離開了。

這裡看起來像是進行記者會，而不是慶功酒會的場合。記者們在圍欄後面嚼著自備的三明治。附近有個被圈出來的淨空區域是有人特地留給「川普電臺」（Trump TV）的。會場裡連一點食物都沒有。沒有川普牛排，也沒有開胃點心。

但在房間的正中心卻有一個大約兩呎高、川普造型的蛋糕，大頭上頂著亮黃色的頭髮，表情臭得看不出什麼喜氣。聽說這個蛋糕用了幾百磅的杏仁糖膏，而那位包辦這座蛋糕的紐澤西女人，就驕傲地站在它旁邊。

整個房間林立各式各樣高級的手工時裝、廉價的酒會禮服，還有一整片的 MAGA 帽。人們戴著「女人挺川普」、「拉美人挺川普」或是「機車騎士挺川普」之類的標語。高腳桌上很快就堆滿了空的啤酒瓶。至於亞歷山大這些貴賓，都還繼續和川普本人、默瑟父女、凱莉安，加上包括庫許納在內所有川普家的人待在川普大廈。宴會廳裡和吧臺上的，不過是些川普集團的高低階職員、政壇 B 咖和大手筆的捐款人而已。

米羅・雅諾波魯斯（Milo Yiannopoulos）那個愛惹爭議的另類右派，連在陰暗的室內都戴著飛行墨鏡。福斯新聞的主播珍妮・皮羅（Jeanine Pirro）和演員史蒂芬・鮑德溫（Stephen Baldwin）就站在他旁邊。在場的還有名嘴絲蔻蒂・內休斯（Scottie Nell Hughes）、電視及電臺主持人勞拉・英格拉罕（Laura Ingraham）、肌肉發達的《週六夜現場》男星喬・

皮斯科伯（Joe Piscopo）、前副總統候選人裴琳（Sarah Palin），連那個賣枕頭的麥可・林德爾（Michael Lindell）都來了。直播網紅組合鑽石絲綢（Diamond and Silk）正在和《誰是接班人》那個臭名昭彰的奧瑪羅莎・馬尼戈特（Omarosa Manigault）聊天，附近還站著大衛・柯赫（David Koch）、卡爾・伊坎（Carl Icahn）、威爾伯・羅斯（Wilbur Ross）、哈羅德・哈姆（Harold Hamm）和安德魯・比爾（Andrew Beal）那群億萬富翁。愛荷華州眾議員史蒂夫・金恩（Steve King）和小傑瑞・法威爾（Jerry Falwell Jr.）在一旁閒聊。川普的顧問莎拉・赫卡比・桑德斯（Sarah Huckabee Sanders）、魯迪・朱利安尼（Rudy Giuliani）和羅傑・史東（Roger Stone），以及參議員傑夫・塞申斯（Jeff Sessions）則在一旁憂鬱地喝著雞尾酒。

川普拿下最大搖擺州俄亥俄州，
我覺得雞尾酒都變酸了

　　第一波計票結果在晚上 7 點左右出來，毫無驚喜之處。川普拿下印第安納和肯塔基，希拉蕊則拿下佛蒙特。我好想知道滿滿都是希拉蕊支持者的賈維茨中心到底怎麼樣了。我想到再晚一點，慶祝活動就會蔓延到街上，湧入地獄廚房（Hell's Kitchen），沿著空中鐵道公園舉行，時代廣場的人會大口喝酒，中央公園則會放起煙火。

　　但隨著螢幕上秀出全國一個個選區、一個個郡的開票結果出爐，我被嚇呆了。就像我們的數據專家所說的一樣，**搖擺州的票數都利於川普**。我轉向同事，自豪地說我們做得好極了，不過由於周圍太過吵雜，我得用吼的他們才聽得見。周圍的人們一意會到我們是誰，就紛紛和我們擁抱、擊掌。

　　接著，即使有些州才回報了 10% 的選票，媒體就開始播報川普當選的州份。雖然似乎有點太早，但房間的氣氛整個變了。隨著時間

過去，之前每一次預測都被證實出奇準確。

晚上 10 點左右，亞洲股市已因為嗅到一絲川普當選的可能性而暴跌。

10 點半過後，川普的得票終於有了突破。等到他拿下俄亥俄這個 1964 年以來每一任總統都非拿下不可的最大搖擺州，宴會廳就暴動了。我手上的古典雞尾酒味道也變酸了。我去拿了另外一杯。吧臺邊的螢幕上顯示著，川普拿下了佛羅里達。

「默瑟家族」把所有錢都賭在川普身上，現在他們翻本了

亞歷山大打了過來。他正要來見我，默瑟父女也在路上。人們湧向大門，戴著「讓美國再次偉大」帽子的人開始意識到，他們支持的候選人也許真的會入主白宮，於是紛紛激動了起來。我站在大廳的大螢幕下，揮著手讓亞歷山大和公司其他人可以看到我在人群裡。那一刻，我瞄到亞歷山大看起來相當惱怒。

他走向我，給我一個大擁抱，俯身低語道：「我整個晚上都還沒喝！該死，我得來一杯！」我把我的古典雞尾酒遞給他。他用每個人都聽得到的聲音大吼：「今晚是個大日子！麗貝卡！我找到布特妮了！」

很快，鮑伯和麗貝卡就來到了我身邊，兩人都穿著一絲不苟的套裝。我只好裝作很開心。

11 點半，福斯新聞宣布威斯康辛的贏家也是川普。然後到了早上 1 點 35，螢幕上又亮起了紅色。川普贏得了賓州。希拉蕊以為那邊是民主黨的天下，根本沒在那花錢和時間。

我繼續盯著螢幕。1 點 35 分，川普贏得了 264 張選舉人票。2 點 03 分，走上賈維茨中心舞臺的不是希拉蕊，而是約翰·波德斯塔

（John Podesta）。「有幾個州還難分勝負，」他說，「此外，我們沒什麼好說的了。」接著他就慌忙離開了舞臺。

早上 2 點 10 分，螢幕上的字幕寫著「《華盛頓郵報》宣布川普當選」。不過，麗貝卡和鮑伯似乎都沒注意到。我拍拍麗貝卡肩膀，指著螢幕。鮑伯也轉過身。

麗貝卡轉頭看著她父親的眼睛。他們的表情一開始是驚喜。接著，兩人眼中流過一抹心照不宣的默契：他們的本都壓在黑色 13 號上，現在他們翻本了。

第 **13** 章

川普數位選戰的機密內幕

2016 年 11 月～ 12 月

　　我記得接下來的日子就像是打了一通長達好幾個月的電話，不過實際上當然是進進出出打了好幾百通。川普當選過後，我們終於可以宣傳自己在選戰中的角色了，而且每個人都想要我們加入他們的陣營。

　　亞歷山大接觸多年的迦納總統希望我們能在即將到來的選舉中替他工作。聯合利華、米高梅、賓士這些國內外的大企業執行長也想要我們協助商業宣傳。幾乎各大州的政客和競選經理都想要我們。我們業務部必須把每通電話的時間限制在 15 分鐘內，而且內容僅限於這些最基本的問題：您是哪位？您需要什麼？您有多少預算？以及您的時程表如何？謝謝您的來電。除此之外都會浪費時間。

　　我非常興奮，因為我們公司贏了總統大選。

　　但我也非常心痛，因為我們幫川普贏了選舉。

　　我的工作從早上 7 點開始，有時會一路作到晚上 11 點，幾乎沒時間睡覺，吃得很差，喝得太多，然後一起床又是同樣的行程。

　　世界完蛋了，但劍橋分析的生命才正要開始。

　　客戶想知道我們是如何辦到的，但在告訴他們之前，我們得先自己搞清楚。我們這些不在公司核心的人，對具體細節其實一無所知。

而那些細節會是業務人員出去銷售時的彈藥。

當然，我知道我們的業務人員實力如何，但我從沒看過任何數據、研究、數據蒐集或模型；沒有人執行過任何宣傳活動，也沒有任何測試和指標的內容、結果或結論，這些討論進行時我都不在場。也沒有人轉發郵件，或是寄副本給我。這是因為聯邦選舉委員會的防火牆條款規定，不只幫超級政治行動委員會工作的人不得與競選團隊協調合作，團隊或委員會外的人也同樣無法這麼做。

劍橋分析按照這個原則進行了密集的訓練和制定了嚴格的保密協議，因此我了解這道防火牆比以往更加重要。我知道大部分同事，包括那些技術精湛的專業人士，都有注意到這種切割。不過其他公司怎樣我就不太確定了。

「阿拉莫計畫」曝光，
「劍橋分析」竟然放棄使用自己的資料庫

12 月 8 日，公司裡的每一個人，包括紐約、倫敦和華盛頓所有劍橋分析及 SCL 公司的廣告人員、數據科學家、業務人員、研究人員和經理在內，大約 120 個人都在大選日過後一個月的這天，來到第五大道的查爾斯・史克萊柏納大樓觀看視訊簡報。這間時髦的會議室裡，有張鋪著美國國旗的會議桌，桌前坐的是現任的商務業務長羅勃・莫特斐德（Robert Murtfeld），他是我在人權運動裡認識的朋友，2015 年被我介紹進來；此外還有首席營收長佩魯奇、新加入的商業發展總監克里斯提安・莫拉托（Christian Morato），以及另外一群人。

防火牆終於要撤掉了。從選舉以來，我們一直等待著這一刻。

第一天是介紹川普團隊。馬特・奧茲科夫斯基和莫莉・施威科特向我們介紹細節。他們能為川普做的事情，和他們之前為克魯茲所作的不盡相同。克魯茲只當了一任參議員，一開始的支持率和知名度都

跟以前的歐巴馬一樣奇低無比，而川普不但有名又擅長惹麻煩，他的競選策略需要特別訂製。而且由於川普的媒體曝光率本來就很高，他們必須制定擁有廣泛基礎的草根計畫，才能打造一臺專門對付希拉蕊的大型數位機器。

相較於希拉蕊陣營，他們的效率高得嚇人，戰術之精簡也值得自豪。希拉蕊在布魯克林的總部十分龐大，而劍橋分析在 2016 年 6 月加入時，整個川普團隊僅有 30 個人，卻比對手擁有更好、更全面的策略。

川普陣營在聖安東尼奧有一間量身訂製的作戰中心，在他們的數位行動總監布萊德‧帕斯卡爾（Brad Parscale）指揮下，所有團隊都在此合作。由於選舉委員會的防火牆法規，除了廣告團隊因為既算是川普的超級政治行動委員會「美國得第一」（Make America Number One），也算是川普陣營的人，而必須留在紐約、華盛頓和倫敦辦公室之外，其他數位宣傳都在同一座屋簷下進行。莫莉和一組數據科學家擁有一大間配備工作站電腦的房間，能用電視牆和大型互動螢幕監控媒體。

劍橋分析團隊到達後，建立資料庫就成為了一個至關重要的需求。因為布萊德並未自行建模過，首要之務就是建立功能強大的資料庫。他們在 6 月啟動並執行了這個名為「阿拉莫計畫」（Project Alamo）的資料庫，並從 7 月開始投放廣告，這樣他們就有好幾個月的時間來應付 11 月的選舉。

布萊德可以使用共和黨全國數據信託（RNC Data Trust），這是共和黨全國委員會彙整 40 年來選民紀錄的巨大資料庫；然而他並不知道該怎麼使用這些數據，也沒有讓改變成真的設備和一致的戰略。所有共和黨候選人，以及和候選人簽約的公關公司，都有使用這個資料庫的權限。但該資料庫並沒有附說明書，需要大量專家才能妥善利用其內容。

因此，視訊簡報上的這些人想知道，劍橋分析還可以從哪些資料庫著手？

馬特說他們用了全國數據信託來打造阿拉莫計畫。劍橋分析團隊當然想過要使用自己的資料庫,但負責數位行動的帕斯卡爾團隊則傾向使用全國數據信託。由於馬特、莫莉和其他劍橋分析團隊的成員並非在場最高階的負責人,他們不覺得有辦法駁回帕斯卡爾的意見。

這個說法很有趣,但我不禁感到困惑。資料庫一直是我們公司的主要賣點,裡頭有著 2015 年來數百萬臉書用戶的數據,以及我們過去操作各種大小選舉時獲准保留的數據。然而馬特告訴我們,出於某種原因,川普陣營不想使用我們的資料庫。

前往聖安東尼奧的幾個月前,馬特一直吹噓劍橋分析有哪些數據可以派得上用場。他特別強調之前為全國步槍協會和全國射擊運動基金會(National Shooting Sports Foundation, NSSF)宣傳時的數據有多少價值。馬特是這 3 個專案的管理者,並在大選之前同時負責川普和射擊基金會的宣傳,能夠同時利用這些數據集(data set)。他甚至宣稱自己還擁有史考特·沃克競選威斯康辛州長時的數據。除此之外,他也提及劍橋分析擁有的數據和模型從 2014 年以來,是如何幫助美國的選舉宣傳變得更精準;當然,其中最重要的還是泰德·克魯茲和班·卡森的選情。

然而現在,他卻說對方不會使用這些數據,而是打算以共和黨的數據為起點。但選戰都到了這個時候,如果他們只有那麼一點東西,為什麼不使用我們公司的資料庫?我無法理解他們的邏輯,但馬特先前戲謔的態度卻有了 180 度的轉變。我試著暫時忽略這件事專心聽下去。

他繼續說道,對方會從共和黨全國數據信託開始,再加上其他的數據集來建立資料庫。不過他沒說其他數據是哪邊來的。2016 年,馬特就一直和一間叫「BridgeTree」的公司交涉,因為他們也宣稱握有龐大的臉書和領英(LinkedIn)數據集。12 月 8 號早上,也就是這場檢討報告的隔天,泰勒博士寫了封郵件給佩魯奇,確認劍橋分析是否握有來自 BridgeTree 的眾多社群媒體數據集。不過奇怪的是,其中有

個數據集和他原本應該在 1 年前刪掉的柯根數據集，格式完全相同，裡頭是代表 3,000 萬人的 570 個資料點。他們兩人不知用了什麼招數，竟成功將劍橋分析的資料庫和阿拉莫計畫增強到能夠進行下一階段的程度；團隊終於可以進行比布萊德更協調、更徹底的研究，以便開始建模計畫。

數位選戰計畫一：用「捐款傾向」建模，募 2,400 萬美金支持後續工作

　　劍橋分析團隊以 Survey Monkey 等工具，在 16 個搖擺州進行電話和網路問卷調查，遠多過希拉蕊團隊調查的 9 個州。接著團隊將人們分割成兩大派：川普方和希拉蕊方，然後再進一步區隔這兩類人。川普方內的第一群是「核心川普選民」，他們會願意當志工、捐錢以及參加造勢大會。「投票動員對象」所針對的是有投票意願但可能忘記的人；劍橋分析會將對他們最重要，也最受他們關切的議題投放給這些人，這樣他們就一定會去投票。至於「輕度川普支持者」，劍橋分析只會把剩餘的錢用在他們身上。

　　至於希拉蕊方，也有「核心希拉蕊選民」。接著是「勸阻」，只要能夠說服他們，這些希拉蕊支持者就可能會放棄投票。所謂「勸阻」，就是選民壓制（voter suppression）（編注：藉由阻止特定人群投票來影響選舉結果的策略）的委婉說法，端看你的立場。「美國得第一」最重視的就是這群人，因為該組織的存在意義就是「打倒萬惡希拉蕊」（Defeat Crooked Hillary）。

　　在人權界工作的那段時間，我發現政府和強人都利用壓制社會運動、自由思想和選民投票率等策略來鞏固權力，有時甚至不惜使用暴力。這就是為什麼選民壓制這種策略，在美國是非法的。我不知道川普陣營是怎麼界定負面選戰和選民壓制的。一般來說，兩者的界線十

分明確，但在數位時代，要追蹤人們做了什麼並不容易。現在的政府已經不需要派軍警到街上阻止抗議了，只要花錢，就可以用人民手中的小螢幕來改變大眾的心意。

　　整個團隊夜以繼日地工作，希望能盡快啟動阿拉莫計畫，才能讓川普陣營的策略發揮效果。他們從其他供應商手中買了更多社交媒體數據，盡可能提升資料庫的威力。他們一直刻意模糊這些數據集的來源，我只希望能相信，他們至少是從正派管道弄來的。等到所有數據終於就緒，建模才終於開始。心理圖像建模太花時間，因此莫莉要數據專家著重預測支持者的行為，比如用「捐款傾向」來建模。有了這個，川普陣營計畫中的數位戰略終於得以實施。第一個月，團隊就在網路上募得了 2,400 百萬美金，而且一直到大選日為止，每個月的募款都持續湧入。

數位選戰計畫二：執行「精準鎖定」，投放超過 5,000 種不同廣告

　　而在第二個計畫裡，劍橋分析打算用這些模型來對搖擺州內的可說服選民進行「精準鎖定」。聖安東尼奧的團隊擁有大量的工具和協助。據說他們和矽谷的其他關鍵科技公司，還有其他數據掮客都有著「共生關係」。[1]

　　劍橋分析團隊的資料庫還解析了各州、郡、城市、社區乃至於個人所重視的議題。他們可以藉這些資訊規畫川普的巡迴路線、造勢重點，以及要對大眾傳遞什麼訊息。他們也會每天繪製「熱點圖」（heat map），以明暗色塊來標示特定受眾的分布，再傳給川普大廈競選總部的首席研究員勞拉・希爾格（Laura Hilger）。她會根據這些來決定川普巡迴計畫的優先順序。

　　熱點圖上的資訊包括他需要拜訪的地區裡有多少選民能被說服、

宣傳中主要的發聲對象有誰，以及在造勢大會和媒體上，最應該提及的議題有哪些。造勢過後，團隊會做出「說服力評估」（persuasion measurements）和「品牌提升調查」（brand lift studies），分析人們對整場演說或某些段落的反應如何。接著這部分的資訊會被交給廣告部門，將這段成功的演說做成廣告。

這些廣告以及投放方式，不但發揮了資料庫中資訊真正的價值，也實現了「精準鎖定」技術：劍橋分析的數據科學家可以區分最為相似的兩個人，並與廣告團隊合作，針對每一個特定族群製作不同類型的廣告。同一個概念有時能做出成千上百個版本的廣告，每個版本都創造了獨特的體驗，為了每一個人而扭曲現實。川普陣營的預算有一半都用在數位作戰上，所有廣告都非常精準，多數的大眾並沒有機會接收到鄰人所看到的訊息。劍橋分析團隊投放了超過 5,000 種不同的廣告，每個廣告都經過 1 萬次反覆修改。

有人取笑馬特：「這就是為什麼我們幾百年沒有你的消息的原因嗎？」

沒錯。

而且劍橋分析團隊非常成功。整體而言，這些宣傳平均讓川普的支持率提高了 3%。考慮到他在某些州只是勉強險勝，這點成長幅度在普選中可說是幫了大忙。劍橋分析團隊的投票動員讓不在籍投票的數量多了 2%。這算是贏了很多，因為很多申請不在籍投票的選民，以前根本不曾將選票填好寄回。

使用特殊儀表板，24 小時監看社群媒體績效

劍橋分析這間公司的厲害之處，不只是強大的資料庫，他們的數據科學家和建立優秀模型的能力也都是一絕。莫莉帶領的數據專家團隊，在聖安東尼奧用她寫的儀表板程式「虹吸管」（Siphon）來進行

兩件主要任務，一是提取專家建立的數據和受眾檔案，二是在各種「流量庫存來源」上出價購買廣告空間和時段；這些資源包括了Google、《紐約時報》、亞馬遜、推特、潘朵拉網路廣播電臺（Pando-ra）、YouTube、Politico 新聞網還有福斯新聞。團隊能用「虹吸管」來即時追蹤廣告的效果。

莫莉可以在聖安東尼奧，和其他正好在看同一個儀表板的人（可能是川普大廈的庫許納、班農或川普本人）一起或各自作業，根據某份數位「宣傳」在某個平臺上的播送效益來進行決策。這個儀表板上可以直接看到目前每次點閱、瀏覽增長等變化的成本，還能根據廣告績效調整支出策略。和大眾的認知相反，川普團隊的策略核心並不是他那些亂七八糟的推文，或是在電視和造勢大會上亂開地圖砲。每一個細節都會在第一時間被記錄下來，只要調整的時機一到，就會修改廣告來吸引更多人、保持內容的新鮮感、對這數百萬選民維持影響力。

劍橋分析的每一次宣傳中都包含了成千上萬獨立的廣告宣傳；換句話說，他們可以分別針對不同州、地區甚至社區裡數百萬經過區隔的選民，連續投放一系列的內容，而且這些內容全都可以根據廣告績效即時調整。考慮到這些，劍橋分析在川普選戰中所監控和處理的範圍之廣，實在令人嘆為觀止。這種宣傳一次就能花掉超過 100 萬美金，卻也能帶來 5,500 萬次曝光。而數據專家和策略師也會進行測試，像是比較控制組廣告和精確投放廣告所花的錢，觀察廣告觀看者對川普支持度的成長率、投給他的意願的成長率等各種指標，評估宣傳是否成功將曝光度轉換成選票。

除了莫莉的儀表板之外，團隊也利用「綜合分析」（Synthesio）和「深紅六角」（Crimson Hexagon）等「情緒分析平臺」（sentiment analysis platforms）中的數據來評估包括川普本人發文在內，所有宣傳推文的正負面效果。[2] 好比說，如果宣傳團隊推出了一部希拉蕊罵川普支持者「可悲」的影片，他們會花錢投放該影片的各種版本，即時觀察每個版本的績效，了解觀看者的數量、他們是否按了暫停、是否有看完整

部影片、是否有點擊影片連結了解更多？是否和他人分享內容？他們看完的感覺如何？

如果宣傳的反應不如預期，宣傳團隊就會調整廣告的聲音、色彩或是口號，看看是不是有所改善。最後，如果影片終於開始風行，他們就會再投入更多錢，讓它在網路上廣為流傳，吸收新一波支持者和捐款。

有了「虹吸管」的儀表板，每封郵件的成本、按流量類型區分的成本、每支廣告每次曝光的成本，乃至點閱率，所有宣傳支出的成效在莫莉、川普心腹以及宣傳團隊的其他人眼中都一覽無遺，而且分秒不差。他們也可以針對不同投放系統調整廣告。如果有哪支廣告的效果不敷成本，團隊也可以將它撤回，拿到其他平臺上播放，或是直接換成別支廣告。反正每週 7 天、每天 24 小時都有人盯著儀表板。

將中間選民「轉換」成支持者，
不同性別、種族、背景的人有不同的「價碼」

劍橋分析團隊也研究過要如何將特定平臺上的觀眾「轉換」成支持者。在網路上，每次轉換平均需要 5 ～ 7 次的曝光；這個意思是，如果有觀眾看了一支廣告 5 ～ 7 次，他就很有可能點擊我們希望他們收看的內容。這可以協助讓團隊判斷，一支廣告該朝他們鎖定的族群投放多久，以及該花多少錢在上面。莫莉等人也都可以在虹吸管上看到這些東西。

虹吸管儀表板和作戰中心的大螢幕還列出了 16 種勝選組合，也就是最有可能贏得 270 張選舉人票的州份組合，並且每 7 天進行一次調查以計算最新變化。隨著大選日接近，這個間隔縮短到了 3 天一次。

將視訊會議上這一切綜合起來的成果，最好的例子就是喬治亞

州。該州有 441,300 名可說服選民。其中 76% 是白人，絕大多數是女性，她們最關注的議題是國家債務、工資、教育和稅收。他們對「美墨長城」一點興趣也沒有，所以不管是寫講稿還是講綱，都最好完全避開有關移民的修辭。熱點圖上也顯示了可說服選民所集中的地方，因此當天的宣傳活動就不會到訪格威納特（Gwinnett）、富爾頓（Fulton）或科布（Cobb）等民主黨的地盤。而可說服選民又可區分為女性、非裔、拉美裔等等。這些都是能見度較低的可說服選民，因此針對他們的投放只會涉及特定的主題，而忽略其他議題；也因為這些選民的資訊來自不同平臺，宣傳也要透過不同的管道，比如以女性網站或是地方新聞來觸及他們。團隊會事先計算一個地方需要多少成本，才能獲得預期的曝光率。就喬治亞州的可說服選民來說，大概需要 900 萬次曝光才能轉換成支持者。

拿小一點的分眾來舉例，在喬治亞州，觸及拉美裔最好的管道就是潘朵拉網路廣播電台。團隊需要在這 3 萬名想要收聽求職、稅務和教育相關內容的拉美裔身上投入 3 萬 5 千美金，才能達成轉換此族群所需的 140 萬次曝光。

挑撥種族仇恨，用一支影片拉走希拉蕊的非裔選民

另一個例子是被歸類為可說服選民的 10 萬名非裔。團隊選擇在兩個平臺上對他們投放兩組宣傳廣告。一組是圖片加文宣的瀏覽器廣告。另一組是在他們花最多時間的資訊來源上投放影片。轉換這個族群得花 5 萬 5 千美金，才能達成所需的超過 100 萬次曝光。

川普陣營針對非裔的宣傳中最可怕是一支名為《希拉蕊談凶惡野獸》（*Hillary Superpredators*）的影片——這支廣告用 1996 年她還是第一夫人時的演講畫面，達成了絕佳的宣傳效果，成功將非裔轉換成川普的選民。在影片裡，希拉蕊說：「這些小孩不只是街頭幫派，他們根

#阿拉莫計畫 #數位操縱 #壓制希拉蕊選民 #下體模型

本就是凶惡的野獸。他們根本沒有良心，也沒有同情心。當然，我們可以討論他們怎麼會變成這樣，但首先我們得先馴服這些野獸才行。」這些是她 20 年前替丈夫競選時，在演講中所發表的評論，當時她仍贊同這個對年輕黑人的普遍迷思。雖然她已經為這些言論道歉，劍橋分析團隊仍繼續用這些素材來對付她。

而我直到坐在會議室裡，和全公司一起看簡報影片的時候，才第一次看到這個廣告，整個人都嚇傻了。我根本不知道希拉蕊講過這些——我為歐巴馬工作的時候沒有看過這些畫面，因為當時我們被指示不要做負面宣傳。更重要的是，這些言論很明顯完全是斷章取義，讓希拉蕊看起來是在挑撥種族仇恨，這樣川普陣營就可以勸少數族群放棄投給希拉蕊。

不過更糟的還在後頭。

以「下體模型」提高支持度，
成功挽救川普歧視女性的發言

2005 年那卷從《前進好萊塢》（*Access Hollywood*）流出，錄下川普是如何暢談自己的特權和他對女性的輕視，還有怎麼違反女人意願伸出狼爪的錄音帶引起軒然大波後，劍橋分析的數據專家馬上就拿了一組關鍵搖擺州的可說服選民來建模測試。他們把這個叫做「下體模型」，用來評估大眾對該卷錄音帶的反應。而他們跑出來的結果非常驚人。在這些「可說服選民」裡，錄音帶竟然引發了有利的反應，讓川普的支持度提高了——這些人大多是男性，但也有一部分女性。

我感到很噁心，希望能趕快把這件事逐出腦海。

而這些模型的結果和宣傳團隊的投票動員結果，卻驚人地相符。川普的選戰造就了一種極其成功的技術。候選人剛發表完演說，劍橋分析團隊就能夠完成大量的「說服力評估」或「品牌提升調查」，然

後將反應比較好的演講片段剪成廣告。團隊還會對目標選民進行曝光後調查，也就是在目標觀眾看完廣告後進行問卷調查；他們發現在14萬7千名線上觀眾裡，川普的支持率能夠達到11.3％，還有8.3％的人投給川普的意願會提升；除此之外，同一群人對影片中的議題，搜尋次數也增加了18.1％。

講到這裡，線上簡報的主持人又再次向我們重申臉書、Snapchat、Google、推特以及其他網路平臺對整個團隊的價值。像是臉書推出的新功能，就可以讓團隊在一支廣告中放進好幾支影片。單單一支這樣的廣告，就讓投給川普的意願提升了3.9％，同時讓投給希拉蕊的意願降低了4.9％。

降低投票意願……

我幾乎都要聽見自己的心跳聲了。

砸大錢做網路「原生廣告」，
將「偏頗資訊」偽裝成中立客觀的「新聞報導」

簡報主持人強調，看似自然的原生廣告（Native advertising）非常昂貴，但收益也非常可觀。只要付得起錢，網路媒體就可以將廣告內容放上他們的網站，所有的字型、用色、排版設計，看起來都和他們自己的內容如出一轍。讀者很容易就會把這些內容當成新聞，甚至連最審慎的讀者，都會誤以為這些負面內容真的是在報導希拉蕊的陰謀。比如說，川普陣營就付錢給Politico刊登有關柯林頓基金會貪汙腐敗的內容，而Politico的廣告團隊則負責把這些素材編排得像是自己生產的新聞內容一樣。讀者會把這些文章當成新聞，而且平均會花上4分鐘來看這些資訊。這可是前所未聞的互動率。現代世界才沒有人會花4分鐘來看廣告。這已經達到了全新的境界。

隨著大選日愈來愈近，團隊也拿出了其他法寶。由於共和黨全國

委員會和各搖擺州的州務卿有過協議，劍橋分析團隊可以即時取得包括不在籍和提前投票在內的投票結果。有了這些資訊，他們就能隨時更新目標清單，決定要把剩下的預算花在哪些選民身上。這樣做的效益簡直難以想像，因為他們可以在最後一刻投入大筆資金。

一般人都聽說川普和他的團隊很排斥數據和數據。這我不太確定，但聽說他連電腦都不用。但就算他本人真的是這樣，我們公司的報告也強調，數據和數據導向決策才是川普陣營打贏選戰的根本原因。無論他相不相信數據的價值，他身邊的人都不僅清楚數據的重要性，更知道如何利用數據。在劍橋分析為他工作的這幾個月裡，數據、指標、評估、細心打造的訊息等東西，都展現出重大的影響和效率。川普陣營在僱用劍橋分析以前還遠遠落後，但到了選舉日當天，就已經不只是臺強大的政治機器（political machine），更成為了獲勝的一方。劍橋分析動用了所有科技，配合社群媒體新發明的各種置入技術，對希拉蕊·柯林頓發動了一場規模空前的社群網戰。

「劍橋分析」製造恐懼，
誘導神經質選民相信「票投希拉蕊，美國就毀滅」

可是，這場戰役所對付的不只是希拉蕊，更是對付美國的人民。選民壓制和兜售恐懼就在我眼前，被收錄進了選舉教戰手冊裡頭。這個念頭讓我一陣噁心。劍橋分析怎麼能用這麼惡毒的招數？我怎麼會沒發現？又還有什麼東西正在這世界上、在我的國家裡發生，我卻一無所知的？

看完那份視訊檢討報告的隔天，我們才知道「美國得第一」打的是什麼算盤，而且他們的成功以及恐怖，也絕不下於川普。馬特、莫莉和數據專家團隊人在聖安東尼奧時，艾蜜莉·康乃爾和她在華盛頓的團隊也在大衛·博西（David Bossie）指揮下，為「美國得第一」進行

另一場宣傳戰。眾所皆知，博西就是那個讓政治行動委員會多出「超級」兩個字的人。2010 年，他領導的保守派團體「聯合公民」（Citizens United）成功讓最高法院在惡名昭彰的《聯合公民訴聯邦選舉委員會》（Citizens United v. the Federal Election Commission）一案中，徹底解除了對選舉支出的限制。

這場報告應該是由艾蜜莉負責，不過首先，首席心理學家大衛・庫姆斯（David Coombs）博士上鏡解釋，為何這個替「美國得第一」工作的團隊不需要太多心理圖像就可以執行「精準鎖定」。這讓在場的人都十分驚訝。畢竟，心理圖像可以說是劍橋分析的招牌，但政治行動團隊（華府團隊的代稱）卻開始解釋，為什麼他們沒有大量使用這個技術。庫姆斯博士表示，他們還是有用到心理圖像，而且成效很好。他的團隊在選舉初期做了兩次心理圖像建模，其中第二次相當成功。團隊以電子郵件將訊息投放給了 30 萬人，這些人的 OCEAN 測試多數都顯現出「高度神經質」的特質。團隊根據這些人所關注的議題將他們區隔成 20 組，設計了不同主旨的郵件寄給他們。

其中一組主旨看起來很「嚇人」。第二組讓人感到「安慰」。第三組的主旨則是「既嚇人又安慰」。而當作控制組的第四和第五組則使用普通的郵件主旨。以測試哪一種主旨最能讓神經質的人點開郵件。

「既嚇人又安慰」的組合很失敗。普通主旨的結果一片凌亂，看不出什麼規律。「安慰」的主旨幾乎沒用。而「嚇人」的訊息則是最成功的一組。這些郵件被打開的機率比控制組高出了 20％。

庫姆斯博士的結論是：「面對一群情緒不穩定的人，投放嚇人的訊息將會得到好很多的結果。」

接著他提供一些嚇人主旨的範例。包括「票投希拉蕊，美國就毀滅」，還有「希拉蕊毀美國」。簡報現場許多人都發出了緊張的笑聲。但我笑不出來。

最後，政治行動團隊的副領導人說這個結果讓他很興奮。這對川

普 2018 年的宣傳和準備 2020 年大選都會很有用。

惡意扭曲蜜雪兒‧歐巴馬言論，
塑造女人鬥女人的假象

艾蜜莉繼續說，8～11月間，他們團隊達成了 2 億 1,100 萬次曝光，讓 150 萬名使用者前往他們的兩個網站，實際的影片觀看次數則多達 2,500 萬次。這些有著像是《家族貪腐事業》（Corruption Is a Family Business）等標題的影片，都成了臉書上最成功的廣告。她放了一部名為《她連自己家都管不好》（Can't Run Her Own House）的影片給我們看。雖然當天稍早我已經被《希拉蕊談凶惡野獸》嚇過一次，但這部影片又跌破了我的下限。

這部影片是 2007 年歐巴馬首次競選總統，在初選中對上希拉蕊時，蜜雪兒‧歐巴馬的演講。在原本的演講中，蜜雪兒談到歐巴馬即使忙於選戰，依然很重視家庭和女兒的活動。她說：「如果你連自己家都管不好，你一定也管不好白宮。」毫不意外地，這段話很快被斷章取義來洗希拉蕊的臉。雖然很快有人找出完整的演講錄影揭露真相，但許多媒體仍不為所動，繼續用這段錯誤的新聞來讓觀眾相信她是在洗希拉蕊的臉。[3]

在劍橋分析的數位團隊努力下，蜜雪兒 2007 年這段被人惡意扭曲的言論又再度浮上檯面，只不過他們是用來幫助川普。川普團隊以同樣的斷章取義手法，讓蜜雪兒看起來像是在耍賤招，拿希拉蕊老公出軌的事情來批評她。而且川普團隊這次的重新包裝再利用還用上了性別歧視當武器，讓這段影片廣泛流傳，造成民主黨惡鬥、女人為難女人的假象，而這一切都只是政治操作的鬧劇而已。

這部廣告的統計指標讓人更加不安。團隊發現，很多中間偏左的女性都比較傾向保守派。劍橋分析發現對她們來說，傳統價值比討厭

唐納‧川普更重要，而這支影片成功降低了她們投給希拉蕊的可能性。

就跟我在 3 月出席保守政治行動大會的記者會時，凱莉安獲得熱烈掌聲的預言一樣，第二天醒來，希拉蕊就成了她們家中第二受歡迎的人了。

那天在劍橋分析和 SCL 公司坐落世界各地的會議室裡，我和同事們才首次一起看見，我們是怎麼把川普送進白宮的。雖然驚嘆聲此起彼落，但其中也夾雜著許多不舒服的笑聲。

這兩個團隊的成果在技術上確實精采，但在這兩天裡，我所看到的仍是過去所知的黑暗政治，仍是那些訴諸原始本能、製造恐懼、操弄和離間人心的手段，以及我對這一切有多無知。

在我看不見的地方，有可怕的東西正在孳生。這些可怕的東西攻擊、挾持了我們國家體制的中樞神經，改變了它的思想、行為和功能。即使我父親腦內長的是良性腫瘤，還是造成了永久傷害。而這種科技，當它還留在 PowerPoint 簡報上的時候，看起來是那麼無害。但我現在知道，就是它毀了我們。

那一刻，我希望我可以回到過去，改變一大堆決定。我竟然加入了這片負面宣傳的風暴，幫忙鼓動人與人之間歧見和憎恨的烈火，燒掉了整個國家。而我還傻坐在那，讓一切在我的眼皮下發生，像個白痴一樣。我差點就承受不了這個事實了。那一刻，我質問著我的良心：這些看似平凡的事情，怎麼會變得如此陰暗？

我想逃跑，手卻無法動彈。想到父親的病情，我就覺得不能丟掉這份工作。我沒有其他工作可以做了。這一年的我非常成功。我上班的公司也正要飛黃騰達。很快就會有更多生意進來了。我現在怎麼走得掉？

我身上套了一件約束衣（straitjacket）。

就跟我父親一樣。

於是，我穿著約束衣繼續工作下去。我接下來的行事曆如下：總

#阿拉莫計畫 #數位操縱 #壓制希拉蕊選民 #下體模型

統就職典禮的兩天前，劍橋分析會在華盛頓開一間新的辦公室。我們需要一個總部來準備接下來的參議員、州長選戰和公民立法（ballot initiative），當然還有 2018 年的期中選舉。新的辦公室也有利於為 2020 年提早卡位。這間辦公室不大，但位置就在連接白宮和國會山莊的賓州大道上，極具戰略意義。

「默瑟家族」證明了投入資金，就能操弄民主

19 號那天，我去了辦公室開幕的雞尾酒會，不過行事曆上又說我和惠特蘭提前離開，去了一場法拉吉跟班克斯在亞當斯甘草酒店（Hay-Adams Hotel）頂樓舉辦的派對。要再次看到他們感覺很怪，但他們跟川普和班農是朋友，這代表劍橋分析也得出席才行；幸好喝夠香檳以後，這場派對不但變得沒那麼難受，而且老實說還滿開心的。法拉吉送了一本班克斯的超級暢銷新書《脫歐壞男孩》（*The Bad Boys of Brexit*）給我，上頭已經簽好了名，還寫著：「2016 這年改變了一切！謝謝妳的參與。」我拿著書和他拍了一張照，一面感到有點驕傲，一面也把這件事加進了腦子裡的那堆笑話裡頭。

我有一組川普就職期間那晚拍的照片，裡頭的我穿著極其惱人：在那晚由布萊巴特新聞網贊助的「可悲舞會」（DeploraBall）上，我戴著一頂全國步槍協會的帽子，穿著亮紅色的洋裝，唇膏也是亮紅色的。第二天晚上，我在黑色禮服外穿了一件鼠絨外套，脖子上還掛了好幾串珍珠。

有照片和行事曆為證，我無法忘記那幾天。就職日當天，我的行事曆上寫著，我人正在 W 飯店參加一場 Politico 所舉辦的派對。上面寫說出席的有福布斯（Forbes）家族，還有我朋友切斯特，以及 2014 年我第一次和亞歷山大吃午餐時碰到的那個中亞男人。我身邊顯然還有一些劍橋分析的同事，以及一位瑞典公主。當天很冷又下著雨。我

盯著陽臺外頭，看著下面的就職典禮。從稀疏的人群中，我認出右前方的正是亞歷山大、麗貝卡和班農，他們的臉簡直是在閃閃發光。我依稀記得自己從大銀幕上看了宣誓儀式還有隆重的典禮排場。剩下的部分則是一片模糊。

全世界到處都是我過去兩年生活留下的鬼魂和幽靈；凱莉安戴著她的紅帽子，穿著藍色軍裝外套走來走去；替 Leave.EU 做民調的蓋瑞・岡斯特也不時停下來跟我打招呼。那天晚上，我跟亞歷山大、切斯特還有麗貝卡一起在四季酒店用餐。接著，我和亞歷山大又去了一間酒吧還開著的賭場等飛機。把身上的東西都拿去賭真的太爽了。這跟我之前的生活也差不多：把所有錢放在一個瘋狂的希望上，想著要大贏一把。

我對那晚的記憶已經愈來愈模糊了。至少大部分的記憶都是這樣。我先在傳統協會（Heritage Society）的舞會喝到茫茫然，接著再前往就職典禮後川普和福布斯所辦的舞會，和川普還有福布斯家的人一起跳舞，舞會上還有一群不太尋常的保守派捐款人，這些人對於被貼上川普支持者的標籤還有點尷尬，都會保持低調，避開正式的就職舞會。

雖然那晚的記憶很朦朧，但有個畫面在我腦海裡還是跟水晶一樣清楚。我記得麗貝卡・默瑟這個美國最厲害的賭徒打扮得漂漂亮亮，穿著綠色的長禮服，頂著一頭閃亮的薑紅色的頭髮。她看向我，像是條從海面上看見凡人的美人魚一樣。她和我們一起翩翩旋轉到早上兩點半，一起慶祝辛苦贏來的勝利，陶醉在川普當上總統的這一天之中。

默瑟父女在今晚大肆炫耀他們的成就。就許多方面來說，他們都承襲了柯赫兄弟（Koch brothers）這對老奸巨猾的億萬富翁，但柯赫兄弟只不過是創造了草根網絡和 i360 這間基礎的數據公司，而默瑟父女的成就更偉大，或許也更讓人不安：他們打造這場勝利所仰仗的，是從先進的電腦科學出發的新思維，遠比共和黨所提供的任何資源都

#阿拉莫計畫 #數位操縱 #壓制希拉蕊選民 #下體模型

還要先進。鮑伯和麗貝卡現在代表了美國政治中一股全新的勢力：一群有足夠的錢，以可測量、可證明的方式運用資金，確保支出能獲得某種投資回報的富有捐款人。他們創造了一種無情、有效率的政治工具，而對所有民主國家來說最可怕的是，它的規模還能夠應需求調整。

第 14 章

英國政府開始疑心

2017 年 1 月～ 6 月

如果說川普選戰檢討會上所知道的東西讓我留下了創傷，那麼 2017 年初緊接而來的事簡直就是震撼彈。

瑞士的《*Das Magazin*》雜誌上刊登了一篇關於劍橋分析的文章，並且快速在德國和瑞士竄紅。這篇文章某種程度上讓人想到《衛報》從臉書上所撤下的那些 2015 年以來的內容，裡頭也提到了一個很像是柯根博士的角色。後來《Vice》雜誌將本文翻成英文，讓它又再紅了一次。[1]

這個角色叫做米肖爾・寇辛斯基（Michal Kosinski）他出身劍橋大學的心理計量中心，目前是史丹佛的教授。在文章裡，他宣稱自己創造了劍橋分析在川普選戰中所利用的心理圖像測驗，並暗示柯根博士非法盜取了這項技術給劍橋分析使用。更糟的是，寇辛斯基口中的這項科技，是種可畏的大規模毀滅性武器。

寇辛斯基的說法是，2008 年還是博士候選人的他，從波蘭來到心理計量中心，並使用了「我的性格」（My Personality）這個臉書 app，將數百萬臉書用戶建立成第一個精準模型。根據他的說法，該程式由他的同事大衛・史帝威爾（David Stillwell）開發。他宣稱自己在 2012 年證實了，這些模型只需要從每一名臉書用戶手中蒐集 68 個

「讚」，就可以預測非常具體的資訊。根據這篇文章，他可以用這一些「讚」來預測膚色、性取向、政黨認同、藥物和酒精使用，乃至於一個人的父母是否有離過婚。「只要 70 個『讚』就可以比朋友更了解他，150 個讚就能夠贏過父母，而有了 300 個讚，就連伴侶都比不上。如果有更多『讚』，甚至能夠比當事人更了解他們自己。」

寇辛斯基的故事和柯根博士的說法大不相同。柯根在 2014 年拜訪寇辛斯基並不是為了學術，而是帶著商業目的；他是代表 SCL 公司，希望能使用寇辛斯基的資料庫。寇辛斯基說他拒絕了，因為他懷疑柯根所提出的要求不是很正派，而現在證明這份懷疑果然是對的；柯根可能是用了什麼非法的伎倆來取得寇辛斯基的數據集，並將他的研究用來影響選情和壓制投票率，將英美兩國推向極右派。

柯根後來用「惡魔博士阿列桑德」（Dr. Aleksandr Spectre）這個像是從某部爛片裡借來的假名躲在新加坡過日子。不過正好，007 裡的惡魔黨是個犯罪組織，而劍橋分析也剛在這個毫不設防的世界上，投下一顆原子彈。

「劍橋分析並未使用臉書數據」，亞歷山大根本在睜眼說瞎話

就像當年一樣，劍橋分析又一次想試著把這篇文章給洗掉。亞歷山大和泰勒博士看起來很平靜。不過，這個米肖爾·寇辛斯基到底是誰？他們兩個都沒聽過他，這讓我覺得很怪，因為這人聲稱自己是心理圖像和「行為精準鎖定」技術的教父，但顯然劍橋分析已經取得了兩項研究的產權。

劍橋分析公司發表了一篇聲明回應：「劍橋分析並未使用臉書的數據」。這句話同樣令人想起當年的聲明。裡面還說道，劍橋分析和米肖爾·寇辛斯基博士沒有任何關係。劍橋分析「不會外包研究」，

我們是這麼說的，「我們的技術並未使用相同的方法論。」公司還進一步表示，我們在川普的選戰中幾乎沒有用到心理圖像技術，也沒有從事任何壓制投票的行為。新聞稿上說，我們所做的「都只是為了增加選民人數而已」。

他們像之前一樣告訴我，要把寇辛斯基想成像是柯根一樣的人：他是個問題人物、騙子、想要以劍橋分析「成就」居功的無關路人。或許他做過類似的研究，所以想拿川普勝選這個公關機會來增加他博士論文的能見度。我被要求告訴客戶，劍橋分析和這個人完全無關，無須多做其他解釋。

但我感覺有什麼不對勁。在我聽來，所有劍橋分析的聲明中，「幾乎沒有」使用心理圖像這點是最嚴重的扭曲，因為我們明明就在選戰裡做過測試。另一個問題則是選民壓制。畢竟，川普的超級政治行動委員會所散發的那些駭人訊息，包括《她連自己家都管不好》和《希拉蕊談凶惡野獸》等影片都可以說是在壓制選民。後者還特別針對喬治亞鄉村這種脆弱地區的非裔選民，而後來發現邁阿密的小海地也成了目標。劍橋分析所作的一切都是為了「增加」選民，這種說法根本是狗屁。我可是親眼在公司的檢討簡報上看到證據。再怎麼說，他們可是瞄準了需要「勸阻」的族群。

另外，寇辛斯基不是還宣稱，劍橋分析擁有武器等級的數據嗎？這讓我不得安寧。

我得想想自己可以做些什麼。我要麼得想辦法留在公司，按照我原本進 SCL 公司的打算，為大眾利益使用這些數據；要麼我就該快點抽身。

在一番交戰過後，我默默選擇了前者，重新聯絡之前社會和人權運動圈的人脈。我比過去更清楚，劍橋分析可以利用大數據來協助外交官解決衝突地區的危機。我想出了一些利用人工智慧、語言辨識和情緒分析的方式，可以用來處理大量的戰爭罪行證詞，找出其中的模式。心理圖像建模雖然利用來對付美國人，造成在我看來是場災難的

結果，但或許也可以在亟需之處推動政權更替。我和莫特斐德找了國際刑事法院檢察官法圖・本索達（Fatou Bensouda），以及美國戰爭罪行巡迴大使史蒂芬・芮普（Stephen Rapp）一起探索其中的可能性。

拜訪「維基解密」亞桑傑，他竟堅定支持川普？

我試著躲進過去跟約翰・瓊斯相處的那些甘苦交雜回憶，希望可以從過世快一年的他那裡找到一些建議。或許就是因為這樣，我在2017年2月中絲毫沒有猶豫，就接受了拜訪維基解密（WikiLeaks）創辦人朱利安・亞桑傑的機會。亞桑傑是約翰最後幾名客戶之一，2017年他已經持續困在倫敦的厄瓜多大使館，接受了5年半的政治庇護。約翰經常騎著腳踏車去找他，而且進去的時候都不上鎖；他總是開玩笑說大使館附近的安全人員多得要命，是倫敦少見可以隨便把東西擺著，不用擔心被偷的地方。他每次講完這些，就會說我應該找天跟他一起去拜訪亞桑傑，他能接觸的人太少了。約翰過世之後，我本來覺得我再也不會過去的了。

因此，我收到這份令人垂涎的邀請時，我並沒有發現，去找亞桑傑的這個決定會有多可疑；我的決定是出於直覺，還有一些個人信念。當我知道他複雜的出身背景時，我就覺得他和當代其他揭弊的吹哨者一樣，對他充滿了敬意。高中研究越南戰爭史的時候，我一聽說洩漏《五角大廈文件》（*Pentagon Papers*）的丹尼爾・艾斯伯格（Daniel Ellsberg），就對他十分尊敬。因此，我也覺得亞桑傑選擇洩漏美軍在伊拉克涉及戰爭罪行，是一件英勇的功業——我之前也提過，我關於戰爭罪行的法學碩士論文，就是用維基解密所轉存的資料當作第一手素材。而在2011年，各大信用卡公司禁止了對維基解密的捐款，因此他們改為接受比特幣捐款，當時我也捐了幾百塊，感謝他們對我研究的幫助。

儘管非常質疑維基解密選擇在選舉期間公開希拉蕊信件的原因，我一開始還是覺得，他們一定有這麼做的好理由。但他們並未披露什麼爆炸性的東西，反而像是只打算影響選民的看法。我想要知道他們這麼做真正的原因。有將近兩年的時間，我參加的每一場會議、大家開玩笑在辦公隔間內側貼的，還有我在川普演說拿到的別針上，到處都是反希拉蕊的訊息，搞得我自己也開始被說服了。我對於手機上、會議上和同事電腦螢幕上的「精準鎖定」內容已經漸漸麻木。至於亞桑傑，我心中的他和雀兒喜・曼寧（Chelsea Manning）一樣是個吹哨者，同樣因為相信透明政府的理想而遭受迫害。

　　邀我去見亞桑傑的是一個朋友的朋友，他在一場生日派對上告訴我，亞桑傑正在為約翰哀悼，既然我也是這樣，兩個人碰個面也許情緒上會好一點。某種程度上，我也覺得和他碰面，可以認識另一個同樣關心約翰遺留事業的人。而且哪怕只有一會，我也可以重新打開人權運動界的門；自從約翰死後，我似乎就被鎖在門外了。

　　我沒有告訴別人我要去找他，但我也沒有天真到會忘記，光是走進大使館就足以讓我登上監視名單的一角。不過，我還是覺得這是一趟私人拜訪，不關別人的事。

　　我們在一間空無一物，只有幾把白色椅子和一張桌子的房間聊了20分鐘。我先被帶到房間裡等他；等待的同時，我滿腦子都想著待會要跟他說的每一件事。我要怎麼對他的勇敢表達謝意呢？

　　他走下樓梯進入房間的那一刻，我的心跳停了。看到他變成了一個悲慘的囚犯，我的心底冒出一股悲哀。他蒼白得好像會透光一樣，白色的頭髮和皮膚看起來跟照片一樣，鬍子剃得乾乾淨淨，只不過身上少了生命的色彩。他已經有6年沒曬到陽光了。

　　他需要有個起碼算是友善的聆聽者和觀眾。這20分鐘裡，幾乎都是他在說話。我們簡單聊了一下約翰，還有我們對他的思念，但整段會面裡，幾乎都是他在罵人，我們其實沒怎麼說到話。他滔滔談論著歐盟，還有《跨大西洋貿易與投資夥伴協議》（*Transatlantic Trade and*

Investment Partnership）的優缺點。

亞桑傑說，他曾經對歐巴馬寄予厚望，後來卻大失所望；他身邊的人盡做些差勁的決定，像是使用更多無人機，還有在外國採取導致平民傷亡的行動。至於希拉蕊，他完全沒有任何好感；班加西的悲劇原本是可以避免的。我同意他對這件事的看法，因為我也有同事在那天死亡：當時我人在利比亞，正準備和約翰・史蒂文斯（John Christopher Stevens）大使還有他的團隊合作；結果史蒂文斯和其中3個人死在了那天的攻擊裡，我回想起2012年9月11號那天，我飛回華盛頓，看見所有旗竿都降了半旗，接著剩下的行程從前往國務院發表簡報，改成了參加追思會。

亞桑傑對班加西的看法並不讓我意外，另我驚訝的是他對川普的看法：他堅持手上沒沾過鮮血的川普才是正確的候選人，希拉蕊不配。

儘管從川普對酷刑的看法、對移民的立場，還有他那道美墨長城這些施政方向看來，川普政府的雙手應該不會乾淨太久（如果真的乾淨過的話），但在跟亞桑傑見面的時候，聽見他說了川普好話，還是讓我鬆了口氣。他說，比較有可能引發戰爭和傷亡的那人落選了，現在回想起來，這些話讓我像是在無助中抓到了浮木，給了我些許奇怪的肯定。我的國家要被川普領導讓我很不舒服，但我最希望的還是防止戰爭爆發。雖然只有一會兒，但亞桑傑的話安慰了我，說我可能做了真正道德的選擇，讓世界繼續維持和平。或許新總統的作為會和他選舉時的調性有所不同。我也只能等時間來證明了。

「劍橋分析」大舉擴編，
亞歷山大積極布局政界、軍方人脈

無論寇辛斯基在《Das Magazin》和《Vice》上對劍橋分析的攻訐

造成了什麼影響，都不算太嚴重。打從川普宣布成為下一任美國總統開始，我們的業務就蒸蒸日上。

亞歷山大和麗貝卡利用這個時機重組了公司，順便重整了公司品牌。劍橋分析既然成了整個企業能見度最高的部分，就順勢整併了 SCL 公司。他們兩個又在劍橋分析麾下創立了新的分公司「SCL Gov」（政府戰略溝通實驗室）。這支緊密團隊的成員全都擁有美國政府的高級安全許可，而且為了明確界定業務內容，他們在阿靈頓（Arlington）設了全新的辦公駐點，位置就在五角大廈的附近，以便專心爭取政府和軍方的合約。

SCL Gov 公司僱用了兩名經驗豐富的專家來經營新的分公司，指派資歷驚人的喬許・韋拉辛格（Josh Weerasingh）擔任執行長。他的經歷包括在巴格達擔任美國國防部的情報總監、眾議院國安委員會的政策副總監，以及眾議院國安委員會核生化攻擊防範小組參謀長。另一名克里斯・戴利（Chris Dailey）則是 SCL Gov 的首席數據科學家。他有海軍背景，曾參與過艦隊層級的戰斧巡弋飛彈行動和大數據分析。要從聯邦機構手中贏得合約，這兩人簡直是最完美的人選。

同時，選戰期間負責超級政治行動委員會「美國得第一」的艾蜜莉・康乃爾則接管了「劍橋政治分析公司」（CA Political）；諷刺的是，她的辦公室就在離白宮不遠的賓州大道 1900 號，與墨西哥大使館只有一牆之隔。艾蜜莉會和國會議員共商未來法案，為參議員、州長選舉和 2018 年眾議員期中選舉的合約做準備，並替我們在 2020 年川普的連任之路上卡位。

為了加快擴展全球的腳步，亞歷山大和麗貝卡也找了世界各地的新投資人，為公司帶來大量的金流，讓 SCL Gov 能夠打入阿拉伯聯合大公國和香港等新的國家市場。亞歷山大招待了許多富豪，一旦這些人加入投資，人在英國的惠特蘭就會從負責建檔，將他們列入公司的董事會中。

川普的內閣任命，其實是麗貝卡在背後操作？

　　正當麗貝卡跟亞歷山大在白宮附近為公司的快速擴展打拚時，我們和新政府的關係也正在別處增強。新聞關注的都是川普政府所任命的內閣成員有多不稱職，但這些記者卻沒有注意到，麗貝卡也在紐約辦公室操作著我們精緻、有效、隱密的人資機器。她和她的團隊負責為內閣職務物色人選及商談合約，查爾斯·史克萊柏納大樓正好能為那些不希望被看見進出白宮或川普大廈的人提供掩護。那陣子，我常常從辦公桌上看到一群壯得像牛的帶槍保鏢走進來檢查辦公室，接著才看見瑞克·桑托榮（Rick Santorum）這種來求助的人，或是克里斯·克里斯蒂（Chris Christie）這種因為遭受怠慢而忿忿不平的人，抱怨自己都公開向川普輸誠了卻沒有得到應得的任命。

　　而我當時只想逃離美國，特別是去墨西哥繼續之前向政商兩界客戶爭取商業合約的工作。我可以簽到好幾份墨西哥州長選舉的合約，而且他們的總統大選也快到了。亞歷山大也關注過這個市場，我希望可以說服他，等我 2017 年 1 月出差回來，就去墨西哥城設立一間真正的辦公室。

　　但我沒有成功。亞歷山大要我去倫敦，他說等「SCL Commercial」（商業戰略溝通實驗室）和「SCL Political」（政治戰略溝通實驗室）創立後，會碰到人手不足的問題，我過去可以幫忙簽下很多合約。「SCL Global」（全球戰略溝通實驗室）來了一個新的總經理，叫做馬克·滕博爾（Mark Turnbull），我將會在他下面工作——不過我原本以為，要是我有其他打算的話，亞歷山大會考慮幫我升官的。

　　滕伯爾不像亞歷山大那麼優雅，作風更大剌剌，人也比較老，很明顯是來自另一個社會階級。不過我滿喜歡他的。他幹選舉這行有好幾十年了，伊拉克在薩達姆·海珊（Saddam Hussein）垮臺後的第一次民主選舉中也有他的影子，而且對於國防行動，還有軍中和政黨選舉中的傳播指揮，他都知之甚詳。雖然我有點記恨沒被升官的事，但我

也很期待跟著滕伯爾工作還有向他學習。而且回到倫敦至少代表我可以逃離美國的烏煙瘴氣。我也有空繼續跟提姆聯絡——我們還在交往。換句話說，我選擇了去看事情的光明面。雖然我每天晚上都會夢到墨西哥，有時候也會過去那邊訓練亞歷山大僱的新人，讓他們不需要我就可以管理合約，可是看起來倫敦還是可以權做安身之所。

亞歷山大與親俄勢力早有往來，
「劍橋分析」與俄羅斯的關係，讓我寒毛直豎

　　川普上任後那忙碌的幾個禮拜裡，劍橋分析內部愈來愈常提起俄國。儘管在川普有機會入主橢圓辦公室之前，新聞就已經在關注俄國了，但我們公司基本上並沒有理會過早期的報導。在劍橋分析的辦公室裡，不難聽到有人罵這些報導是假新聞；我想某種程度上是因為，劍橋分析員工覺得俄國這些事，要麼是有人接受不了希拉蕊大敗所捏造的，要麼跟我們相比根本微不足道。我們相信，幫助川普當上總統的是劍橋分析，而不是某個外國政府，而這些對俄國的關注，則是在中傷我們努力協助建立的新政府。

　　當然，情報機構非常關切俄國對選舉施加的影響，所以這些「假新聞」很快就變得難以忽視了。川普上任後的幾個禮拜，川普國安顧問麥可・佛林（Michael Flynn）的種種行動，顯然替川普和俄國的關係引來更加仔細的檢視。佛林曾在總統交接期間，聯絡過俄羅斯駐美大使謝爾蓋・季瑟雅克（Sergey Kislyak），為的是討論歐巴馬因應俄國介入 2016 年大選而實施的制裁。最後他被揭發曾在這件事上面對聯邦調查局說謊。而川普的競選總幹事保羅・曼納福特不只和烏克蘭的政商寡頭有關係，也可能跟俄國之間有所往來，這導致了他在同年 8 月被史蒂夫・班農取而代之。很快，川普就批准了佛林的辭呈，而他離職所激起的漣漪，比任何人所預見的都還要大。

2017 年 2 月中，就在佛林卸任國安顧問後不久，我們在倫敦新牛津街上找到了一間更大的新辦公室。亞歷山大那天不在，而我正在清理他辦公室的東西。結果我在他放所謂「法西斯文獻」，也就是 2014 年面試時他開玩笑指給我看的的書櫃上，瞄到了一本書。這本書就夾在安・庫爾特和奈傑爾・法拉吉的書中間，作者正是麥可・佛林。我不知道佛林出過書。這本書 2016 年才出，離現在還沒多久，書名叫《戰場：我們該如何贏得對抗激進伊斯蘭與其盟友的全球戰爭》（*Field of Fight: How We Can Win the Global War Against Radical Islam and Its Al- lies*，中文書名暫譯）。

由於前幾天才在頭條看到佛林的名字，我把書拿了起來。我本來只想迅速翻閱一下，但我在扉頁就停了下來，上面是佛林的筆跡，寫著一大段明顯是專為亞歷山大寫的題詞，解釋了他們剛完成的事情有多重要。最下面一段大而潦草的字跡吸引了我的眼睛：

咱們一起讓美國再次偉大了！

等等。

咱們？佛林是什麼意思？他和亞歷山大或劍橋分析的合作，是不是比我想得更密切？就我所知，他曾向 SCL 公司諮詢過，亞歷山大曾恭喜過他被任命國安顧問（畢竟這顯然代表通往政府和軍方合約的快車道），也曾為他被解職表示難過。佛林最近被開除，加上這一段題詞，讓我後頸寒毛直豎。我不想要被人看到我在讀這本書，所以我打算拍下這頁，不過我後來又改變了主意。這麼做會讓我看起來很可疑。驚愕令我沒有心情細讀內容，於是我把書放回架上，盡快離開了房間。

還有多少是我不知道的？亞歷山大藏了多少東西？我又選擇忽略了多少東西？

結果事實證明，相當多。

亞歷山大要我說謊：「劍橋分析沒有和 Leave.EU 合作」

2 月底，惠特蘭和亞歷山大把我叫去辦公室。資訊委員辦公室（Information Commissioner's Office, ICO）對劍橋分析在脫歐中的角色發起了刑事調查。這是英國負責管理資訊和數據處理的部門。在 Leave.EU 提出的選舉經費報告中，他們並沒有提到為劍橋分析的服務支付了多少錢。但英國法律要求這些必須清楚報告，因此辦公室想知道，劍橋分析實際上到底參與了什麼。

就我看來，劍橋分析和 Leave.EU 的合作關係非常清楚。我曾與艾隆・班克斯還有他亂七八糟的團隊開過很多次會。在班克斯的允許和馬修・理查森（英國獨立黨的祕書，不知道為什麼他做的事跟我們的法律顧問沒兩樣）的同意下，我從獨立黨手中拿到了成員數據和問卷回答，我們的數據科學家則用這些進行建模，以便進行精準的受眾區隔。雖然我不曾將研究的實際結果交給 Leave.EU，我還是向他們的管理團隊報告過大綱，也在電視牆上呈現過。後來我又和倫敦的團隊工作了一天。我和一名高階數據科學家大衛・威金森博士前往布里斯托，與獨立黨的宣傳人員（也就是艾爾頓保險的員工）會面，並簡述我們的研究，開始檢視我們的作戰方針。這就是我們和 Leave.EU 做的第一階段，而就我所知，艾隆・班克斯在這之後，既沒有付錢給劍橋分析，也沒有繼續和我們合作。

亞歷山大和惠特蘭向我解釋，問題是這樣的：我們和公司的人，都公開談論過這份工作的內容。亞歷山大曾要求一名內部人員對外發布相關新聞稿，新聞稿的內容都上過媒體，Leave.EU 也在網站上公開過我們的合作關係，而且這個資訊現在仍留在網路上。班克斯甚至還在他最近出版的《脫歐壞男孩》裡提到我們的合作關係。而且，我也在彭博社（Bloomberg）、美通社（PR Newswire）以及其他新聞媒體的訪問上談過這些。

亞歷山大認為，這一切都是我們太過熱心了。我們和 Leave.EU

　#選舉委員會調查　#提交報告　#說謊

之前對合作的可能性太興奮，結果就衝過頭了。那些新聞曾經幫了我們一把，現在我們要還債了。

「不過還好，」亞歷山大補充，「我們其實沒做什麼。」

什麼？我心想。「可是我們有做事啊，」我說，「我們有做事，只是沒拿錢而已。」

亞歷山大說：「呃，我們沒拿到錢是因為這份工作被高估了，而妳在投標階段就花了太多時間跟金錢。」我轉向惠特蘭：「但你有把請款單寄給他們，而且名目是我們的工作。」他甚至提出如果 Leave. EU 想要的話，錢可以先交給第三方代管，可是班克斯從來沒給錢。

我又看向亞歷山大，說：「我們有做事。」

「沒有，」亞歷山大說，「我們沒把數據給他們。」

「我們有口頭報告。」我說。我們跟他們分享過了，我們用口頭傳達過了。

「可是我們沒把數據的本體給他們」，亞歷山大說：「我們根本沒做多少事，我們沒有改變世界，或是改變任何東西。」

惠特蘭補充道：「技術上來說，事情都不是我們做的，因為我們沒簽約，研究結果也沒用。」

我說：「明明就有用。」我們提供的受眾區隔結果，展現出對獨立黨數據的驚人洞見，再怎麼說我都沒有理由認為，我們口頭報告中所提供的受眾族群，以及在對公投如此重要的時間內，一連合作 3 天後所給的諸多建議，Leave.EU 連一點都沒有採納。

「但我們真的什麼都沒給他們，」亞歷山大堅持：「他們也許拿了，但我們沒給。」

我覺得我快瘋了。他們為什麼站在 Leave.EU 那邊？他們為什麼想掩蓋這一切？會因為違反選舉支出規定受罰的是我們啊。

「資訊委員辦公室給了我們一份調查表」，他們告訴我，表格的格式是 Google 文件。他們要我負責填表。然後他們會「喬」一下，確保我的答案沒問題。

他們要我說謊。

「法律沒規定不能說謊，」亞歷山大說：「而且，我們做的只是修改描述而已。」

老人家都這樣講：我們沒犯罪，我們只是把事情藏起來了。但我很清楚，要是把我們曾為 Leave.EU 工作過的事實藏起來，不管那些事情有多小，都只會讓事情更大條。

我想要說出真相。所以，我在表上說出了所有的經歷，不過也聽從了亞歷山大和惠特蘭的指示，我說我們曾和 Leave.EU 保持聯繫，希望能拿到更大的合約，只是沒有成功。至少這算是實情。

這些推諉之詞讓我覺得很不舒服，但我也不想失業，所以沒告訴任何人。但他們為什麼堅持要我修改描述呢？這背後有什麼我，甚至亞歷山大也動不了的東西。是不是跟班農，還有他跟班克斯、法拉吉的關係有關？但我也只能猜而已。而資訊委員辦公室的調查也已經認定，「沒有證據指出劍橋分析和 Leave.EU 的合作關係已超過了初始階段。」[2]

「劍橋分析」說詞反覆，英國選舉委員會介入調查

幾天過後的星期六，一個名叫卡蘿・卡德瓦拉德（Carole Cadwalladr）的調查記者，在《衛報》上刊登了一篇文章，聲稱她對劍橋分析、Leave.EU 和羅伯特・默瑟之間的關聯做了長期、深入的研究。《Das Magazin》那篇宣稱劍橋分析盜取用戶數據，無道德地將數據打造成武器的文章，對我們只造成了一點困擾，但卡德瓦拉德緊接而來的這篇，卻是一記重擊。

卡德瓦拉德的文章大致上聚焦在選舉支出的議題上，包括取代 Leave.EU 成為脫歐代名詞的 Vote Leave，可能也涉嫌違法。但她特別關注劍橋分析和 Leave.EU。

不幸的是，Leave.EU 發言人威格摩爾接受了卡德瓦拉德的採訪，並談到了一段聽起來更邪惡的關係：2016 年 6 月，公投之前不久，他曾說 Leave.EU 沒有僱用過劍橋分析，但他現在的說法卻徹底變了。大家都在猜為什麼。法拉吉、默瑟父女和威格摩爾現在都說，他們擁有「共同目標」。默瑟父女在美國想做的事，就跟法拉吉在英國想做的事一樣，而將劍橋分析介紹給法拉吉的正是威格摩爾。威格摩爾說：「他們很樂意幫忙，因為法拉吉跟默瑟父女很熟。」他還說，劍橋分析跟 Leave.EU「分享了很多資訊」。

　　亞歷山大在回應這篇文章的聲明中說：「我們正與資訊委員辦公室保持聯絡，並且樂意證明，劍橋分析完全遵從英國和歐盟的數據相關法令。」

　　但這說法並未讓所有人滿意。脫歐公投是英國史上最重要的一場投票，因此國會現在要求劍橋分析好好解釋，為什麼這場公投的上上下下都沾滿了某個美國富豪的指紋。

　　我也高興不起來。卡德瓦拉德在她的文章裡提到了我，她認為我在公司裡的權力地位，遠比我實際所擁有的還要高。這篇文章讓我又再次突然成為了劍橋分析和脫歐的門面──而我一點都不希望變成這樣。

　　「你負責英國，我會拿下美國」，亞歷山大在要求我代他出席 Leave.EU 的脫歐公投記者會時這麼對我說，那時候的氣氛還跟老朋友吃完午餐分帳單的時候一樣。我本來就打算同意付自己那一份，但如果仔細看一下結果，卻像是我得替整頓飯買單了。卡德瓦拉德甚至沒在文章裡提到亞歷山大的名字，還把他那篇聲明說成只是「公司發言人」的手筆。

　　到了 4 月，整件事還沒完全結束，而選舉委員會也宣布將要徹底調查脫歐公投期間的選舉支出。Vote Leave 也會被檢查，但真正的重點是一張 4 萬 1,500 英鎊的請款單，也就是艾隆・班克斯仍然沒有為我們所做的（或者照亞歷山大的說法，是沒做的）研究，付給劍橋分析的

那筆酬勞。

亞歷山大寄了一封可疑的郵件給我們的國際公關長尼克·費維特（Nick Fievet）、通訊長基蘭（Kieran）、朱利安·惠特蘭，還有我。獨立黨祕書長理查森也收到了副本。這封信的主旨是「選舉委員會調查」。

「致諸君，」亞歷山大這麼開頭，然後再次解釋了我們現在面臨的棘手狀況：調查案讓我們陷入了困境，現在的問題已經不像資訊委員辦公室的調查表那麼簡單了。但是，我們還是沒有承包過 Leave.EU 的工作，所以我們不用擔心任何事。然而，目前外面有很多關於我們的新聞表示我們的確有為 Leave.EU 工作過，其中有一些還是公司內部發出去的。他指的是他要哈里斯·麥克勞德（Harris McCloud）發的那篇新聞稿：

最近，劍橋分析加入了 Leave.EU 的陣容，這是國內最大的脫歐倡議團體，我們將協助他們更加了解英國選民，以及和選民溝通。我們已經協助 Leave.EU 加強了社群媒體宣傳，在網路上將對的訊息傳遞給對的選民，該團隊臉書粉絲頁的支持者數量，也以大約每天 3,000 人的速度增加。而且我們才剛起步而已！

他還再度引用了我在 2015 年 11 月的公共座談會後，接受美通社訪問時的說詞。「她表示該公司的團隊裡有全職派駐英國的數據科學家和分析師團隊，能夠投放最精準的訊息。」

接著，亞歷山大再次提到了說謊的事。他覺得我們應該「建立自己的故事」以「減少信用損失」。我們需要主張的「事實」有三：（一）我們之前是和 Leave.EU 討論合作的可能性。（二）在討論進行的同時，我們同意在「我們真的會開始合作」的前提下，和他們共享舞臺及發布新聞稿。（三）結束合作不是我們提出的。

他想知道如果說我們有點「好高騖遠」或「我們的公關部門從執

行團隊那收到了有關計畫進度的錯誤資訊」，是否能夠帶動風向。他還要求每個人都給一些回饋，不過考慮他前面說的東西，我不覺得他是真的想聽。

接著他又補充了一段附注，想知道我們能否不要把為 Leave.EU 做的事情看成送禮，而是當成「善意」。我很確定政治界沒有「善意」這種東西。

「劍橋分析」壓不住輿論，我淪為代罪羔羊、遭人唾棄

同時，《衛報》的卡德瓦拉德仍在努力想找出背後的陰謀。她變得更加關注我。她很篤定某處還藏著一把冒煙的凶槍，而且誤信我就是扣下扳機的人。

5 月初，她直接寫了信給我（我想不通她之前為什麼不直接聯絡我，但我想是因為她終於猜中我的信箱地址，決定碰碰運氣）。她的信件主旨是「新聞調查」。我們之前沒碰過面，所以她先自我介紹——好像從她開始摧毀我的生活後，我還有可能沒聽過她一樣。「Leave.EU 現在說劍橋分析不曾在公投宣傳期間為他們工作。我想給妳一個機會來解釋，為什麼 2015 年 11 月 18 日的時候，妳還會出現在座談會上。」

我快氣死了。

也就是說，威格摩爾或班克斯（或是他們兩個）現在都否認，劍橋分析曾經替他們工作。奈傑爾・法拉吉可能也有份。因為每個人都否認，問題就來了。我很氣亞歷山大和惠特蘭之前堅持要在給資訊委員辦公室的回應中迴避細節。我把卡德瓦拉德的信轉給了公關部門的尼克。

「請讀一下這個然後給我建議。」我問得很直白，因為我知道這一切本來都可以避免的。

但尼克沒跟我說什麼有用的東西。結果，卡德瓦拉德因為沒收到

我的回信，就開始跟一個曾經為《村聲》（*Village Voice*）寫文章，名字叫做安·馬羅（Ann Marlowe）的美國自由記者合作，因為她當時也開始調查劍橋分析在大西洋彼端的美國大選裡，扮演了什麼角色。2016年8月，馬羅為《便箋》（*Tablet*）雜誌做了一份調查報導，她用釣魚手法發現，SCL公司和曼納福特的烏克蘭生意合約之間，存在某種關聯。不過，她（對一名和烏克蘭有關係的SCL公司前股東）的調查可以說是雷聲大雨點小。[3] 唯一的結論是，世人應該「更加關注這些蒐集美國選民數據的公司，背後的擁有者是誰」。

現在她們兩人開始以推文往返，在140個字母間不斷非難我、譴責我散播不實資訊。亞歷山大什麼忙都沒幫。我求他去找間公關公司解決這個狀況，但他不願意。身為一個拿規畫訊息戰略當吃飯本領的人，他對找人替他做這件事，簡直吝嗇到令人髮指，連在這種最需要的時候也不願意。他太驕傲了，相信可以靠自己的無盡魅力解決任何可能的公關問題。結果他把這個給搞砸了。訊息大師最終也控制不住自己的訊息。

我非常不開心，覺得自己被背叛了。現在連我的英國朋友也不願正眼看我，有人根本直接唾棄我。我有時覺得自己簡直跟賤民沒兩樣。

除了唯一一個自由派朋友，英格蘭根本是個破爛地方

亞歷山大帶我回英國處理國際商業事務，但我們跟潛在客戶開會常常令人不太愉快。比如說，有一次我們跟一家國際菸草公司開會。他們非常想讓癮君子注意到並改用電子菸這種新產品，不過他們要怎麼合法地（或是不受法律管制地）推銷是一大挑戰。比如說美國，在很多平臺上香菸廣告都是非法的。因此他們公司想要我們找出權宜手段，可以策略性掩飾廣告的目的，讓潛在消費者前往他們網站，點擊

滑鼠下單購買這些害處不及菸草或尼古丁的東西。

就在我被要求對給資訊委員辦公室的回應做些策略性編輯後不久，我也在 LinkeIn 上收到一個叫保羅·希爾德（Paul Hilder）的人傳來的訊息。保羅有著非常吸晴的簡歷。他是一名作家、政治組織者和社會企業家，相信大數據能讓草根運動更有力。雖然出生於英國，但他的 2016 年幾乎都在幫伯尼·桑德斯（Bernie Sanders）競選。而且他找到我的來源非常奇特，是一支我臨時客串演出，被劍橋分析同事傳上網路的影片。

那支影片的來歷也很奇怪：我們有個數據工程師在 YouTube 上開了影音頻道記錄自己一年 365 天的生活，包括在劍橋分析裡面的工作。他有一支影片是在公司派對上拍的，當時是 2015 年的夏天，地點在倫敦一座賽狗場。那支影片後來名聲變得有點糟糕，因為有個同事向亞歷山大敬酒，說他「有辦法把船錨賣給溺水的人」，這句算不上恭維的話後來變得比公司還要長命。不過引起保羅注意的是別的影片。

那支影片，是我們公司正在忙泰德·克魯茲的選戰時拍的，那天下午有個克魯茲團隊的人高喊：「誰會贏得這場選舉？」只有我喊了伯尼·桑德斯的名字。

保羅就是這麼找到我的。

他可能搜尋了 SCL 公司，因為就跟很多人一樣，他也想弄懂英國和美國到底發生了什麼，找出前進的道路。他一直在提倡左派應該用社群媒體來進行組織，並創立了一個叫做「群眾政治行動委員會」（Crowdpac）的草根組織，以抗衡那些超級政治行動委員會。他也參與全球起動（Avaaz）的創立，這是最廣受議題運動使用的連署平臺。我之前也很關注並敬仰這個組織。除此之外，伊拉克戰爭時期他是英國和平黨（Peace Party）的競選主委；他也參選過工黨的祕書長，並在2016 年呼籲成立一個全新的英格蘭工黨（English Labour Party）。

我不太確定保羅想從我這得到什麼。我在墨西哥交接合約的時候

和他通了電話。當時我正把工作計畫交給亞歷山大指派的兩個人，卻發現他們都還沒準備好。一個人叫蘿拉·希爾格（Laura Hilger），她第一份與選舉有關的經歷是在川普大廈工作。至於在墨西哥的鄉下實地從事政治是什麼樣子，她完全沒概念。另一個人叫做克里斯提安·莫拉托（Christian Morato），他說自己會講西班牙語但其實不行，而且選舉經歷比蘿拉還少。但他以前待過綠扁帽（編注：美國陸軍特種部隊的綽號），所以亞歷山大對他很有好感。

而我要把之前弄了一年的東西交接給他們的。一份是墨西哥州以及其他三州的州長選舉合約，另一份則是有可能和 Cultura Colectiva 簽下的工作，他們是西語世界最大的媒體公司。我跟他們公司來往了很久，我的計畫是讓劍橋分析跟他們合作，用西班牙語進行 OCEAN 調查，並據此製作內容。

能在墨西哥跟保羅講這通電話讓我喘了口氣，因為我完全不信任蘿拉和克里斯提安處理工作的能力，而且這幾個月劍橋分析裡的事也讓我變得忿忿不平。我不知道保羅要什麼，不過我很喜歡這個人。他感覺很聰明風趣，後來我們決定等我回倫敦就碰個面。

我們第一頓午餐的餐廳離倫敦辦公室只有幾分鐘路程，我這才知道他想要的東西很多。其中之一是知道劍橋分析的祕訣。他想知道的理由，有部分是為了幫《前景》（Prospect）雜誌寫一篇關於大數據、脫歐和川普的文章，另一部分是想知道，劍橋分析的祕訣是否有辦法用在他想成立的新工黨，以及其他自由派事業上。而他好奇的第三件事則是我：一個桑德斯支持者後來怎麼會來到劍橋分析這種地方。

我沒有太注意自己跟保羅說了什麼。我當然沒違反公司的保密協議，但我把他當成是一個詢問我們服務的客戶，某種程度上至少算是潛在客戶吧。我告訴他的東西跟其他普通的簡報一樣：我們有什麼能力、我們的分析技術和心理圖像可以幹麼，又做到了什麼。我也解釋了為什麼我當初會來劍橋分析工作：當初我以為能在各種社會計畫中扮演要角，但這些夢想最後都煙消雲散了。

他問我有沒有想過，如果離開 SCL 公司和劍橋分析，人生會變成怎樣？他說只要我準備邁步，總是會有其他進步事業等著我。

之後我又跟他約了幾頓晚餐。他好奇我們公司在奈及利亞和肯亞，為布哈里和甘耶達做過什麼，還有劍橋分析在非洲的所作所為，是否像表面上那麼光明正大──這跟我的顧慮一模一樣。

我很快就不再把他視為潛在客戶了。我知道他應該對劍橋分析的服務沒有需求，也沒有興趣，雖然我告訴自己他也許認識其它有可能變成客戶的人，所以出於商業目的，我應該和他保持聯繫；事實上，我覺得有一天我也許有機會和他合作。

他讓我想到了約翰・瓊斯。而且他看起來像是個盟友和同伴，還是這麼多年來我交到的第一個自由派朋友。

除此之外，英格蘭根本是個破爛地方。《衛報》的卡蘿・卡德瓦拉德還是不放過我和脫歐這個題目。不過美國也好不到哪去。

前往俄羅斯參加友人婚禮，亞歷山大為什麼不准我帶名片？

4 月的時候，劍橋分析贏得了一份聲明顯赫的廣告獎項，靠的是一支「美國得第一」做的影片，就是我痛恨的那支蜜雪兒・歐巴馬的《她連自己家都管不好》。我覺得這件事有夠噁心。5 月，特別檢察官羅伯特・穆勒開始調查俄國干涉 2016 年大選的事；而到了 6 月初，我告訴亞歷山大，我要去參加朋友在俄羅斯的婚禮時，他嚇壞了。當時劍橋分析已經沒人在操心俄國的事了，但顯然有什麼東西讓亞歷山大這麼不安。

就在我出發的日子快到的時候，他寄了一封信給我，同時傳了副本給滕伯爾。他警告我不要帶劍橋分析的名片。好像怕這樣講還不夠一樣，又打電話對我下令：「也不要跟其他人會面，只要人過去喝香檳跳舞就好，玩得開心以後就快點回來。」我照做了，不過當然，我

開始好奇他為什麼看起來這麼煩亂。

　　回來以後，亞歷山大收到了墨西哥那裡的壞消息。雖然我們支持的其中一個州長候選人贏了；但蘿拉和克里斯提安不管是選戰宣傳，還是劍橋分析在其中的參與，都處理得很差。

　　亞歷山大說我得過去處理一趟。

　　我問他我得在那待多久。

　　他說：「待到妳搞定一切為止。」

第 15 章

我要辭職

2017 年 7 月～ 9 月

　　這兩年半來快把我累死了。我明明還不到 30 歲，卻已經覺得自己老了。這些年來我都沒好好吃飯睡覺，也沒運動，衣服大了三、四號；無止境的出差行程讓我的脊椎側彎更加惡化，這個毛病會跟我一輩子，要動手術改善勢必會影響生活，而且一沒有好好保養就會不停痛下去。現在我回到了墨西哥城。這麼久以來，日子第一次慢了下來。我早上可以在陽光中醒來；而入夜以後，整個城市都會得到清靜，我也可以。我遠離了回頭路被我自己拆光的美國，也遠離了正在把我拆散的英國。現在，我待在地球上最美的一個地方。

　　亞歷山大要我來墨西哥保住之後總統大選的合約，順便控制住其他商業範疇的生意，所以我選擇住在墨西哥城最高級的波朗科區（Polanco），在一條平靜的街上找了一間商務公寓。公寓裝著落地窗，還有裝飾著鍛鐵欄杆的陽臺，可以俯瞰一整排棕櫚樹。這麼長一陣子以來，我第一次感到真正的開心。

　　即使只是在墨西哥暫時喘口氣，也能幫我徹底放鬆下來。我知道我想辭職了，我很清楚。但我不會沒有計畫就突然離職。為了家人，我沒有辦法。我一直在寄錢回家幫忙父母，其中大部分是為了支付放我們老家家當的倉庫，不過有需要的時候我也會幫忙平衡收支。我妹

妹也拿出了她的薪水；我們的父母確實也感謝這些協助。隨著父親的健康惡化，我們都承擔不起失去安穩的生活。

但除了薪水以外，還有更重要的東西在阻止我離開劍橋分析。

我不甘心，拿到該得的報酬我才會離開，然後去區塊鏈產業工作

對於這些工作、完成工作的方法和我現在被要求在工作中扮演的角色，我都覺得愈來愈噁心了，可是就算讓我這麼痛苦，劍橋分析這間公司無論好壞也都是我幫忙建立的，雖然現在看起來是往壞的方向走了。我做了很多事都沒有獲得足夠的報酬，但我知道有一天，當劍橋分析達到某個成功的高度，這一切都會有回報。剛進 SCL 公司的時候，亞歷山大提起這間公司的態度，就好像矽谷的新創公司一樣——這是他的獨角獸企業。

2016 年大選後，這個比喻似乎開始成真了。儘管有那些調查和負面新聞，全世界都還是追著我們跑。雖然我想離開，但我不會現在跳船，這間公司就要抵達我第一次上甲板時夢想的境界了。我為劍橋分析犧牲過這麼多我相信的價值，要是空手離開就太虧了。

雖然我還在等待公司實現偉大的成就，但不代表我沒有在計畫出路。實際上，2016 年大選檢討完接下來的那個星期，我就跟老朋友切斯特一直在研究，要怎麼永遠離開劍橋分析，又可以累積我在數據經濟這行的經歷。他也同樣厭倦跟亞歷山大合作了——成功找到了那麼多客戶和投資者以後，亞歷山大還是沒付他半分錢。

所以在 2017 年初，我和切斯特很努力想打入「區塊鏈（block-chain）科技」的圈子裡，這是一群視野遼闊而且樂觀的科技人士、密碼專家、自由主義者和無政府主義者，他們眼中最重要的事，就是數據安全、個人資產和資訊所有權，乃至於不受銀行支配地管理自己的

錢財。接觸這個產業的期間讓我很興奮:「區塊鏈」除了各種運用的可能性之外,還是一種新興的破壞式創新,讓人們能夠用一種以透明、共識和信任為根基,同時合乎道德的科技來掌控自己的數據。

「區塊鏈」是一個公共資料庫或帳本記錄,分散在全世界成千上萬的電腦裡,每一臺電腦都能夠驗證和記錄這些紀錄,這樣就沒有哪個集中的權力中心可以編輯或刪除任何數據。除此之外,使用者還可以安全儲存及加密數據,以及透明地追蹤其轉移過程。每一次交易都有公開紀錄,一旦聚集了足夠的交易,就會形成一個數據「區塊」並且和平臺啟動以來的其他區塊串成「鏈」。要編輯交易的話,需要駭進該筆交易成立以來的所有區塊中,目前為止還沒有人成功過。

這讓我大開眼界、會神聆聽。

我之前就聽說過區塊鏈科技這種投資標的了,最早的就是比特幣。一開始聽說比特幣是在 2009 年,有些人權界的朋友進行地下行動協助脫北者安全逃離朝鮮,前往願意給予庇護的地方時,會用比特幣付帳給別人,感謝他們的協助或情報。但區塊鏈最具革命性之處,在於它是一種全新的「完全點對點、無須公正第三方的電子貨幣體系」,所以在當時,這是不想被政府追蹤時,最理想的付款方式。[1]

而多年過後,我看見大數據是如何剝削用戶,看見它是多麼危險,竟能改變英美民主的本質。我覺得區塊鏈可以讓資訊再次民主,並翻轉舊有的模式。我和切斯特開始討論如何運用數據科學和高連結性的區塊鏈科技後,就發現我們倆目前所知還不夠,我們需要更多的專家意見。

於是,我們開始瘋狂地用世界各地的人脈尋找最優秀、最聰明的人才。我們很幸運,正好有一群這個領域中最尖端的科技人士,會出席區塊鏈巨人布羅克・皮爾斯(Brock Pierce)和數據權利思想領袖克里絲塔・羅斯(Crystal Rose)在西班牙伊維薩島舉行的婚禮。告訴我們這個消息的是一個新朋友懷利・馬修斯(Wiley Matthews),他之前也是研究數據驅動廣告的學者;要是我們飛去那邊,絕對可以遇到一些

人。我們過去了。才降落 12 個小時就認識了許多這一行的頂尖人才，而且都是名人，比如泰達幣（Tether）這種首先以美金定價的穩定幣（stable coin）創始人，克雷格‧塞勒斯（Craig Sellars）、區塊鏈系列論壇 D10E 和第一家區塊鏈顧問公司 DecentraNet 的共同創辦人，麥特‧邁其賓（Matt McKibbin）。我們還遇見了很多有趣的人，他們參與了從區塊鏈太空計畫，到為沒有銀行的鄉村人口提供數位銀行服務等各式各樣的事業。

我和切斯特離開的時候都跟醉了一樣。這個領域的潛力很廣，但更令人興致高昂的是，如果我想離開在劍橋分析工作的日子，區塊鏈就是最完美的交流道。以數據安全為中心的科技驅動產業，無論從個人還是為我的工作贖罪來看，這都是理想的下一步。

我告訴自己，只要我能想出該怎麼做，等搞定墨西哥總統大選，我就可以永遠離開劍橋分析了。我會替公司弄到一份優渥的合約，賺到一大筆佣金，然後永遠告別劍橋分析，投入一種以我遺忘許久的理念為根柢的科技。

墨西哥總統選戰開跑，亞歷山大卻狀況百出

跟美國的大選相比，墨西哥總統選舉非常不同。2015 年，墨西哥城的朋友和商業夥伴開始聯絡我、找我幫忙 2018 年大選時，我就知道這件事了。我找了一個團隊做了點研究，好讓我能在不久後的某天提供簡報。墨西哥的選舉開始得更早，意義也更重大，因為總統在 6 年任期結束後不得連任。潛在候選人的競爭過程和美國的初選很像，一樣不對大眾開放，僅限黨員投票。而墨西哥的政壇更為複雜，因為他們的主要政黨不只兩個，而是有好幾個。

一抵達墨西哥城，我和現任總統恩里克‧潘尼亞尼托（Enrique Pena Nieto）所屬的革命制度黨（Partido Revolucionario Institucional, PRI）有了

一次頗具成效的會面。無論在墨西哥國內還是國外，革命制度黨都被認為是最強大的政黨。初選季還早，我有時間弄到合約，並替 SCL Mexico（墨西哥戰略溝通實驗室）建立可靠的基礎設施，好進行這場重大的全國選戰。

　　儘管我們已經協助過州長選舉的候選人，但墨西哥這邊的基礎設施還是沒就位。兩個團隊的成員都有能力找出焦點族群和做些基本研究，但還沒建立有用或適合的資料庫，也還沒有能力進行真正的建模或是瞄準。

　　為了撐起勝選的實力，我一抵達墨西哥，就開始從國內外蒐集資料庫，以及尋找年輕專家組成夢幻團隊，這些成員包括了研究、廣告、民調人員、數據科學家、電臺和電視製作人，以及社群網紅。

　　我發現身為一個美國公民要在墨西哥做生意，無論是商業還是政治都很不容易，總統層級的事情就更不用說了。我要研究的這些人正是川普之前妖魔化的對象，因此要成功談成客戶，我需要抱持謹慎、謙遜、歉意、圓融和耐心的態度。如果能取得什麼進展，我會非常驚訝，因為不只川普，亞歷山大也是個麻煩。

　　自從川普勝選以來，亞歷山大的自我就不斷膨脹，變得囂張自大，但這對他在國外的事業一點幫助都沒有。我覺得他一直以來都不尊重非英語系國家的人，這些地方的工作在他眼裡就像是他和 SCL 公司的所有物一樣。在他看來，墨西哥只不過是另一塊等待征服的土地，這些人民都是等待開發的資源。他把自己營造得像是一個白人救世主，要用他公司所提供的科技，將墨西哥人從開發低落的泥淖中解救出來，讓數據來拯救他們。

　　數據會帶他們走入現代世界。而征服、殖民、改造他們，正是他的職責。即使我一直跟他處得不錯，但每當他來視察，我都是緊張多過於興奮。他不常來墨西哥，卻每次都讓人難忘，因為他給墨西哥客戶的印象，都是他紆尊降貴來為他們工作。另一件我不爽的事情，是他總是用那種眉來眼去的態度討好當地人，好像在暗示他真的知道墨

西哥人士怎麼做事的一樣，他也常暗示自己並不在意檯面下的交易、貪汙腐敗和走後門這些他自以為當地盛行的風氣。

不過，在一次和墨西哥人開投標會議時，我終於發現這根本是他進這行以來的一貫作法。那一次，亞歷山大帶著筆電和標準的 Power-Point 簡報來到墨西哥，當他談到其他國家的選舉研究案例時，他對那些客戶的描述讓我覺得格外恐怖。他的許多描述都和我過去聽到的大不相同，讓我深深感到不安。

為了保證勝選，
亞歷山大抖出 SCL 公司在世界各地用過的骯髒手段

這段投影片從印尼開始。1999 年，SCL 公司在當地的活動，就不再是培養學生反抗，而是操縱他們。雖然之前我就聽過他描述，SCL 公司是怎麼幫忙在雅加達「引發」民主運動，但這次他說的其實是「創造」一場運動。據他的說法，SCL 公司在雅加達的高科技作戰中心花了 18 個月策劃了大量原本不會發生的學生集會，並煽動示威群眾走上街頭，最後導致了執政多年的獨裁者蘇哈托（Suharto）辭職。

亞歷山大炫耀說，這是場巧妙複雜的作戰。印尼群島有超過 300 個散布各處的島嶼，是世界上第 17 大國。要把訊息傳遍這麼多島嶼並不容易，而且在 1999 年亞洲金融風暴的背景下，SCL 公司必須安撫全印尼深陷焦慮的人們，說服把他們這麼多年來唯一認識的領袖拉下臺。人們害怕蘇哈托辭職將讓國家陷入混亂，而 SCL 公司在執行第二階段作戰時，早就先考慮了這一點，因此政治宣傳的內容就是向國民保證，失去蘇哈托將會帶來「正面發展」。最後，SCL 公司的第三階段作戰是支持阿卜杜拉赫曼・瓦希德（Abdurrahman Wahid）的選戰。亞歷山大還補充道，瓦希德最後遠比蘇哈托還要更腐敗，他的語氣不但輕浮得讓人反感，而且毫無歉意。[2]

下一組投影片談到了 SCL 公司第一次在奈及利亞參與的總統大選，也就是 2015 年慘敗的前一場。在之前 2007 年的選舉中，在位的奧馬魯‧穆薩‧艾杜瓦（Umaru Musa Yar'Adua）非常擔心敗選，因此他打算在選舉中作弊。「在奈及利亞，人們覺得總統職位不能一直讓同樣的人霸占著。」亞歷山大說，所以如果被奈及利亞人發現你選舉出奧步，就會很不受歡迎。因此 SCL 公司說服了艾杜瓦積極採取攻勢。他確實會作弊，但 SCL 公司會故意在投票日之前很久，就先將計畫洩漏到國際上，所以等到他連任，選舉缺乏正當性就不會再是問題了。換句話說，SCL 公司讓大眾花足夠的時間處理這些資訊，這樣他們就會對這些擔憂「免疫」。

我之前從沒聽過亞歷山大提到這些，這讓我十分錯愕。我的夢想職業之一就是成為美國或是卡特中心（Carter Center）的選舉監察員，嚴格阻止這種下流招數。而且話說回來，吉米‧卡特（Jimmy Carter）本人就曾經監督過那一場選舉。亞歷山大咧嘴微笑說，歐盟的選舉觀察員曾經表示，那是他們在全世界看過最糟的一場，但在他們和卡特公開宣布選舉過程缺乏自由和公平之前，艾杜瓦就上任了，而且奈及利亞人也早就不在乎了。

「畢竟，」他用那種優越感滿滿的態度，使著那種心照不宣的討厭眼色，向房間裡的男人們（永遠都只有男人）解釋：「要是你回家發現老婆在幹別的男人，你一定會轟了他的腦袋。」接著他繼續說：「但要是你花很久才知道她在偷小王，就比較不會動刀動槍。」

SCL 公司在奈及利亞所做的，是提早解析情報，以便降低影響。「我們靠謠言和社交媒體把這些資訊流出去。」亞歷山大解釋。用的是 YouTube 和 Myspace。「那也是臉書的第一年。」他說，意思是臉書最後終於流行全球，能在國外選舉中派上用場。而那場選舉中最成功的地方，是直到投票日前後，都只有發生「最低限度的暴力」。

再下一組投影片是關於 2011 年哥倫比亞首都波哥大的市長選舉。亞歷山大強調當時每個候選人都腐敗到不行，簡直到可恨的地

步。根據 SCL 公司的民調，他們在大眾眼裡「全都是偷拐搶騙無所不幹的惡棍。」哥倫比亞人多半已經對這些人厭惡透頂，決定不會投給任何人，因此戰略溝通實驗室也用了一個聰明的策略。

亞歷山大說：「我們說服候選人打一場完全不以他為主角的選戰。」

哥倫比亞人的自尊心很強，所以「很難說服」候選人這樣做，不過他最後還是照辦了。「我們沒有到處貼出幾千張 9 公尺高、寫著『投給我』的照片。」SCL 公司選擇走進每個鄰里，找到每個我們可以說服的社區賢達，請他為這個候選人背書。SCL 公司找了「醫生、老師、餐廳老闆、商店主人」，說服他們拍張照並講一句話。接著公司印了 3,000 張海報，上面各是不同人的臉，還有他們支持這位腐敗候選人的字句，將這些海報貼在方圓五個街區的地方。

亞歷山大說：「人會被別人改變。」影響力就是這麼一回事。這3,000 幅社區賢達的照片，就成了該位候選人的代言人。「那是場很棒的選戰，效率超高。」

接著是 2013 年的肯亞。當時的亞歷山大和家人住在那邊，所以由他親自上陣。SCL 公司的客戶是總統候選人烏胡魯・甘耶達（Uhuru Kenyatta），他想脫離由他父親，前總統喬莫・甘耶達（Jomo Kenyatta）所創的肯亞非洲民族聯盟（Kenya African National Union, KANU）參選，因為他父親「上任時兩袖清風，卸任時腰纏萬貫」。因此肯亞人把非民盟看成是貪汙的同義詞，而 SCL 公司得創立一個新政黨，讓兒子的參選有所庇蔭。

這個過程並不容易。不能讓人發現該黨建立的背後是 SCL 公司或候選人在操縱。「所以，我們做了研究，」亞歷山大說。肯亞人的「部落意識很強」，至少老一輩是這樣。年輕人就不是這樣，他們很排斥老一輩那套，而且充滿了剝奪感，「所以，我們發起了一場青年運動。」新政黨叫做國民同盟（The National Alliance, TNA）。

這場行動和印尼那場很像，不過一開始在表面上和政治沒什麼關

係，SCL 公司花了 8 個月舉辦了「足球比賽、音樂祭、自發淨村」等大量活動，將肯亞青年聚在一起。時機成熟後，國民同盟「運動」已經有了 200 萬名追蹤者。

接著，SCL 公司策劃了一場青年集會，亞歷山大說這是東非史上最大的集會。SCL 公司在集會中安插了一群人高喊：「甘耶達！甘耶達！」而甘耶達則裝作自己很驚訝會受到年輕人歡迎。他順勢離開了父親的非民盟，加入了國民同盟，而且除了年輕人以外，他也得到了非民盟中父親支持者的支持。

接著，SCL 公司才接手實際的選舉，而代表國民同盟競選的甘耶達就此獲勝。

「簡單來說，我們創了一個黨，」亞歷山大說，「我們創造了一切，創造了原本不存在的需求，」而且我們為甘耶達提供了解決之道。「我們花了差不多 16 個月的時間，」他很驕傲地說，「那個黨現在還在。」

千里達「Do So」運動：
巧妙運用種族差異，暗中操縱投票行為

亞歷山大最後呈給墨西哥客戶的主菜則是千里達及托巴哥共和國（通稱千里達）。我早在 2014 年 10 月走進 SCL 公司的倫敦辦公室時，就聽過這個故事了。當時這個故事是他們發起了一場青年運動，讓年輕人找到選擇的力量。但是到了墨西哥，故事卻變得極其陰暗險惡。

亞歷山大告訴我們的潛在客戶，千里達是個小國家，人口只有130 萬。他在螢幕上秀出了該國的圖片。他說，SCL 公司在該國的做法，能讓這些墨西哥客戶理解公司的創新思維。

接著，他交錯著使用現在式和過去式，一五一十描述了這份傑

作，簡直像在做體育轉播一樣。

「當地有兩大黨，一個是黑人政黨，一個是印度人政黨，」他說，「所有印度人都會投給印度人政黨，至於黑人……嗯，他們是黑人嘛。所以只要印度人執政，黑人就一無所有，等到黑人執政，就會顛倒過來。他們專門互相傷害。」

SCL 公司的主顧是印度裔政黨。

他繼續說道：「於是，我們跟候選人說，我們只打算做一件事——針對年輕人，所有年輕人，不分黑人跟印度人，只要讓他們更冷漠就可以了。」他說那個候選人不是很懂為什麼，但還是放手讓 SCL 公司施展魔法。

「我們做過研究，」亞歷山大說，「然後我們找到了兩個關鍵因素。第一個是該國所有年輕人都充滿剝奪感，無論是印度人還是黑人都一樣。」第二個則是，只有印度裔家裡才有「強烈的等級制度」，黑人不會這樣。他強調，「而這就是我們在整場選戰中所需要的情報了。」

他暫停了一下，拿出別的投影片。

跟奈及利亞一樣，這次的選舉宣傳也不具政治性，因為「小孩子才不在乎政治，」亞歷山大說，「所以宣傳必須是互動的……好玩、由下而上、跟他們直接相關，這代表我們得用非傳統的手法。」

於是，SCL 公司想到了一個叫做「Do So」的活動，整個宣傳的重點就是「成為大家的一分子」，非常單純，要大家「一起不投票」，因為投票很不酷。

他秀出年輕人一起跳舞、畫畫、歡笑的投影片。投影片裡有個戴著頭紗的年輕女人，舉著一張寫有「Do So」的海報。

「對，我們的目標是年輕人，所有的年輕人。」他再次強調。不只是黑人，也包含印度裔。

「我們印了一堆這種海報，」他指著螢幕說，「還做了一堆塗鴉模子，跟黃色油漆還有刷子一起發給小朋友。接著你們可以想像，他

們會在晚上開著車，呼著捲菸，」他把手指湊到嘴脣上做出吸大麻的樣子，「被警察追著跑遍全國，到處貼這些海報，然後他們的朋友也會跟著做。很好玩，超好玩的。全國整整亂了 5 個月。」他邊說邊笑。

「這個活動不是要反對政府，而是反對政治和投票，接著很快地，他們就開始拍 YouTube 影片，連總理家都被塗鴉，沒有人能逃過一劫。」他大笑著，好像這真的只是好玩的遊戲一樣。

他秀了一張總理官邸的照片。都好幾年了，上面還有黃色的塗鴉。

「這個策略之所以這麼棒，是因為我們知道，我們超級確定等到投票那天，黑人小孩都不會去投票，可是印度小孩會，因為印度人會照他們爸媽說的『出門去投票』。」

「結果，」他總結，「雖然所有年輕印度人都『Do So』玩得很爽，到選舉的時候他們還是都投給了印度候選人，18 ～ 35 歲的投票率最後差了大概 40%。改變了 6% 的投票結果，跟我們要的一樣。」當選的是印度裔候選人。

他繼續說道，SCL 公司會的不只是心理圖像。而是「蒐集一些不同層次的情報，不只是基本資訊和形勢而已，還有社會動態，比如人們的族群區別、控制點（locus of control），還有他們是否相信可以掌控命運。」

「人們處於什麼樣的社會網絡？什麼權力結構？他們有什麼共同敵人，要怎麼用這來操縱行為？我們研究的是文化、信念和宗教信仰。

「至於你們提到關於人的問題，我們不關心你對總統有什麼看法。我們關心的是你，是你的開關在哪裡？我們相信改變人的是人，而不是訊息，我們要的是讓人們為我們代言。」

他指向我。「像她就被我改變了。」他說。

接著他指向所有人。「接著她會改變你們所有人，了解嗎？」

「劍橋分析」愈來愈卑劣，不重視合約是否符合法規

　　這場報告的內容，就像劍橋分析一樣，一直不斷變得更卑劣，令我愈來愈不舒服。而且我注意到亞歷山大疏忽了一件很重要的事，這讓我更加不安了。

　　我來墨西哥以後開始重視數據合規性（compliance），準備建立一個不分政治和商務，能夠適用所有的公司和資料庫。事實上，從立陶宛到美國，SCL 公司和劍橋分析都沒有嚴格遵守各國的相關法規，但我覺得這愈來愈值得擔憂。

　　我開始和 Parametria、Mitofsky 等墨西哥的數據和民調公司商討策略，只不過討論的是要怎麼在一個缺乏數據基礎建設的國家建立資料庫，而且我要遵守墨西哥所有的法律。不久之前，我求助過 SCL 公司在紐約的律師賴瑞‧列維（Larry Levy），他跳槽過來之前是「美國市長」魯迪‧朱利安尼（Rudy Giuliani）的同事，負責處理川普合約的律師也是他。我跟賴瑞討論過幾次數據合規性的問題，但我印象最深刻的是在 2015 年，準備向拉斯維加斯賭場凱薩宮提案的那次。我查了內華達的數據法規，還有該如何處理賭博相關數據，以找出我可以提供什麼服務——這導致公司多了一堆法務請款單，亞歷山大顯然非常生氣。

　　亞歷山大一直責備我找了太多數據相關的外部法律建議。他嫌這太花錢了。我們公司裡就有足夠的專業人士：泰勒博士和基里亞柯斯‧克羅希狄斯（Kyriakos Klosidis）。雖然後者對人權法規很熟悉，也負責我們所有的法律合約，但數據法規並非他的專業。他向我抱怨他的工作是專案經理，SCL 公司應該找合格律師來負責這些「行政工作」。

　　而我 2015 年第一次跟泰勒博士談到內華達的法律時，我對他的答案不太滿意。「別擔心，沒問題。」他說完就揮手把我趕走。之後的幾次他也一樣不耐煩。

我最關心的事情之一，是墨西哥的數據會在哪裡，以及如何建模。很多當地同事告訴我數據需要在他們國內處理，因此我得弄清楚，讓倫敦或紐約來的數據科學家經手合不合適。2017 年 3 月的時候我和泰勒討論過一次國際數據合規性的問題，想知道數據（特別是政治數據）能否用於世界上其他的商業客戶。他的回答很空泛，後來關於墨西哥的問題也是，而且好像不擔心發生任何法律問題。所以我只好再次求助賴瑞。

對墨西哥法規的無知讓我很難處理總統合約的標案，和潘尼亞尼托總統及革命制度黨的生意也沒辦法成交。而亞歷山大一看到賴瑞寄來的請款單，就對我破口大罵，不過這次更生氣了。他正逐漸對我失去信任。他沒辦法理解我為什麼要花這麼久的時間，於是氣得堅持要自己來談合約。

參加「火人祭」錯過重大會議，我幾乎要被公司開除

和潘尼亞尼托總統，還有財勢兼備的《紐約時報》墨西哥股東卡洛斯‧史林開會那天，我犯了一個大錯，讓我和亞歷山大的關係不但再也無法改善，他對我的信任也回不來了。會議分別在總統辦公室和史林的公司舉行，而在那之前幾天，我請假回了美國一趟，結果搞丟了我的護照。我本來應該在星期二早上回墨西哥城，和亞歷山大一起出席會議，但那是一個週末長假，星期一是美國的聯邦假日，護照辦公室要到星期二早上才會開。所以我沒辦法及時弄到替代的旅行文件飛回墨西哥城出席會議。

而且講出實話也於事無補。我請假是為了去火人祭（Burning Man），那是我第一次參加這種活動。火人季起源於 80 年代舊金山的一個夏至夜晚，現在已經成為了一場全球盛事，每年會有數萬人前來，搭起營帳組成一個充滿理想、不用金錢的臨時「城市」。祭典會持續一個

星期，最後的高潮是點火燒掉一座 12 公尺高的木人像。那樣的放肆狂歡遠遠超越了我體驗過的所有東西，劍橋分析的工作更是被直接海放。那是一場天啟。「黑岩城」（Black Rock City）裡的人要靠著施予他人（水、時間、技能）在沙漠裡生活，而不是靠拿取或期待回報，這和我從事的數據業務恰恰相反。「火人」（Burner）離開以後常說，參加火人祭，重新想像一種合乎道德方式來對待彼此，可以改變整個人。

亞歷山大是不會懂的。

我打電話跟他解釋發生什麼事的時候，整個人都在發抖。人在倫敦的他氣到快冒煙。我去參加火人祭這種在他看來「毫無價值」的東西，又漫不經心地弄丟護照，更讓他暴怒。他痛罵我不負責任、幼稚又自私。

等到星期三早上我終於可以跟他在波朗科的辦公室碰面時，他昨天已經跟潘尼亞尼托和史林見過面了──沒有成交，所以他對我更生氣了。他把我叫到一個沒有家具、其他墨西哥同事也聽不到的小房間，說他想要開除我。

我知道錯過會議遭受懲處是我活該，但我沒有料到他會威脅要我滾蛋。

我之前被威脅滾蛋過一次，那時是 2016 年，他、麗貝卡和班農都對我在臉書直播上接受訪問的表現很不高興。訪問中談到 SCL 公司的國防產業背景，而《國會山報》（*The Hill*）後來拿我的說詞寫了一篇書面報導。他們斷章取義引用我的話，弄得我像在暗示劍橋分析正用「軍事層級的戰術」來為泰德・克魯茲對付唐納・川普。在那次小小的公關危機裡，亞歷山大全力支持我，據他的說法是他擋在我和麗貝卡跟班農之間「保住我」。當時我必須親筆寫信給克魯茲參議員和他的團隊道歉，而最後，《國會山報》也澄清了事實，整件事就這麼完了。

但現在的感覺是另一回事。

他說，他還不會開除我，但他顯然已經覺得不想為我負責，對我為公司做的一切也不存感謝了。他告訴我，如果現在他面前有個可以取代我的人，他就會毫不猶豫地這麼做。他留著我唯一的原因，只是因為我對他還有用；但我完全不知道他說的有用是什麼意思。

亞歷山大開始接洽墨西哥敵對政黨，這根本就是拿我們的生命開玩笑

隨著時間過去，亞歷山大開始對我們花在和革命制度黨簽約上的時間失去期待，於是他又做了一件令人恐懼的事。他沒有繼續等合約敲定，而是向其他墨西哥的政黨投標，和彼此激烈對立的各政黨代表碰面。

我試著告訴他這是在玩火。墨西哥人不吃美國人那套，這裡跟美國不一樣，不管什麼事情，忠誠都是最重要的。在美國可以先跟泰德・克魯茲這樣的人簽一份不完整的合約，這樣就能同時為好幾個候選人工作。但在墨西哥，有權力的人都彼此認識，消息傳得很快。同時向彼此競爭的政黨洽商或為他們工作是行不通的。雖然在美國也有些人會比較在乎忠誠這回事，可是在墨西哥，忠誠就是一切。我很快就知道了這件事。當然，只要仔細觀察一個文化的動態，而不是把自己的世界觀硬套在上面，不用花多少時間就會了解這件事。在某些國家，亞歷山大這種作法可能有助於掌握商業上的籌碼，不過據我所知，在墨西哥這樣大概會死得很慘。那個戴綠帽的老公拿槍轟掉小王的笑話，是真的會發生在墨西哥人的情場上，也會發生在政壇裡。

亞歷山大以前住過墨西哥，不過據他的說法，那已經是年少輕狂時的事情了。這裡的人怎麼做生意、有怎樣的習慣和規矩，或是沒遵守這些規矩的嚴重後果，他似乎都不太了解。相反地，他把墨西哥當成是遊樂場。無論我再怎麼跟他解釋，他都聽不下去。他每次來干涉

我的工作，我都覺得有什麼危險的東西在公司的地基下醞釀。

9月19號早上，墨西哥真的地動山搖了。那天過午不久，我在墨西哥城市中心有個商業會議，會才開到一半。我正在為 SCL 公司爭取水泥製造業協會（Institute of Cement Manufacturers）的合約，協會的成員都是墨西哥最大的水泥製造商。下午 1 點 14 分，我人正在會議室對一群公司高層提議，由 SCL 公司接手他們的對外傳播，突然之間，我整個人摔到地上。他們也都掉下椅子，倒在鋪著亞麻墊的地板上。

我花了幾分鐘才知道發生了什麼事，但其他人馬上就懂了。那一天正好是 1985 年造成上萬人死亡的墨西哥城大地震 32 週年紀念日。其實就在 2 個小時以前，全國還暫停了紀念活動，舉行過地震演習。所以地震在此刻再度發生，對某些人來說是噩夢重臨，對某些人則超乎想像，簡直就是某種惡劣的諷刺。

整棟大樓都在搖晃。我們都想辦法爬了起來，衝出 3 樓的會議室，緊緊抓著扶手穩住身子，快步衝下搖搖晃晃的樓梯。我以為我會死在大理石樓梯上，所以等我終於踩到地面看見陽光，我還是驚魂未定。一出大門，我們就跑到馬路中間，看著樹木和路燈東搖西晃。幾段路外，周圍的房子一棟一棟倒下，在不遠的地平線上揚起一團一團塵雲。

等到地面終於停止晃動，世界安靜了一瞬間，接著尖叫和呻吟就從斷垣殘壁下竄了出來。到處都有房子因為瓦斯漏氣而爆炸。空中飄散著石綿纖維。

那天，一場 7.1 級的地震在 20 秒內，造成了 361 人死亡，將近 6,000 人受傷。

我很快拍了幾張照片，發了有史以來第一篇公開臉書貼文，好讓家人朋友知道我人在哪，而且有活下來。我嚇得發抖，但至少我還活著。我們都試著打給自己所愛的人，我也試著傳了一封訊息給家人，告訴他們我毫髮無傷離開了大樓。

等我終於回到離辦公室不遠的住處，我發現這一帶的牆壁都裂開了，公寓的正面也垮在馬路上。專家說在完成安定性檢驗以前，這個地方不能住人了。

　　我盡可能聯絡 SCL 公司的員工，但根本就沒有手機訊號。所以我只能慢慢靠嘴巴去問。最後我終於問到了所有人的消息。他們的房子都還在，但有一個員工的未婚夫找不到他弟弟，他們兩人搜尋了整片瓦礫，卻還是沒找到人。

　　直到入夜，仍然有許多人失蹤。瓦礫中找出了許多學生和老師的遺體，鄉下地方的倖存者則缺乏食物與水。我則是前往紅十字會，想看看能幫上什麼忙。

　　大部分的街道都被封了起來，沒有電力和燈光，人們也缺乏必需設備、食物和藥物。我幫忙把補給物資打包上摩托車。我有個員工也有一臺摩托車，她決定要去發送物資。我們並不孤單，整個墨西哥城的人都放下一切，志願提供協助。但紅十字會因為沒有聯絡管道，無法管理他們，只好拒絕這些人的幫忙。

　　等到開始恢復通訊，亞歷山大就打了過來確認我是否安好。我接起電話，打了招呼，聽到他用那讓我厭煩的輕快口氣問我：「嘿，妳還活著嗎？」然後他打趣地說，我可以用地震當作請假的理由。

　　不好笑。在這一刻，他說什麼我都笑不出來。

第 16 章

劍橋分析究竟隱瞞了多少
與俄羅斯的關係？

2017 年 10 月～ 2018 年 1 月

　　地震過後，我盡了全力把辦公室整頓到能夠運作——不是為了亞歷山大，而是因為我知道，我愈快回到工作崗位，就能愈快完成工作，離開公司。沒有拿下革命制度黨的合約、收到佣金之前，我還不能走。

　　地震過後幾個月，我參加了一場連續好幾天的大型政治思想領袖會議，地點在前墨西哥總統比森特・福克斯（Vicente Fox）名下的福克斯中心（Centro Fox）。那裡是一片遼闊的牧野，位於聖克里斯托瓦・德卡薩斯（San Cristóbal de las Casas），距離墨西哥城大概 8 小時車程，設有一座巨大的會議中心。11 月中旬約有 500 名政客聚集在此，他們有一部分的目的就是來聽聽奧雷利奧・莫拉雷斯（Aurelio Nuño Morales）和荷賽・庫里布雷納（José Antonio Meade Kuribreña），這兩位實力最突出的革命制度黨候選人會說些什麼。革命制度黨需要一個實力夠硬的候選人，才能抗衡自由主義路線的主要對手國家行動黨（Partido Accion Nacional, PAN）。[1]

　　我參加會議的目的之一是向前總統福克斯和他的夫人瑪塔・薩阿貢（Marta Sahagun）提案。他們兩人都有參與鼓勵選民登記和訓練政治運動人士的計畫，我希望他們能成為 SCL 公司的夥伴。會議第二天，

我們就在他們家一間會議室碰面，討論我們公司是否有能力協助他們動員選民，特別是年輕選民。

涉入會要人命的墨西哥選舉，我必須請保鑣

　　會議室大約有一艘船那麼長，還擺著我所看過最長的會議桌。我站在桌子的一頭，旁邊的牆上有一面螢幕可以給我放簡報投影片。福克斯總統和前第一夫人遠遠坐在桌子另一端，讓現場畫面看起來跟漫畫一樣。我中途一直覺得這個荒謬的時刻或許是出自總統的計畫：全世界都知道他有一種瘋瘋癲癲的幽默感。福克斯也是墨西哥最酸刻滑稽的川普批評者，因此我在報告中盡可能清除了劍橋分析為川普所作的事情，希望能正面討論青年領導和選民登記。

　　除了提案之外，我也和福克斯總統夫婦談到，我希望在這場選舉中加入革命制度黨的傳播顧問團。我的名字也已經被列在松園（Los Pinos）總統府辦公室（在墨西哥的地位相當於美國白宮）的高級傳播團隊名單上了。我對這件事很驕傲，福克斯夫婦也恭喜了我，但他們的用詞也很謹慎；福克斯離開房間後，瑪塔卻獨自沿著會議桌走向我。

　　她是一個身材修長的迷人中年女性，畫著筆直的眉毛和深色的眼影，頂著一頭整齊的深蜜色頭髮，臉上露出看起來相當真摯的關心。

　　「妳看起來都安排好了，」她說，接著停下來吸了一口氣，問我：「不過，妳有沒有考慮人身安全的問題？當然，報告的時候不用談到這個，我只是忍不住想知道妳有沒有安排過了？」

　　人身安全？我回答沒有。我不確定自己需不需要。我根本還沒找齊團隊，合約的規模也還在商談。

　　她緊張地看著我，用一種陰暗的聲調說：「如果妳已經見過這些人，那妳就已經很危險了。如果妳還沒有開始搭裝甲車出門，我強烈建議妳這就開始。」

我當時的表情大概驚呆了。

她繼續對我解釋，在墨西哥搞政治是會死人的。我很清楚，之前我也是這樣跟亞歷山大講。

不過她說我沒有真的弄懂。墨西哥人想讓他們的候選人贏的時候不會正面硬幹，那樣會太招搖。所以他們會傷害你身邊的人。

而且「通常，」瑪塔輕聲說，「他們的目標都是主持選戰的人。」她說多年前，她曾在比森特的總統選戰裡擔任新聞發言人，那時他們兩人還沒結婚。

「我們那時備受矚目。在墨西哥只要扯上政治，特別是關於總統的事情，一定都會很高調，」她說，「然後我，當然，我是比森特最親近的人。」

在一場總統辯論之夜，對手綁架了瑪塔。他們蒙住她的眼睛，開車把她載到沙漠裡，脫光丟在那邊等死。幸好他們沒殺她。不過也不需要。她失蹤的時候，比森特整個人嚇壞了。他太害怕瑪塔會發生什麼事，結果在辯論上連話都說不好。而綁架的目的正是為了警告他，讓他動搖。墨西哥人為了選舉願意做到這個地步。

她告訴我，她前媳婦最近也被綁架了。[2] 7 個月過後她還沒回來。[3]

我告訴瑪塔我很遺憾。

她說不必：「妳也很有可能發生這種事。」

她給了我她信任的保鏢和司機名字，告誡我要小心挑選這些人，而且說得很直接：「司機也有可能綁架妳，或是替綁匪工作。墨西哥永遠不缺那種，只要價碼比妳付給他們來保護妳的錢還要高，就願意收錢傷害妳的人。」

亞歷山大激怒對手政黨就已經讓我覺得夠危險了，但我現在才知道，原來我從一開始就應該擔心自己的人身安全。我想起之前在墨西哥看到的普通生意人，甚至是不搞政治的墨西哥朋友，身邊都有私人保鏢。我怎麼會沒想到這麼重要的事？

會議結束後，我立刻著手研究，要花多少錢才能弄到我需要的安

#綁架 #俄羅斯間諜 #區塊鏈 #遠離政治

全措施——保鑣、裝甲車、司機，並打算搬到有保全系統和大門警衛的公寓。12 月初，我寄了試算表給亞歷山大，但他連看都沒興趣。這些都是沒必要的開銷。除此之外他還毫無證據地說，等到選舉開始才會需要這些安全措施。

我告訴他這些是瑪塔·福克斯說的，我還告訴他「這裡常有人被消失」。但他說我這樣想太白痴了，他覺得墨西哥很安全。而且約都還沒有簽好，他要怎麼知道這筆支出是合理的？不要再搞這些蠢東西了。

他不記得奈及利亞的事了嗎？在某些國家，連合約存不存在都不知道。他應該知道包括墨西哥在內，有很多國家做事是沒有白紙黑字的。也許我們已經是潘尼亞尼托的人馬了。

他聽不進去。他說：「沒收到錢以前，我們就不是誰的人馬，也不會跟誰做生意。」如果我想要安全措施的話，他說「得從我的薪水裡面扣」。

我認為並告訴他這一點也不合理，但他不為所動。

他安靜了一下，最後說：「妳怕了嗎？」

我說，對。「我要告訴你的就是這件事。」

「好吧。」他說，這樣的話，他可以派其他人過來墨西哥。他準備把我派回紐約，我在那裡比較有用，可以幫上惠特蘭的忙。

我不用再擔心墨西哥的事情了。

成功加入區塊鏈業界，
亞歷山大邀我在「劍橋分析」開拓這塊商機

世界上的權力掮客每年都會花一個星期聚在達沃斯這個瑞士小山城，搞定未來一整年的生意，而這個地方造就了我過去 3 年中，大部分的混亂和悲慘。當時我才 26 歲，是個愚蠢、過度熱心、過度樂

觀、乳臭未乾的小鬼，以為自己可以承擔一堆東西，像雜耍家一樣一口氣在頭上轉 20 個餐盤。達沃斯覆蓋冰雪的滑溜街道上，聚集著會噴火的酒保、口袋超深的小行星礦業家、奈及利亞來的億萬富翁。

而我的人生也是從這裡開始走下坡的。

2017 年川普就職前不久，我又去了一趟達沃斯，同行的還有切斯特，因為他要幫我擋住來自不滿「川普大人」（The Donald）上臺者的攻擊──特別是跟麥特戴蒙（Matt Damon）這種敢言的好萊塢巨星見面的時候（他才因為川普挑了一個氣候變遷否定論者來主持環保局，而義正詞嚴地跟總統槓上）。

現在是 2018 年，我又回到了達沃斯，但這次我老練得多，也聰明得多了；我的雙腳不再發抖，而是踏著靴子踩出更堅定的腳步。

我已經 30 歲了。我已經可以自己掌握人生的舵輪、規畫命運的藍圖。

前往達沃斯的前一週，我人在邁阿密的北美比特幣研討會，幫忙舉辦一場關於數據所有權的活動；我朋友以撒和喬爾·菲利普（Isaac and Joel Phillips）兄弟開了一家叫做紀元（Siglo）的新公司，這間公司的目的是協助墨西哥和哥倫比亞的人支配和掌握自己的數據；每當他們分享數據，就能得到可用於支付電信帳單的代幣，而在這些地方，許多人如果沒有這種協助，根本付不起網路費。我們會在達沃斯慶祝紀元的開始，以及數據所有權登上世界舞臺。

我還在幫忙組織另一場研討會，這將是我在全新領域展開未來的起點。雖然計畫一直拖到最後一刻才定案，但這個活動是和我的新朋友麥特·邁其賓一起完成的，我在布羅克和克里絲塔辦在伊維薩島的婚禮上，認識了這名區塊鏈行家，他在 2017 年 7 月介紹我進入了這個業界。麥特的公司 DecentraNet 也加入並壯大了這場全球研討會的聲勢，準備席捲達沃斯小鎮；這將是世界經濟論壇上的第一場大型區塊鏈活動。金錢和治理的數位化將成為數十年內最重要的科技發明，但也將威脅到世界各地的政府和銀行；有鑑於我們的聽眾都是世界上

的巨富與政要，我們必須做到最好才行。

　　靠著麥特在區塊鏈業界，還有我和切斯特在全世界的人脈，我們成功舉行了這個長達一週，名為「加密總部」（CryptoHQ）的活動，現場有許多座談會、主題演講，幾集企業家與思想領袖雲集的交際活動。我們的客人包括了美國財政部長史蒂夫・梅努欽（Steve Mnuchin，美國區塊鏈政策首長之一）、許多頂尖區塊鏈公司的執行長，以及眾多手握重權的政策領袖，比如歐盟執委會（European Commission）金融科技及區塊鏈策略的領袖。

　　這場研討會由我和麥特，偕同他的 DecentraNet 同事一起主持，我們將加密總部的「區塊鏈交誼廳」（Blockchain Lounge）設在一間附設有餐廳、滑雪酒吧和會議場的 3 層樓會所裡面，地址位於漫步大道 67 號，橫貫整場世界經濟論壇。

　　出於想讓活動成功的每一分期望和心意，我按捺住驕傲和怒氣，邀請了亞歷山大和泰勒博士過來，在一場關於數據和預測演算法的座談會上發表演講。我想要促進他們對區塊鏈產生興趣，幫助公司和這個產業合作。我希望劍橋分析未來會擁有自己的區塊鏈方案，遵循透明原則管理數據和投放廣告，允許用戶擁有自己的數據，支付報酬讓他們持續更新數據，也讓廣告主知道他們花錢投放的訊息確實打到了想要的人群。我認為這間公司可以往更好的方向發展，選用更合乎倫理的技術做為行動骨幹，改革整個產業。雖然我們人在漆黑的隧道裡，但盡頭依然有著光明。

　　亞歷山大和泰勒博士抵達的時候，我人已經在達沃斯一個星期了，他們看起來很驚訝，特別是亞歷山大。我沒有告訴他們研討會是我辦的，當我站上臺發言時，他們顯然很震驚。區塊鏈社群的每個人也開始認得我了。我感覺渾身充滿了力量。我不再只是隨便一個著迷區塊鏈的愛好者，參加了幾次研討會、發表過幾次演講後，我已經在短時間內成為了這場運動中的一股聲量。我想這樣應該最能向亞歷山大說明我對他的看法，或許也稍微報復了一下他對待我的方式。

加密總部的每一場活動都擠滿了人，亞歷山大和泰勒博士的座談會也不例外。安排的座談結束後，我和亞歷山大在吧臺碰面。他看起來有點侷促不安，而且似乎也理解到我正打算走自己的路。

他手裡拿著一杯酒，靠向我大聲說話，想壓過周圍的音樂和人們嘈雜的熱情。會場裡有好幾百人，大部分都是我在區塊鏈產業的朋友或新同事。

他開口：「看得出來妳的新計畫真的很忙。」他看起來沒有生氣，表情不像是逮到我背著劍橋分析瞎搞，反而像平靜地接受，我已經找到新的職涯規畫了。

「妳真的打算從事區塊鏈是嗎？」他問我：「妳覺得這東西會紅起來，賺得了大錢？」

我說：「對。」

他想了一下：「妳想不想結束固定職務，然後回來當我們的顧問？區塊鏈的？」他說我可以有更多自主權，在劍橋分析研究區塊鏈的數據方案該如何發展，但同時也可以自由進行其他自己的計畫。

這讓我有點心動。這樣的安排可以讓我留在劍橋分析，同時全職鑽研區塊鏈。我可以留在公司的保護傘下，直到劍橋分析以成功回報我的耐心，屆時這艘巨艦的落成也有我的一份功勞。更重要的是，這樣我就又回到了原點——畢竟當初我在 2014 年進這家公司，圖的也就是這樣。

我啜了一小口酒。

談判時間開始了。我可以預想得到，為區塊鏈公司打廣告是很大的商機，劍橋分析也會參與其中。如果劍橋分析想要分一杯羹，確實有機會為這個產業開發技術，甚至還可能創建自己的區塊鏈科技生態系，完全透明地仲介數據和投放廣告，讓消費者掌控自己的數據。區塊鏈能夠真正地保護個人數據，劍橋分析可以用其科技背景和旗下數據科學家追求良善的目標；這個想法呼應了 3 年前，我加入亞歷山大時最初的目標。

　#綁架　#俄羅斯間諜　#區塊鏈　#遠離政治

我們都承認，我們目前所做的事情都沒有發揮用處。這是我們第一次公平地談判。他沒有要開除我，我也沒有要辭職。我們是在重新訂定規則。這不是苦澀的離婚，更像是解除關係再重新結合，就算不是帶著多大的善意，也是種友好的地位變化。

我笑著說：我會考慮的。他的提議讓我第一次開始考慮，是否應該像之前計畫的一樣徹底和劍橋分析分手。保持這種輕鬆的關係似乎有些好處。只要我可以決定規則，就很吸引人。但我還沒準備好承諾任何東西。如果亞歷山大想要我在區塊鏈產業的專業或人脈，占上風的人應該就是我，至少幫忙這些工作的時候，可以有更好的日薪和佣金架構。

也許我們可以等達沃斯這邊結束再談。亞歷山大的提議壓過了人群的噪音。

「好。」我說。

「我們再約時間，」他說，「首先我要跟朱利安・惠特蘭討論該怎麼安排。」

「劍橋分析」曾經僱用俄羅斯間諜？
愈來愈糟的爆料——浮上檯面

在瑞士待了差不多兩週以後，我飛回紐約，跟惠特蘭討論未來和劍橋分析合作，而非受僱的事宜。出於幾個原因，再次走進查爾斯・史克萊柏納大樓的感覺怪怪的，尤其是連進門都要等人放行才能通過防彈安全門。

劍橋分析在川普選戰中扮演的角色曝光之後，就一直收到威脅，惠特蘭不得不裝上這種東西。

我人在墨西哥忙那邊的總統大選時，北邊這裡針對川普總統資格的調查，也正如火如荼地展開。川普的前競選總幹事保羅・曼納福

特，以及擔任川普顧問的說客兼政治顧問瑞克・蓋茲（Rick Gates）兩人和烏克蘭親俄派的合作事業都被控洗錢和逃漏稅。2017 年 12 月的第一天，麥可・佛林承認自己曾在與俄國駐美大使季瑟雅克的關係上對 FBI 說謊。同時，臉書也開始承認他們的網站被用來撕裂社會和散布假新聞。經過內部檢查後，他們宣布大約有 3,000 支政治相關的攻擊性廣告，分別來自 470 個俄國假帳號。[4]

美國的這些調查也追到了劍橋分析的頭上。不久之後，亞歷山大僱來幫 SCL 公司處理奈及利亞生意，後來又考慮派去墨西哥代替我的山姆・帕頓，就被發現曾經僱用過康斯坦丁・克里姆尼克（Konstantin Kilimnik），此人曾為曼納福特工作，並且被懷疑是俄羅斯間諜。壞消息還沒結束，10 月的時候《衛報》披露，亞歷山大在選舉期間曾與維基解密接觸，試圖取得希拉蕊被盜的郵件。這可能已經足夠讓國會對劍橋分析和川普陣營的關係產生興趣了。亞歷山大和亞桑傑都曾對外公開聲明，前者並未成功取得希拉蕊的郵件。亞桑傑甚至沒花心思回覆他。不過我對這些爆料都不意外。就我的認識，亞桑傑沒有道理會幫忙亞歷山大這樣的人，而且他也不會接陌生人的電話。

到了 12 月，眾議院司法委員會以 Skype 訪問了亞歷山大，並要求他交出所有劍橋分析和川普陣營之間往來的電子郵件。雖然亞歷山大告訴全公司，這些要求都是俄國「假新聞」陰謀的一部分，但這份要求和其他威脅，已經足以讓公司採取額外措施來自保了。

由於調查現在已經到了劍橋分析頭上，我帶著一份實驗性的撤退計畫回到紐約辦公室，應該讓大家輕鬆了一點。似乎每一天，我們之前所做的工作和跨越的界線，都有新的細節浮上水面。那些從選後大檢討開始在公司裡流傳的謠言，都在過去一年裡一一浮上檯面。隨時隨地都有令人擔心的新細節被爆出來，而且一個比一個麻煩，讓人總是覺得還有更糟的爆料在等著我們。我希望跟惠特蘭碰面，可以讓我離自己真正的信念和未來更近一步。

惠特蘭很高興見到我，他像老朋友一樣歡迎我。這裡有很多東西

都變了，連辦公室都太不一樣。牆上雖然還掛著默瑟的畫，但整個空間看起來更空了。乾淨的辦公桌對面也盡是一些陌生面孔。2016 年跟我一起工作的那些人，現在都在別的地方領高薪了。至於像馬特・奧茲科夫斯基這些能以劍橋分析在大選中表現居功的人，也都開了自己的公司。

班農被踢出白宮，我決定不再碰政治

　　變的不只是人而已，公司董事會成員間的關係似乎也不同了。班農在 8 月的時候被趕出白宮；我很驚訝，而其他人則是感到不安。他跟庫許納、伊凡卡和幕僚長約翰・凱利（John Kelly）都起過衝突，而他的離開則是場意外而回不了頭的決裂。老實說，這件事真是有夠突然，我才派了一個關係不錯的同事去華盛頓找班農，預定在 8 月 18 號去白宮找他討論成為駐墨西哥大使的事情，他就被轟到馬路上了。最後他們兩個哪都去不了，只好在咖啡店討論。我在白宮認識的其他人也差不多。

　　一開始，班農似乎準備回去鋪著星星地毯的布萊巴特「使館」，繼續經營他的帝國。我甚至好奇是否還會看到他回來劍橋分析。我希望跟這麼爭議性人物長期來往，能讓我們從裡頭得到一些東西，但這樣的風險看起來似乎變得不太會有什麼回報了。

　　跟班農起衝突的不只是白宮團隊，他也惹到了默瑟父女，而他們是惹不起的狠角色。麥可・沃爾夫（Michael Wolff）在他的新書《烈焰與怒火：川普白宮內幕》（Fire and Fury，中文書名暫譯）中大膽爆了許多川普一家的料，讓班農從 2018 年 1 月初就開始成為不受歡迎人物。班農還講了一些不中聽的話，結果和麗貝卡跟鮑伯漸行漸遠；有人爆料說，班農不管碰到誰都要吹噓，如果他要參選總統，麗貝卡和鮑伯都會支持他。麗貝卡為此發了一份聲明，在回應中寫道：「我和我的

家人已多個月未與史蒂夫・班農接觸，既不曾替他的政治抱負提供財務支助，也不苟同他最近的行動及言論。」班農出局了——不只是白宮，布萊巴特和劍橋分析也不要他。

惠特蘭指著附近一個默默和筆電奮鬥的年輕人告訴我，這陣紛擾讓劍橋分析的士氣相當低迷。他們看起來的確毫無生氣。

他像是看透了我的心：「事情沒有以前好玩了。」公司已經失去了以前那股熬夜到通宵的精神。

惠特蘭很想念那些樂趣，他希望我可以回紐約「散播一點力量」。「不管怎樣，值得高興的事情總是有的吧。」他說。

亞歷山大又新開了一間叫埃默數據（Emerdata）的控股公司，擁有所有 SCL 公司和劍橋分析的資產及智慧財產。他投資了大概 3,600 萬美金，還找了墨西哥、香港、沙烏地阿拉伯等地的策略投資者（strate-gic investor），為劍橋分析找了不少好機會，想要把公司的規模擴展到全球。他覺得我既然住過香港，又會講一些普通話，或許會想去那邊幫忙？

我不知道能說什麼。我告訴惠特蘭，唯一能把我留下的方法，是讓我管劍橋分析的區塊鏈生意。我要有自己的團隊、做我自己的事，我才會留下來。而且我也不做全職，不碰任何一個地方的政治，政治太麻煩也太危險了。

我們像朋友一樣完成了談判，不過他知道自己還沒完全贏得我的心。他要我寫信聯絡倫敦的人資布藍登・強斯（Brendan Johns），確認日薪、合約條件和其他諮詢細節。

我也正打算如此。同時，我也準備前往墨西哥收拾家當，收取總統競選合約的佣金。那筆我在墨西哥折騰了一年才好不容易拿到的佣金。

大家都以為「劍橋分析」很有錢，
其實川普那 9,550 萬，大部分都進了臉書口袋

　　到了墨西哥城，我和亞歷山大以及他找來的團隊碰面，討論墨西哥總統大選的策略。我的任務是完成選舉交接。這也是我的生涯轉捩點，我將從劍橋分析的員工成為將來區塊鏈領域的顧問。

　　這個小組包括馬克‧滕博爾和另外 3、4 個員工，讓他們飛過來可花了不少錢。雖然我已經被換下來了，亞歷山大顯然還是期待我已經在他到之前把合約搞定了。那天的對話三不五時就緊張起來，與革命制度黨的談判停滯不前讓空氣中充滿著沉默的指責。

　　那天晚上我很緊張，不只是因為合約和交接，也是因為準備要拿到總統合約的佣金。我們團隊聚在牛排館裡，圍著一張大桌子坐著。我們一邊用餐，一邊討論關於選舉合約、人事安排和薪資的計畫。我們試著討論安全措施，這個問題當然值得擔心，但亞歷山大一直想迴避話題。他說等我們拿到第一筆錢再來討論安全問題。

　　接著他轉向我說：「都是妳一直拖拖拉拉。」其他人開始聊他們自己的話題。而這是我們兩個的事。

　　他繼續說，我一直沒有專心處理合約。

　　胡說八道。我心想，但不管我說什麼他都會責怪我：我最重要的工作就是簽好合約，而我卻沒有完成，才害公司虧錢。

　　我安靜了一秒。虧錢？我問他我們有這麼多生意，怎麼還會虧錢？

　　亞歷山大跟我解釋，劍橋分析目前所作的大部分工作，要不是免費，就是只收了前導專案（pilot project）的錢（說白一點就是幫董事會成員的朋友「一點忙」）。連幫克魯茲和川普進行大部分的宣傳時，律師也警告我們服務收費要「公平」，以免聯邦選舉委員會來找麻煩。服務的「市場行情」價格是有規定的，不然的話，這些工作會被歸類成「實物捐贈」（donation in kind），受到嚴格檢視，甚至有可能觸法。

但選舉時那幾百萬呢？選舉團隊和政治行動團隊不是拿了好幾百萬嗎？

　　雖然大眾認為劍橋分析的收入很多，但幾乎所有的錢，特別是川普那 9,550 萬，都從劍橋分析或是用來隱匿股東和川普往來的那些控股公司手上流走了。換句話說，那些錢從來沒進我們口袋，那些錢都用來做數據分析和臉書廣告投放了。賺錢的都是臉書。公司根本就沒有錢可以付薪水給那 120 個我和亞歷山大僱來拓展全球事業的人。我們一直都很拮据，都是靠默瑟的錢來填坑。薪水就是因為這樣才偶爾會晚發，他也是因為這樣才沒錢照顧我的安全。亞歷山大對我解釋。

　　我的腦子開始狂飆。我幫公司賺了好幾百萬，這些錢跟克魯茲或川普一點關係都沒有。那些錢都去哪裡了，讓我們連基本開銷都付不出來？

　　這真是超級大爆料。自從 3 年前加入公司以來，我都以為這是個不斷擴張的帝國，是一份偉大功業的起點，而我有幸參與了它的濫觴。亞歷山大這個人很複雜，但歸根究柢他還是個推銷員，而我買了他的所有商品。我忍耐了這麼多勞心勞力，最慘的是還做了這麼多妥協，都是因為我相信付出這麼多，都會有所回報。也許不是今天，不是明天，但也是早晚的事。

　　而現在，我艱難地聽懂了亞歷山大的話，我終於看到整件事的真實樣貌，而不是我期待的樣貌。這幾年來，我一直抱著一個完全不現實的希望。劍橋分析根本不是獨角獸企業。我們也不在矽谷。這間公司的成功失敗，顯然都是靠著默瑟父女的恩賜，而不是什麼鴻圖遠見。之前宣布的那一大筆募資根本就沒有入股，都用來幫公司平衡收支了。沒有那筆錢的話，公司就會垮掉；得到那一筆資金前，公司的處境一直十分嚴峻，而且從各方面來看，現在也沒有差多少。我一直期待公司上市或被媒體集團收購的那天，希望可以大賺一筆，但實際上這根本就是天方夜譚。

　　「對了，布特妮，」亞歷山大把我的意識拉回桌上接著說，「我

希望馬克和山姆來墨西哥交接的時候，妳可以幫他們一把。」他的意思是繼續當他們的顧問，教他們怎麼接手我的生意和合約。他顯然覺得我會免費做這些兼差，就像他以前要求人們做些額外的事情，展現團隊精神一樣。

我被他這種想法氣到了。標準的亞歷山大。標準的慣老闆。

我受夠了這群老白男！

我不想再忍，直接要他把墨西哥總統大選的佣金給我。

他壓低聲音，不想讓桌子另一頭的同事聽見我們的談話：

「既然現在這份工作要交給其他人，佣金跟我們當初談的就不會一樣了。」簽約不會再由我負責，所以拿到的錢也要適當分配。

適當分配。見鬼的哪裡適當了？這份合約是我提的，我為了讓它成交花了一整年。

「你在說笑吧。」我說。

「沒有，」他回答，「我是說真的。」他說現在團隊裡有這麼多人，我不可能指望拿到跟以前一樣的報酬。

我瞪著他，突然第一次感覺到，不管他以前怎麼告訴我，我又是怎麼告訴自己，我不過就是個有漂亮頭銜的促銷小姐罷了。畢竟，我的工作就是在每次投標的時候，一邊賣公司的服務，一邊「出賣自己」，一次又一次地把自己和公司出賣給奈及利亞大亨、科瑞·李萬度斯基、川普團隊、步槍協會和革命制度黨。這還只是其中幾個買家而已。而亞歷山大也一次又一次地拒絕把談成買賣的功勞算在我頭上。他總是突然自己撲過來，不然就是派惠特蘭或奧茲大帝來簽約，把整筆佣金都給叼走。就算我才是做最多事的人，功勞都是算在某個來「支援」或「簽約」的男人頭上。

我常常把我談成的生意列給亞歷山大看，指出哪些是我主動提出

（還擬好了提案跟合約）和順利成交的。每當我為了自己在這些生意裡的貢獻據理力爭，亞歷山大總是看著清單，剔掉我所列的每一條：「不對，那個是馬特的。這個是我做的。這是羅伯特談的。馬特、杜克、馬特、馬特、我、我、我，還是我。這些都跟妳沒關係。」他總是這樣說，然後就沒了。他甚至還敢說有些生意是麗貝卡的，講得好像她有在做業務一樣！我每次都氣得七竅生煙，空手而回。我好不容易才說服他把墨西哥第一筆生意的佣金給我，但現在他卻要我跟別人分這筆錢，明明當初我開始這項計畫的時候，這些人根本就還沒進公司。

幾年下來，我一直忍耐著他這些輕視，希望之後可以有大筆的回收。但既然現在我要考量的是離開公司和堅持功勞，那對這種待遇我也不用再忍下去了。我已經對這些破事妥協太多了。

我想到了又殘又窮的父親。之前我花了一點時間回去看他。他看起來既純真又快樂，表情已經變得溫柔，頭髮也長回來蓋住了上面的大片疤痕了，不過這都是因為鎮定劑的藥效。他的大腦還在努力適應創傷，所以狀況仍不穩定，有時也有暴力行為，所以我們得帶他搬到別家精神病院。但要搬離這間有醫療補助的設施，開銷就會高到難以負擔，就算付得起也無法持續。我也想到在當空服員的母親，她為了照顧我的父親和探望自己的父親，得在俄亥俄、芝加哥和田納西之間不斷往返。

我也想到了自己。這些年來我一直不願提起太多跟家人有關的事，包括他們悲慘的處境和不幸的遭遇，還有我過的這種優渥富裕的人根本無法想像的生活。我能跟誰聊這些？我選擇策略性地隱藏這些事情。我在劍橋分析和共和黨所認識的那些有權有勢的人，不管是捐款人、贊助者、客戶還是合作夥伴，都認為貧窮是種個人缺陷，沒錢是因為個性和能力有問題，而我死都不會讓他們看到我的那一面。

我推了桌子站起身，朝亞歷山大怒吼：「你在逼我去死！」我為劍橋分析的事業忍了很多，最主要或許是因為我一直假裝這也是我的

事業。但我忍不下去了。

　　我哭了起來，眼淚滾落我的臉頰，落在衣服上。我跟他沒完，還沒。那一輪募資有賺錢，我要拿回我的錢，要麼直接付給我，要麼用我當顧問。那些不只是我賺的錢，是我該拿的錢。

　　我大叫：「我還有家人要養！」

　　亞歷山大抬頭看著我，看著我布滿眼淚的臉，看著我的痛苦。

　　他看起來完全不受影響，既沒有調整態度，也沒有改變說詞。

　　「親愛的，每個人都有家人要照顧。」他冰冷、面無表情地說。

　　我搖搖頭。我只剩一句話好說了。

　　「幹你娘。」我推開椅子離開餐桌，抓起我的東西衝出餐廳。我沒有回頭，連再看一眼都不想。

第 17 章

留歐派啟動全面追殺

2018 年 2 月～ 3 月

　　亞歷山大從來不是個直來直往的人。我以為一句「幹你娘」就代表告別了。不過，亞歷山大總是說憤怒都是一時的；他也會大吼和罵人，然後再當做沒事。他可能覺得我也是這樣。

　　我衝出墨西哥的牛排館不久後，他就像什麼都沒發生過一樣打給我，要我去華盛頓的辦公室幫忙。我不知道下一份薪水在哪，所以我還是答應了，想說如果能在華盛頓談成遊說區塊鏈立法的合約，也不失為輕鬆賺一筆佣金的辦法。接著，倫敦人資部的強斯也在 2 月初把惠特蘭（當然還有亞歷山大）所開的工作條件寄給了我。如果我要成為顧問，我的日薪將會和 2014 年，也就是當初簽約成為 SCL 公司兼職人員時完全一樣。

　　這種條件根本在羞辱我，然後強斯又寫信來說公司要求我遞交正式辭呈。他說如果我要轉任為劍橋分析的顧問，必須先終止全職雇約。雖然對公司來說，這也許很合邏輯，但我真的感覺被冒犯了。

　　那個月稍晚，我回紐約辦公室找惠特蘭的時候，人還在氣頭上。我們見面討論了他跟亞歷山大開的條件，不過沒有達成協議。然而我還是花了點時間看了劍橋分析新的區塊鏈計畫。

　　亞歷山大對區塊鏈似乎有什麼領悟，我的意思是他對數據和隱私

的想法又進化了。計畫上說，劍橋分析「強烈相信消費者應該掌握自己的數據……我們希望開發一種能讓控制權重回個人手中的機制。」還希望能「善用區塊鏈技術固有的開放性與透明性。」

這份使命陳述精準地留住了我對劍橋分析那快速消逝的希望。有一瞬間，我以為公司的風向要變了。我曾見識過劍橋分析在用戶數據這件事的做法有多不入流，但他們現在看起來已經悔改，打算改變整個商業模式還有和數據之間的關係，搖身一變成為數據隱私的鬥士。當然，我這麼想真是大錯特錯。

等我慢慢冷靜開始專心在手頭上的新任務以後，就從惠特蘭身上看到了大麻煩：資訊委員辦公室仍然懷疑劍橋分析在脫歐公投中扮演的角色。他們顯然不滿意當年劍橋分析那份先讓亞歷山大和惠特蘭用共享文件編輯過才交出去、半真半假的答案。有些夜裡，我會因為想到他們不讓我講的那一堆故事而睡不著覺。

英國資訊委員辦公室重啟調查，
我沒有說謊，但隱瞞了一些事……

去年，那個待過《衛報》的專欄作家又開始挖脫歐公投和劍橋分析的料了。她在文章中暗示自己曾經和一些前員工聊過。但她幫他們都冠了假名，所以很難知道到底有哪些人。卡蘿‧卡德瓦拉德還帶領著一群跟她一樣的傢伙，努力想找到空前陰謀的證據──她調查了川普的選舉團隊、脫歐公投和俄羅斯、Vote Leave、Leave.EU 和 AIQ 公司、狂熱的右翼分子還有默瑟父女這些億萬富翁，主張這些人利用了劍橋分析和臉書在美國及英國奪取權力。我覺得這一切都是「假新聞」，主要是因為據我所知，她筆下關於我的事全都不是真的。所以，我為什麼要相信她說的其他東西呢？

但其他人都很關注這件事：從選舉委員會到資訊委員辦公室的所

有人。

　　資訊委員辦公室開始認真調查細節了。有沒有任何劍橋分析的人在 2015 年的 11 月 2 號到 19 號之間，和英國獨立黨的數據團隊見過面？劍橋分析是否曾在任何會議中或會議之後分享過數據？分享的是哪一類的數據，分享的理由是什麼？

　　顯然他們已經先找知悉內情的人做過了功課。

　　正如我先前警告的一樣，亞歷山大和惠特蘭堅持掩飾真相，最終還是會燒到自己，從來沒有人可以完全掩蓋真相。我那時花了一整天來準備答案。雖然沒有說謊，但我因為害怕丟掉工作，也同樣犯下了知情不報之罪。

　　我知道大衛‧威金森博士在 2015 年 11 月 3 號拜訪過獨立黨的總部。我說他曾和許多獨立黨團隊的成員碰面，調查他們手上有什麼數據，我也說過有獨立黨的人曾經送了一顆硬碟到我們辦公室，雖然這樣做完全沒必要，他們在更早之前就送了一臺主機過來。我也提到了 11 月 18 號出席記者會的事。我指出當時參加的原因，是我認為 Leave.EU 打算僱用我們，雖然我們從未簽過合約，也從未替他們建過任何模型。

　　資訊委員辦公室沒有問到我們用獨立黨硬碟的數據做了什麼，所以我沒有提到我們的數據專家在 11 月 3 號到 18 號之間所做的初步模型和受眾區隔，也沒有說我們已經分享過那些數據，因為我只有在記者會前後，還有親自去 Leave.EU 總部的時候，報告過這些數據的摘要而已。我也提到我曾和威金森博士一起出差，前往艾爾頓保險的布里斯托辦公室。

　　6 天過後，惠特蘭寫了一封奇怪的信給全公司，我也收到了。信的內容和資訊委員辦公室完全無關，而是關於這一年來，下議院的數位文化媒體暨體育委員會（Digital, Culture, Media, and Sport Committee, DCMS）針對那些「假新聞」所進行的全新調查。亞歷山大「應邀」在 2 月 27 號前往委員會，去「協助」部會成員理解數據驅動行銷的運作。

他不認為出席會引起什麼負面報導，但還是希望員工要小心謹慎。惠特蘭在信中寫到：我們公司沒有製作過假新聞，所以我們「很樂意幫忙」。與亞歷山大一同受邀的還有許多專家，包括 CNN 和 CBS 等各大新聞臺，還有臉書、推特、Google 及 YouTube 的高級主管。

聽起來都很合理。實際上，惠特蘭信寫得超級樂觀，而且超級英國風，所以我沒有意識到這份邀請其實是大麻煩。

英國國會傳喚亞歷山大，他每一句證詞都疑點重重

亞歷山大去英國國會那天，我正在舊金山參加一場區塊鏈活動。隨著事情在英國的發展，我的手機開始響個不停。朋友們紛紛傳訊給我，說我的名字在國會被提起，而且不只一次。羅勃・莫特斐德把每句話都一字不漏地傳給我了。委員會對假新聞的調查並不像許多脫歐派人士所宣稱的一樣，是為了用政治宣傳重啟公投，或發動「全民複決」來動搖脫歐公投結果的學術活動。亞歷山大不是被邀請去分享他對假新聞散播的看法。他是被傳喚去解釋劍橋分析在這份共犯關係中扮演什麼角色的。

DCMS 委員會有 11 名成員，當天共有 9 人出席。部長叫做達米安・科林斯（Damian Collins），他是一個正經嚴肅的保守留歐派，而且出身廣告業。他坐在亞歷山大的正對面，兩人中間是一張 U 形的桌子，周圍坐著另外 8 名委員，全都是國會議員。他要求肅靜之後，就直接問了他想知道的事：

為什麼，既然劍橋分析堅持從未替 Leave.EU 工作過，貴公司卻一再對大眾宣傳有呢？

亞歷山大一如往常穿著整齊的海軍藍外套和名牌眼鏡，呆板地唸起他的開場白，表示他覺得 DCMS 委員會也成了劍橋分析假新聞的受害者，讓他覺得很諷刺。這件倒楣事的起因，是有個過度熱心的公

關顧問發了一份錯誤聲明。劍橋分析一發現這個錯誤，就「對所有媒體徹底地明確澄清過，我們並未涉入」脫歐公投。

科林斯也明確澄清，他不相信亞歷山大的解釋。

就他在廣告業界的經驗（儘管是《廣告狂人》[Mad Men] 影集那種非常傳統、被亞歷山大認為已經完蛋的業界），確實是存在過度熱心的公關人員。但現在談的可不是一般的新聞稿，而是業界權威《Campaign》雜誌上的文章。科林斯面前就放著那篇文章。文章的標題是〈大數據如何幫助唐納‧川普：專訪亞歷山大‧尼克斯〉（How Big Data Got the Better of Donald Trump: A View from Alexander Nix），刊印的時間是 2016 年 2 月，就在泰德‧克魯茲在愛荷華州黨團會議中擊敗川普之後，脫歐公投之前。

亞歷山大要求那篇文章提到，劍橋分析最近已「和 Leave.EU 組成團隊」，成功讓他們的社群媒體宣傳大為起色，臉書每天都會多出 3,000 個新的「讚」。[1]

科林斯繼續說，一間公司的領導人物竟然允許發布這種錯誤資訊，上面還有他的名字，這實在非常奇怪；而且為什麼在發現這些資訊被公諸於眾之後，亞歷山大沒有大力要求撤下這篇文章？為什麼這篇文章還放在雜誌的網站上？

亞歷山大平靜地回答，他完全不知道。科林斯的這些問題，不管是其他地方還留著這類聲明，或是沒有公開回應及要求作者更正的原因，他都一概不知。Leave.EU 仍在網頁上宣稱他們有和劍橋分析合作，而確實，威格摩爾也曾發推文說：「你真的該用劍橋分析……我們就用了……強力推薦他們。」

有個長著雙下巴，看起來很開朗，叫做伊恩‧盧卡斯（Ian Lucas）的議員操著東北部的蓋茨黑德（Gateshead）腔，取起一本班克斯的《脫歐壞男孩》，挖苦地問：亞歷山大有沒有這本書？如果沒有的話，最好去買一本來讀。班克斯在裡面寫說，他僱用了劍橋分析這間公司，用「大數據和尖端心理圖像」來「影響人們」。

亞歷山大油滑地回答，他無法控制班克斯先生。他再三嘗試要讓班克斯修正這些言論。但班克斯顯然很不受控。

「你可以提告不是嗎？」盧卡斯嘲諷地問，「這麼說來，他都在說謊，他騙了大家，對嗎？」

亞歷山大嘆了口氣，他顯然不願意對國會指控艾隆‧班克斯是個騙子：「他在說謊。」他回答得很暴躁。

接著科林斯把話題帶到了另一個方向。他想起在他那非常過時的廣告業經驗中，廣告公司向潛在客戶投標的時候，通常會用客戶的素材製作一些新的範本或是「宣傳草稿」，展示他們能為客戶做到什麼。劍橋分析有沒有做過那種東西？

亞歷山大駁斥了這個想法。在簽約前預先準備範本需要大量的數據分析，不但複雜也需要大量人力。

他皺著眉，顯然很不耐煩：「聽著，雖然你說的都沒錯，但重點是我們根本沒幫他們工作過，」他用指節敲了敲桌面以示強調，「不管是這場選舉，還是其他選舉。我們沒有參與過公投。我們可以繼續耗下去，但我想我們還是面對事實吧，我們沒有參與過，」他又敲了桌子，「沒有就是沒有。」

他強調的同時，看起來也非常疲倦。他舔了舔嘴唇，臉上沾了一層薄薄的汗。

這個動作像是鮮血滴進海水，鯊魚馬上嗅到了氣味。

賽門‧哈特（Simon Hart）傾身，他來自彭布羅克郡（Pembrokeshire）西南方的卡馬森（Carmarthen），身材瘦削，臉型狹長的保守黨議員。他熱愛戶外運動，會在政務閒暇之餘出去獵獵。

他尖銳地指出劍橋分析「透過瞄準脆弱的選民，來影響他們的投票行為」。亞歷山大是否認為，他的營生手法對社會有正面的貢獻？他心裡到底有沒有「道德的羅盤」，還是只考慮過要付清帳單？他曾不曾自問過，自己有什麼社會責任？

其他人接著一擁而上。

OCEAN 模型對於理解人們的個性，以便操縱他們如你所願地行動，不會不夠細緻嗎？亞歷山大是不是把自己粉飾成「全能的存在」？

你們公司宣稱對全美國的成年人，也就是整個投票人口的每個人，都擁有將近 5,000 個資料點。美國的每一個成年人都知道這件事嗎？

劍橋分析在美國而非英國做生意這件事看起來很奇怪，你們不是也蒐集過英國大眾的資料嗎？

劍橋分析和臉書是什麼關係？跟阿列桑德‧柯根博士又是什麼關係？

你們公司有沒有遵守國外的相關法令？劍橋分析或 SCL 公司是否曾代表其他人，在其他國家進行過政治活動？

SCL 公司和劍橋分析有何不同？他們有共享資訊和資源嗎？

為何像史蒂夫‧班農這種美國保守派政治人物也是公司董事？

亞歷山大每個問題都回答得很爛。

我們公司不是建立在恐懼上。我們盡可能將最好的一面呈現給客戶。我們沒有挑選個別選民；選擇性投放訊息只是為了不要浪費錢。我們有一個內部法律團隊，負責確保公司有徹底遵守其他國家的法律。史蒂夫‧班農加入是為了提供在美國如何行事的建議。接著他又把 Leave.EU 的事情，比喻成一連串缺乏「價值主張」（value proposition），最後沒有結成婚的約會。我不知道為何 Leave.EU 沒有選擇和劍橋分析合作。我沒有覺得自己無所不能。我也想不到公司做過什麼有道德疑慮的工作，但我會回去查查，如果找到什麼相關的東西，就會回來交給委員會。

整個回答的過程中，他不斷停停頓頓、結結巴巴，手敲著桌子，臉愈來愈紅，用詞也愈來愈空泛。

接著亞歷山大解釋起了希望幫客戶工作、計畫幫客戶工作、與客戶合作和為客戶工作之間的差別，讓一名委員抱怨他覺得好像在「聽

　#重啟調查　#國會傳喚　#開除信

著英文這門語言在他耳朵裡變形」。

但亞歷山大還是堅持，我們從來不曾與 Leave.EU 合作過。「我不知道要怎樣才能解釋得更清楚……不管你們怎麼看，還是這件事看起來怎麼樣，或是有誰對整件事說過什麼，我們都跟他們……沒有正式的合作關係。我們並未與該組織，或是任何組織在脫歐公投這件事上有過合作。」

可是沒人相信他。

在幕後操作史上最偉大影響力機器的那個男人，竟然無法讓他的觀眾動搖。事實證明，他們都是標準的「不可說服選民」，在話題轉到我身上的時候更是如此。

那麼布特妮・凱瑟呢？他們問道。她在 11 月的記者會上宣布，劍橋分析正在「替 Leave.EU 進行一份大規模研究」，到底是什麼意思？這個布特妮・凱瑟到底是誰？

亞歷山大舔了舔嘴脣，說：「布特妮・凱瑟曾經是劍橋分析的員工。」

對我來說，這句話的意義重大。我聽見了，他說的是「曾經」。

遭到公司火速切割，無預警收到開除信

我沒有看亞歷山大的質詢直播。我是事後才讀到報導的，感覺更糟。

我在劍橋分析待了 3 年多，而在去年一整年內，我一直在扭曲自己，所以我清楚公司變成了什麼樣子。即使劍橋分析和亞歷山大的行為不斷亮起警示燈，我仍一直用家裡需要錢，或是我需要更穩定的事業規畫，來合理化這些選擇。

而當我坐下讀完亞歷山大在國會的發言後，我不禁想一開始同意為劍橋分析工作時所面臨的兩難。從那之後，我和亞歷山大的故事就

是一個不斷妥協的故事。為了前進和成功，我一次又一次地妥協，以致於有一陣子，我忘記了那些對我最重要的價值。直到現在，我才加入區塊鏈產業、為個人數據計畫一個不同的未來，希望能夠導正這艘船，用我在劍橋分析的經歷做一些小小的贖罪，也希望這間公司會補償我所投入的一切。

但看見我的名字出現在國會聽證的紀錄上，終於戳破了我腦中這些雜音和理由，我和劍橋分析共度的時光結束了。不再有一份區塊鏈顧問的工作等著我。我也不會一邊投入更大型的數據經濟，一邊和公司保持一線往來。不會有大筆配股了。彩虹的盡頭最終並沒有滿盆黃金。

我已經無路可回。布特妮‧凱瑟這個名字，顯然已經成為亞歷山大‧尼克斯和劍橋分析的負債。

3月9號，我還在想著這一切代表什麼結果時，收到了一封公司寄來的通知時。寫信的是人資部的強斯。信的開頭是：「親愛的布特妮，」

如您所知，人事團隊已多次要求您提供文件，確認您在 2018 年 1 月 31 日與亞歷山大‧尼克斯所進行，有關結束與本公司僱用關係之對話內容。

由於您尚未提供該文件，請查收附件之回信，確認您與本公司之僱用關係，已如您與亞歷山大‧尼克斯之協議終止。

如有任何關於附件之疑問，請以電話或電子郵件與我聯絡。

就這樣。信上說的是我罵亞歷山大「幹你娘」的那個晚上。

我匆匆寫了一封信，告訴強斯、亞歷山大和惠特蘭，告訴他們我並沒有辭職。我說很多人都跳船了，但我不會這樣對他們。我不是那種人。整件事的確像是跟雲霄飛車一樣，但把他們甩到半空中不是我的本意。

#重啟調查 #國會傳喚 #開除信

3 天過後，亞歷山大回信了。那天是 3 月 15 日，凱薩遇刺日。

他在信中說自己很遺憾要寄出那封開除信，「但顯然這段關係無法繼續下去了」。至於日後，如果我有什麼打算跟他談的，可以和他的祕書約時間。

沒什麼比這更清楚了。

他「希望我過得不錯」。

然後簽了一個「A」。

我放下手機，站上記者會的講臺，不再懷疑為什麼我會要求主辦者不要在我的識別證上印「劍橋分析」，而是印上「DATA」——意思是數位資產交易協會（Digital Asset Trade Association），我最近成立的區塊鏈非營利遊說團體。

第 18 章

震撼爆料，
劍橋分析非法持有臉書個資

2018 年 3 月 16 ～ 21 日

　　我一直好奇，亞歷山大是否曾經預見破壞球橫掃而來的這一刻，接著看它一下又一下，轉眼將他的公司夷為平地。

　　3 月 16 號，星期五，亞歷山大寄給我那封告別信還不到 24 小時，我的手機就不斷顯示有朋友和前同事寄來的簡訊。當天稍後，臉書副總裁兼副法務顧問長保羅・葛瑞沃（Paul Grewal）也發表聲明，表示他們已經暫停了劍橋分析的臉書使用權限。臉書最近接獲消息（但聲明中並未說明消息來源），劍橋分析在 2015 年告訴臉書公司，已經刪除了來自阿列桑德・柯根博士的數據，然而事實並非如此。臉書得知劍橋分析仍擁有這些數據。另外，葛瑞沃還寫道，除了劍橋分析以外，臉書也停止了其母公司 SCL 公司、柯根博士和 Eunoia Technologies 的克里斯多福・懷利的使用權限。

　　根據臉書的說法，劍橋分析、柯根和懷利都曾向臉書保證，他們已不再持有非法取得的數據。如果這些指控為真，這代表劍橋分析已經兩度不可饒恕地違背了臉書的信任與使用條款。[1]

　　葛瑞沃將這份聲明貼在臉書網站上，這份消息也立刻像野火一樣傳遍了世界。

　　我看了聲明和報導，好奇劍橋分析怎麼還會有 2015 年底《衛

#臉書停權 #5,000萬人數據失竊 #臥底調查 #烏克蘭女孩

報》那篇文章提到的數據。泰勒博士跟臉書確認過他已經刪掉了那些東西。如果劍橋分析還有人擁有，那會是誰？他們為什麼要留著，懷利和 Eunoia Technologies 又打算拿它來幹什麼？

「劍橋分析」一旦失去臉書的使用權限，整個商業模式都會崩毀

我沒有見過懷利本人，但 2015 年初，我曾和他通過電話。我那時候還是新人，亞歷山大給我的任務是打給所有 SCL 的分公司和關係企業，跟他們介紹我自己。蒐集銷售線索的同時，我也要跟每一間分公司確認，看看他們可能會提出什麼想法和業務。

SCL Canada（加拿大戰略溝通實驗室）是我們在卑詩省維多利亞的合作公司，後來我才知道他們又叫做 AIQ 公司，當時接我電話的人正是懷利。

我對他稍微有點認識。聽說我進來以前他曾在 SCL 工作，然後在 2014 年的某個時候離開，加入了後來的 SCL Canada。其他同事之間流傳著一些八卦，他們告訴我，懷利之前在泰勒的領域管理過某種科技專案，不過技術水準並不高。他稱不上是數據科學家，但一直假裝自己是。大家覺得很難跟他合作，而且他離開公司的時候似乎對什麼很不滿，不過沒有同事跟我提起他可能在不滿什麼。

2015 年初打給懷利那通電話也不太順利。他不怎麼友善，也不怎麼想說話，而且聽起來很沒耐心，像是正忙到一半急著回去繼續一樣。或許是我不太討喜。或許是我太粗魯或是熱情過頭了。我不了解懷利之前走得這麼不爽，為什麼還在 SCL Canada 工作（說不定他只是調職而已），但我掛上電話的時候，並沒有想到要拿這件事去問別人。而那是我目前為止最後一次聽到懷利這個人。

臉書發表聲明的那天晚上，我人既不在英國，也不在劍橋分析。

我是在波多黎各看到消息的，當時我正要去參加「重新開機週」（Restart Week），那是區塊鏈產業為振興波多黎各 2017 年 9 月以來遭颶風重創的經濟所舉辦的活動。瑪利亞（Maria）是場恐怖的 5 級颶風，以每小時 281 公里的風勢，摧毀了島上的基礎設施，並造成前所未有的人道危機。波多黎各成千上萬的人無家可歸，電網也幾乎全毀。風災讓人民幾乎無法取得醫療、清水、食物和燃料，將近 3,000 人死於颶風及後續的災情之中。區塊鏈產業想藉由重新開機週，在島上投資一座創新、商業和科技中心，並趁著有數千名企業家、思想領袖、說客和充滿好奇心的新人雲集於此，帶動波多黎各的觀光收入。另外，重新開機週也希望為這個複雜而讓人感到不透明的業界，建立正面的公共形象；這一週所提供的服務是為了澄清區塊鏈不會帶來無政府式的破壞，反而能真正建立和重建社群。

我不確定該怎麼看待臉書的聲明。如果臉書不恢復劍橋分析的使用權限，劍橋分析的整個商業模式都會大亂。這間公司不太可能撐過這種打擊。因為他們以及客戶都完全仰賴這個平臺，幾乎是在靠它維生。劍橋分析每次宣傳的廣告花費，有 90％都花在臉書上；沒有臉書的話，劍橋分析就一無是處。雖然我人已經不在裡面了，但我還是忍不住感到一陣唏噓：這間一度前程似錦的公司，終於走到了盡頭，而且不是因為政府的聽證和監察，而是因為臉書的權力。

隔天是 3 月 17 號星期六，我一大早就和其他人從重新開機的本部出發，前往偏鄉地區協助復原。我大部分的時間都和外界失聯，忙著和一個叫做「離網救電」（Off Grid Relief）的組織一起在鄉村地區安裝收納式太陽能板。這些人好幾個月來都無電可用，冰箱用不了，也沒有燈光，更遑論網路和電信服務。手上再度沾滿泥巴、親力動手幫助他人的感覺很好。能看到家家戶戶亮起燈火，繼續使用家電，在災後重新開始日常生活，令我感到欣慰。

我開心得完全忘了我的手機，不過當網路接通後，它又像昨天一樣亮了起來，顯示我有一封又一封的簡訊。當天稍早，劍橋分析針對

臉書的停權發表了一篇聲明，說他們已完全遵守臉書的服務條款，並正與臉書合作「解決問題」；不過這份聲明很快就被一波比昨天更混亂、更災難的新聞給淹沒了。

現代科技史上最大數據外洩案，「劍橋分析」伺服器藏了上百 GB 的臉書數據

卡蘿‧卡德瓦拉德和《紐約時報》合作，同時發布了一份關於劍橋分析和臉書的調查報導，而懷利在這些事件中的角色又更為重要了。每一篇報導的爆料都細得要命。懷利宣稱自己一直為劍橋分析守著黑暗的祕密，而現在的他又成了向世界揭露祕密的英雄。

卡德瓦拉德的文章標題是〈揭祕：劍橋分析如何在大規模數據外洩中獲取 5,000 萬份臉書檔案〉（Revealed: 50 Million Facebook Profiles Harvested for Cambridge Analytica in Major Data Breach）。副標題則是：「打造史蒂夫‧班農的心理戰兵器之人：數據戰爭的吹哨者」（'I Made Steve Bannon's Psychological Warfare Tool': Meet the Data War Whistleblower）。

懷利的指控如果是真的，對全世界的人們，特別是英國和美國人都是一大衝擊；而我也很不幸被他搞糊塗了。跟那些劍橋分析前同事們一再告訴我的事比對之下，這些指控都令人難以消化。

首先，懷利說他手上的一批郵件，可以證明劍橋分析其實和劍橋大學的米肖爾‧寇辛斯基教授（2016 年《Das Magazin》文章的主角，還有「我的性格」app 的設計者）有過交易。另外，他還說自己有證據可以證明，柯根最終接手了 SCL 公司希望由劍橋大學心理計量中心負責的研究，這樣 SCL 公司就無須費心檢查研究是否合法，或是遵守臉書的條款。

不過最要命的是，懷利手上還有柯根和劍橋分析間雙方生效合約的影本，裡頭明列了柯根須進行的研究，這些研究不像柯根所宣稱，

是為了學術目的，而是明明白白的商業研究。懷利還有收據、付款通知、線上匯款和銀行紀錄的備份，可以證明劍橋分析曾付了柯根的公司「全球科學研究機構」（Global Science Research）共 100 萬美元的鉅款，請他盜取臉書數據；其他紀錄則顯示劍橋分析在偷取臉書數據和建模的計畫上大約花了 700 萬美元。

據懷利說，柯根靠著好友 API，一個星期就能弄到 5,000 萬人的臉書數據。他知道柯根這樣迅速而大量地提取數據，已經引起了臉書的注意，但不知為何，臉書卻選擇忽視，這代表臉書保護用戶隱私及數據的方法，顯然有所缺失。

5,000 萬這個數字幾乎是數據失竊用戶人數的兩倍，而劍橋分析也正是用這些數據來對 2 億 4,000 萬美國人進行建模。在那次數據和性格側寫的大豐收後，劍橋分析就能用預測演算法和其他買來的數據，根據「OCEAN 計分法」等不同的模型，將每一個 18 歲以上的美國人分類為「開放」、「嚴謹」、「神經質」等等類型。這就是為什麼他們的「精準鎖定」技術會這麼準確有效。而這只是劍橋分析的其中一項祕密武器。

更驚人的是，懷利還指控劍橋分析仍然握有川普選戰中，那一批被用來針對美國人進行投放的原始數據。也就是說，劍橋分析從臉書非法獲取的數據，已經永遠改變了歷史的走向。

卡德瓦拉德的文章也追問了這批數據現在在哪。一名比亞歷山大更早在達米安·科林斯和數位文化媒體暨體育委員會面前作證的臉書主管判斷，劍橋分析不可能還握有這批數據。根據他 2 月 27 號對數位文化媒體暨體育委員會的證詞，亞歷山大已強力主張，劍橋分析手上沒有任何臉書數據。懷利在《觀察家報》（Observer）的網頁上大聲質疑：這些數據是劍橋分析的事業基礎，是他們招牌商品「心理圖像」的來源，他們怎會刪掉這些數據？更何況要弄到這些數據並不便宜。

他說自己在 2016 年就曾收到臉書來信，詢問他是否已經刪除所

知的一切。臉書只要求他簽名確認，沒有要他出示其他證據。他寄出了確認信，但臉書並未進一步追蹤，也沒做任何必要的調查。這讓懷利不禁質疑，就算他手上有 8,700 萬名用戶數據，臉書又怎麼會知道？[2] 劍橋分析手上當然有這些數據。他說，而如果劍橋分析確實還留著，亞歷山大就是對英國國會說謊，而臉書則犯下了令人難以置信的疏失。

《紐約時報》的文章比卡德瓦拉德更積極想找出這個大哉問的答案。而答案是劍橋分析確實在知情的狀況下握有這些扒來的數據。他們顯然根本沒刪除過。

新聞的標題是〈川普顧問群開採臉書百萬數據之計〉（How Trump Consultants Exploited the Facebook Data of Millions），由馬修・羅森堡（Matthew Rosenberg）、尼克・孔菲索（Nick Confessore）撰寫，卡德瓦拉德也有署名，原因顯然是她把懷利這個消息來源介紹給了《紐約時報》。這篇報導主張這些數據依然存在，而且《紐約時報》已經看過一部分劍橋分析所持有的臉書檔案。一名前劍橋分析員工（不確定是不是懷利）說他最近才在劍橋分析的伺服器裡，看到了好幾百 GB 的臉書數據。[3]

如果這是真的，那這兩篇文章都有著令人不安的意涵，也具有深遠的影響。劍橋分析一再對臉書說謊，還靠著幾封郵件往來就安撫了臉書。

如果這些指控是真的，那泰勒在 2015 年寫信給臉書說已經刪除了所有數據、備份以及所有痕跡，就是在說謊。他說柯根的建模幾乎沒有用處，只能算是概念驗證，恐怕也是在說謊。這一切都代表，劍橋分析只不過是用來掩飾現代科技史上最大的數據外洩案，以及當代最大醜聞的一小片遮羞布。

人們把這次外洩案稱為「數據門」（Datagate）。

讀到這些的時候我感到一陣暈眩。而且我在讀的時候，還有更多人傳簡訊給我：

「真的嗎？」

「妳知道這件事嗎？」

「到底發生什麼鬼了？」

陷入羅生門：懷利早已離職，
他怎麼可能拿的到「劍橋分析」內部數據？

我到底攪和進什麼裡面了？在我四處代表劍橋分析的時候，背地裡到底發生了什麼？

我跟一個朋友在準備晚上的派對時，他問我發生了什麼事？我自己也不知道，我想跟他說有人曾經轉寄亞歷山大‧泰勒和臉書的艾莉森‧漢德瑞克往來的郵件給我，不過剛開口立刻又決定不說了。

我是在 2016 年 1 月收到這些郵件的，當時離幫川普陣營建立資料庫的阿拉莫計畫開始，還有好幾個月。我以為這一份數據集在劍橋分析替他們工作前就已經消失了。

我的心跳開始加速。然後我抓起手機，開始搜尋信箱。接著找到了那為期一週的對話紀錄，主旨是「無罪聲明」。就是這個，泰勒同意遵從要求，以及漢德瑞克回信表示感謝。白紙黑字。

我怎麼會相信泰勒博士的說法呢？因為我當時完全沒有理由懷疑他。我又不是數據科學家。我從來沒有進入過劍橋分析的資料庫，沒看過裡面的內容，只是向客戶夸談我們所擁有的一切。我知道我們有臉書的數據，但泰勒向我和其他人保證這些數據都是正當取得的。我曾經上百次驕傲地提起 SCL 公司和劍橋分析的建模及受眾搜尋能力，而那些驕傲或許都是建立在謊言和托詞上。

我在這一刻陷入了混亂。《紐約時報》的報導看起來很可信，而且我知道內容都經過了查核──雖然過去這一年，他們刊登的一些關於我和劍橋分析的新聞，也被證實不夠準確，並多次發布了更正。但比起來，卡蘿‧卡德瓦拉德的文章要顯得更可疑。

想到這，我又回顧了一下她那些文章。我從來不相信她的報導，因為她筆下跟我有關的事情，就算退一步說也是不夠精準、流於臆測。不久之後，她還引用了一個匿名來源，說我用比特幣「灌」了不少錢給維基解密（我猜她指的是我 2011 年捐的論文感謝金），還找過朱利安・亞桑傑討論美國大選。她推斷我可能就是古西法二世（Guccifer 2.0），也就是俄國、民主黨全國委員會洩密案，還有維基解密之間的聯絡人，這實在太過頭了。她對我的指控造成了嚴重的附帶傷害：我隔天就收到了特別檢察官穆勒的傳喚，而她在 9 個月後的文章裡卻抽掉了日期，講得傳喚才剛發生一樣，讓全世界的人變得更混亂，也一併混淆了真相。

不過就我看來，早在發表這些「新聞」以前，卡德瓦拉德就罔顧新聞倫理，散播了多得離譜的不實資訊（特別是在推特上），從不讓我在發表前有任何表示意見的餘地。我認為這根本是她的老把戲，我憑什麼要相信？

另外，懷利這個人似乎也不太可信：他是個心懷不滿的員工，而且除非 SCL 公司或劍橋分析裡面有人當他的內應，不然他取得資訊的管道也一定很有限。

而且，他把自己說成心理圖像建模的創造者，這和我同事對他的描述大不相符。他把自己放在劍橋分析創世神話的舞臺中心，但我聽到的傳說可不是這樣。他說他跟亞歷山大飛遍了世界，也跟班農交往密切；是班農在麗貝卡的紐約公寓，把他和亞歷山大介紹給默瑟父女的。這跟其他人告訴我的故事並不一致。

他連在卡德瓦拉德的筆下都顯得很奇怪。這個頂著粉紅頭髮的高中輟學生，明明沒有任何學位，卻不知道為什麼能在倫敦政經學院做研究。他因為嚴重的學習障礙離開了加拿大卑詩省的維多利亞，又因為寫程式的天份而成了劍橋分析的「研究主管」。他還把自己描繪成了一個難以捉摸的人物：一個替史蒂夫・班農創造了「心理戰操縱兵器」（psychological warfare mindfuck tool）的素食主義同性戀。[4]

到底要怎樣，才會讓一個時尚趨勢學的博士候選人有辦法想到要用臉書檔案、OCEAN 計分法還有預測演算法，來幫選舉做用戶建模和「精準鎖定」？他還說自己很熟悉寇辛斯基的學術研究，是 SCL 公司能找到柯根博士的關鍵人物。在克里斯多福・懷利口中，他就像是法蘭肯斯坦博士（Dr. Frankenstein），而劍橋分析的技術則是失去控制的科學怪人。

亞歷山大曾在一場公司派對上告訴我，他正在跟幾個前員工打官司：「他們都覺得自己有本事離開 SCL 公司出去開山立派！」接著他又說了這些人是怎麼奪取他的人脈、搶走原本屬於他的標案。懷利就是其中一個，而亞歷山大正要用違反契約義務把他告到脫褲。他說懷利是個無論如何都不能信任的無賴罪犯。

所以我開始好奇，這兩邊講的各有多少實話？卡德瓦拉德其他的文章也充滿了讓我覺得不太可能的陰謀論。好比說我現在才看懂，她一年前寫的某篇文章裡的匿名消息來源，指的就是懷利；她在文章裡再度高調質疑，劍橋分析和俄國雙方是否在川普勝選和脫歐公投中有所牽扯。她推測的依據是偶然發現了一份劍橋分析對盧克石油（Lukoil）的提案書，該公司的執行長是前蘇聯的石油部長，同時弗拉德米爾・普丁（Vladimir Putin）也是其合夥人，我剛進 SCL 公司時不久也看過懷利那份提案書的影本。卡德瓦拉德雖同意劍橋分析並未正式替盧克石油工作，但仍然沒有因果關係的證據就想要把雙方扯上關係。這個假冒偵探的專欄作家還想把劍橋分析和維基解密、希拉蕊失勢和川普崛起都串在一起；她推測當初亞歷山大聯絡維基解密，希望獲得希拉蕊的郵件時，亞桑傑和亞歷山大都謊稱兩人最終並沒有合作。她太想要找到一把冒煙的凶槍，於是搞得處處硝煙，弄出了克里斯多福・懷利這樣的傳奇人物，還有劍橋分析這樣像軍情六處一樣到處搞心理戰的邪惡企業。

我滿腦子都在想這些事，不知道該相信誰，也不知道該做何感想，結果整晚都沒睡好。最讓我不得安眠的，是懷利這個待過時尚

業，看起來完全不像這方面權威的角色，卻說出了一些很有見地的東西。他對劍橋分析的說法確實有部分和泰德·克魯茲的初選，還有總統大選的選情吻合。他說唐納·川普這幾年的爆紅，「就像（澳洲那種內襯羔羊毛的）雪地靴」一樣令人費解。而要讓人們喜歡上川普，需要的伎倆就跟讓人們覺得雪地靴不醜一樣。醜歸醜，但只要讓世人覺得並非如此，大家就會突然願意穿上它們。

在卡德瓦拉德的報導中，懷利描述了他這樣一個背景駁雜的人，是怎麼會進 SCL 公司替亞歷山大工作的；奇怪的是，他讓我想起了自己的經歷。他一直是個自由派，本來也都是為民主黨的事業工作，不太像會做這行的人。但亞歷山大說服他，來 SCL 公司工作可以支持他的興趣，讓他有資源和資金從事他的熱情所在。懷利說，亞歷山大給了他一個「無法拒絕」的提議。

如果可以在這裡工作，妳為什麼要單打獨鬥呢？亞歷山大是這麼對我說的。他對懷利說的也差不多：「我們會讓你有徹底的自由。過來盡情實驗你瘋狂的想法吧。」無論我跟懷利有多大的不同，我們都說了會考慮。然後我們都無法拒絕亞歷山大。我們都說了「我願意」。

我對懷利產生了片刻的同情，但我還是忍不住好奇，整個故事是否比眼前所見的還要複雜。懷利是不是用這個機會在報復亞歷山大的控告？他是為了生意被前老闆搶走而報復嗎？他哪來的權限知道哪怕半點這些事情？脫歐公投和川普競選期間，他甚至已經不在公司裡了。他有自己的數據公司，在這兩個案子上都和劍橋分析競標過。任何吹哨者或提供法律證據的人，都不會一直重複無法證實的謠言。我一面氣得想哭，一面準備面對接下來發生的事。

臉書不承認數據外洩，指控「劍橋分析」偷竊

3 月 18 號，星期天，我在波多黎各老聖胡安區（Old San Juan）的活動上談了一些區塊鏈和數據所有權的東西。幾天前剛到波多黎各的時候，我還覺得自己進了區塊鏈這個新圈子。現在我卻看著聽眾，想著他們有多把我看作一分子。大家都讀過了那些新聞。每當我在研討會裡走來走去，總會有人來問我對劍橋分析和臉書的大災難了解多少。

對於那些指控我不知道該說什麼——人們很難相信，我曾推銷過劍橋分析的服務、宣傳過我們能用數據做些什麼，卻沒有仔細看過資料庫裡的東西，因為我不但不知道如何進入，也沒有使用那些複雜內容所需的密碼。我只知道公司告知我的東西。這句話聽起來像是藉口，但該死，我也只能這樣說。

而且我是靠著劍橋分析的關係，才輕鬆快速建立了自己的形象和聲譽，所以更難讓人相信我的說法。就像待過歐巴馬團隊曾經是我在劍橋分析的名片一樣，待過劍橋分析對我在區塊鏈業界也有著差不多的意義。所以就算告訴人們我已經不為劍橋分析工作了，大概也沒什麼用，而且整個故事也很難用三言兩語解釋清楚，甚至一席長談也沒辦法，再長也一樣。

整天下來，我感覺愈來愈不爽。我來這裡是要參加一場專業研討會，探討對於數據隱私和所有權的新觀點，但我是誰、我在那裡做什麼，卻一點都不重要，至少對其他人不重要。在那晚的派對上，一個曾表示有意邀請我加入顧問團的業界大人物拿著酒來找我，他把我拉到一旁說：「嗯……關於上次……」，然後收回了邀請。

我不記得當晚還發生過什麼了。我一直喝到那些新聞從腦袋裡消失，結果隔天早上醒來，我除了嚴重宿醉，還要面對更悲慘的事。那天有一場不對外開放的全天外出行程，參加者都是些高級投資人，而我的邀請被取消了。不過兩天時間，全世界就多了幾千條新聞。我花

了一整天追完以後覺得自己都快瘋了。臉書自從 3 月 17 號以來就異常安靜；葛瑞沃在當天修改聲明，表示臉書打算調整之前的說法，劍橋分析等公司的行為令人髮指，但臉書一方並未構成數據外洩。這份訊息顯然是為了控制損失，但馬克・祖克伯並未發表任何公開聲明，只留下一片沉重而不祥的沉默。

3 月 18 號，我打開收信匣，發現儘管我已經收到了終止契約通知，但劍橋分析還沒有關掉我的信箱。我感到欣喜若狂——裡頭有著將近 4 年的通信紀錄和文件，或許有什麼可以幫我了解，到底發生了什麼事。我掃視所有信件，發現一封來自惠特蘭的信，那是一封給全體同仁的會議通知，內容是標準的惠特蘭風格：「這是一個簡短的會議……將向各位報告一些我們目前所接受的新聞調查。」全體員工將於英國時間下午 3:00，集合在倫敦、華盛頓和紐約的會議室。

我還在 LinkedIn 發現了一封之前沒注意到的訊息。傳訊的是我的朋友保羅・希爾德，就是 2016 年 3、4 月跟我在倫敦見面的作家兼社運家，我曾和他討論過未來出路和我對數據的顧慮。我們之後還碰了幾次面，但已經有好一陣子沒聯絡了。他回應了我的 LinkedIn 檔案更新：我更改了個人資訊，說明我已經不在劍橋分析工作了，另外也提到我最近成立了自己的非營利遊說團體「數位資產交易協會」，協會的目標是和各國立法機關合作，研擬更好的數位資產政策，包括讓用戶有更多權力掌握自己的數據。

保羅的訊息寫道：「恭喜。最近聊聊？很高興看到妳建立自己的帝國。」

英國電視臺設局，
「劍橋分析」承認曾經誘陷、賄賂、仙人跳各國候選人

第三波，也是最糟一波有關劍橋分析的壞消息，在 3 月 19 日星

期一的下午到來。

英國的第四頻道（Channel 4）進行了為期 4 個月，針對劍橋分析的誘捕調查。這份報導記錄了與亞歷山大、滕博爾還有泰勒博士的會面，內容罪證確鑿到令人不忍看下去。

記者假裝代表一群斯里蘭卡富豪，他們打算在國內資助一場骯髒的選舉，因此找上了劍橋分析。劍橋分析在這 4 次會面中提出了一堆極盡黑暗、遊走法律和道德邊緣的陰險招數、行動與作戰方針，而且每次會面都有影像紀錄。其中一名記者假裝是中間人，另一名則是他的助手，兩人都帶著竊聽器。記者在騎士橋（Knightsbridge）和貝爾格拉維亞（Belgravia）的飯店、餐廳及會議室，和泰勒、滕博爾和亞歷山大碰了幾次面，拍下了這些劍橋分析的傢伙，特別是滕博爾和亞歷山大一邊吃著午餐，喝著雞尾酒，吹噓劍橋分析的神祕力量。

在其中一段，滕博爾問了這些「斯里蘭卡人」對「情報蒐集」有沒有興趣。他說劍橋分析在許多從事這些工作的「特別組織中有人脈和合作關係」。他指的是軍情五處、軍情六處、退役間諜和以色列特工，他說這些人很擅長從敵對候選人家裡扒出見不得人的祕密。

「斯里蘭卡人」說，這些事情都不能被人發現。所以合約要用其他單位和名義來簽訂，他們可以付現金。「沒問題，不會留下任何紀錄。」滕博爾告訴他，接著繼續說起劍橋分析如何在某個東歐國家「來無影去無蹤」地完成一場「地下行動」。

亞歷山大跟他們解釋，劍橋分析會借用別的外殼在暗中行動。

這些人還炫耀了他們 2013 和 2017 年在肯亞的工作成果，跟這些「斯里蘭卡人」說了甘耶達，還有他們替他創了一個黨的故事。

最重要的是，亞歷山大和滕博爾當面告訴客戶，這些政治宣傳都無法追蹤和追究到劍橋分析頭上。

「沒有人想得到的，『才算是政治宣傳』。」

「斯里蘭卡人」聽說劍橋分析擁有最頂尖的心理圖像技術，沒有人比得上。它運作的前提是，宣傳的基礎不是事實，而是情緒。

「我們的工作，」滕博爾告訴臥底記者，「是把水桶打到人心這口井的最深處，打撈他們內心最深的恐懼和擔憂。」

劍橋分析還可以用賄賂的方式弄到客戶想要的。他們可以「派幾個小姐去候選人家裡」，錄下一切，把這些負面消息流到網路上。

這些都「只是舉個例子，說明我們可以怎麼做，還有做過什麼」，影片裡的亞歷山大緊張解釋，好像有差一樣。而當假裝是中間人的那個記者問到，川普和其他候選人對這些事情到底涉入多深，亞歷山大開心地回答，候選人完全不用參與。他們只要「照著宣傳團隊的話做就好了」。

「你是說候選人只是傀儡，被出資者操縱著嘍？」臥底記者問。

亞歷山大很肯定地回答：「向來如此。」

我倒在椅背上盯著螢幕。現在全世界上看到的，都是壞人在談怎麼幹壞事，但我眼中的他們還是老同事。我看到的他們是有家庭的人，是直到剛才為止，我都相信基本上還算善良的人。

但我也沒辦法無視這個報導，灰色地帶已經不存在了。他們談到的許多行為，只要曾付諸實行，都會構成犯罪。以前跟客戶開會的時候，我從來沒聽過這種程度的祕密。不過，雖然讓人心煩，但這些東西並沒有嚇到我。從很多方面來看，劍橋分析的一切都在往這個方向前進，現在只是他們為了勝利所承擔的風險終於爆發了而已。這些採訪固然是設計好的圈套，但重點是我的前同事們在影片裡所說的一切，聽起來都很真實；我幾乎沒聽說過這些東西，但這些都是之前在墨西哥城向革命制度黨投標時，亞歷山大提到那些案例研究的延伸。這麼久以來，他不管是在投標時還是在私底下，都會迴避這些話題。而現在，他終於在影片裡忍不住說出來了。

影片裡談到墨西哥的經驗時，亞歷山大又再一次誇大了事實。他說我們做了「精準鎖定」，但他連建立資料庫的預算都沒有撥給我。我們沒有做精確鎖定，根本辦不到。

滕博爾在影片某處談到了如何操弄人們的「希望和恐懼」。他甚

至還說：「用事實打選戰一點好處都沒有，選戰是情緒的戰爭。」聽到這句話我都要哭出來了。難道「精準鎖定」技術只是在玩弄人們的情緒？劍橋分析從來不是用事實來說服中間選民，讓他們自己決定要選擇什麼候選人和政策。不，他們是用訴諸情緒的垃圾廣告煽動恐懼，或是給予人們虛假的希望。

接著，我的劍橋分析同事們還承認，他們會使用不同單位和名義，讓別人無法追查到 SCL 公司或劍橋分析。我知道這是實話。我的第一場選戰就是以「奈及利亞前進」的名字進行的，這個名字只存在網路上，無法追溯到任何實際的單位。亞歷山大告訴我那是一場宣傳「活動」，我們可以保持匿名，這樣做比較好。當時我不覺得這是什麼大事。我以為這些做法是為了「保護宣傳團隊」，或是幫 SCL 公司和劍橋分析的員工弄到工作簽證，而不會引來危險，但聽到他們對臥底記者說這是為了掩飾我們的奧步，以及他們會用「別的媒介」來確保這些行為「在暗中進行」，讓我感到一陣噁心。我想到一無所知的公民是如何遭受這些負面網路攻擊，還有要無聲無息地把黑錢灌進政治裡是多麼簡單。

這是劍橋分析平常在做的事情嗎？在我的經驗裡，利用多個商業單位取得商業合約，然後實際上從事政治工作，這是家常便飯的事情。我曾經好幾次被要求這樣做，最早是在奈及利亞，接著是羅馬尼亞、馬來西亞，還有好幾個國家，而我一直想說：好吧，這可以讓我的同事在不穩定的環境中安全做事，畢竟想在這些地方顛覆既有的政治，常會遭到暴力對待。但當我看到亞歷山大對影片裡的人說，期待能發展「長期的祕密關係」，我就忍不住絞盡腦汁開始思考，這些爆料對於選舉支出法規的維持有何意義。聯邦選舉委員會之類的機構有能力處理這些難以追查的黑錢流向嗎？

接著，彷彿這些想法還不夠把人整垮一樣，影片的最後一擊幾乎把我徹底擊潰。亞歷山大毫不避諱談到了賄賂和仙人跳。他說他用了幾次烏克蘭女孩來設圈套，「效果非常好」。

我看不下去了。這已經超過我的承受能力。我怎麼會讓這種人控制了我的人生這麼多年？如果新聞繼續爆下去，我還會發現什麼？

那天晚上，我在震驚之中孤獨地出門，再次把自己灌到差點瞎掉。隔天，3 月 20 號星期二的早上，刺耳的電話鈴聲不停響著把我吵醒。我的頭在抽痛。我看向螢幕，打來的是亞歷山大。時間是早上 7:30。他用的是 Telegram，我們只有在想要確定不會有人駭進來偷聽我們對話內容的時候，才會用這個加密軟體。

我不知道該不該接。要命，我該講什麼？

我最後還是接了。

我聽見：「嗨，布特妮，我是亞歷山大。」

我囁嚅著說：「我很遺憾看到事情變成這樣。我是說新聞上的那些事。」我頓了一下。「希望你人沒事。」

他回答：「嗯，我還好。但我打給妳是因為《衛報》寄了一堆問題給我，大部分是關於妳的。」

我？老天。

他說是跟奈及利亞有關的，還有一些他不太確定對方在問什麼。

整篇《衛報》報導上，都會是妳的名字

「對方」指的是卡蘿・卡德瓦拉德。她在 3 月 17 號的文章裡，說懷利給了她有關 2007 年奈及利亞大選的資料，劍橋分析在其中有參了一腳。這些資料據說是出自宣傳公司的提案。其中一張關於所謂選舉干擾技術的投影片，詳細說明了一場由劍橋分析在背後操作的「謠言戰」。這些來源不明的謠言說，奈及利亞的「大選將遭到操縱」。

這就是亞歷山大 2017 年在墨西哥說的故事，他分享這個故事來說明，劍橋分析可以先用小劑量的負面新聞來幫選民打預防針，這樣

等到真正關鍵的時候，也就是選舉日那天，選民就會對這些消息免疫了。他還用了一個憤怒的老公碰見老婆在偷客兄，憤而一槍轟掉小王腦袋的寓言來解釋這個故事。

所以亞歷山大那次開會真的沒有誇張，他們在奈及利亞真的提議過這種做法，劍橋分析真的會做這種事。

而現在，卡德瓦拉德想要更多奈及利亞 2015 年的消息。之前她還曾查到一個新聞，是關於我撮合給奈及利亞客戶，後來滲透布哈里陣營的以色列國防企業，她管那間公司叫做「駭客」。但卡德瓦拉德認錯了公司，也誤以為他們是替劍橋分析工作。加上傳說中劍橋分析 2007 年在奈及利亞幹的好事，也難怪她會如墜迷霧之中。

「我可以等會再打給妳問這件事嗎？」亞歷山大問。他說等一下就好，他要先整理好思緒。接著又說，希望我能「為了公司好」同意他。

「沒問題。」我說。

我不用想太多也知道，整個世界正在步步逼近他。我的信箱又多了一封「所有倫敦同仁請到市政廳」的通知，一定是他寄的。我無法想像在昨晚第四頻道播出那段影片後，他要怎麼面對整個劍橋分析團隊。

那天早上，劍橋分析才發布了一份聲明：「我們否認所有劍橋分析及關係企業曾為任何目的，使用誘陷、賄賂或俗稱的仙人跳等手段的指控。」

不久過後，亞歷山大就打回來了。我盡可能回答了所有奈及利亞的相關問題。這些問題都是關於 2014 年底我們和奈及利亞客戶開的會，以及 2015 年初替古德拉克・強納生陣營做了什麼。我回顧了劍橋分析在這場選戰中的具體角色：我和伊德里斯王子的合作；寫了提案書；和亞歷山大飛去馬德里向奈及利亞代表提案；還有聖誕節後飛回華盛頓，在四季酒店向一個奈及利亞富豪提案。簽完合約後，就是在達沃斯應付那些奈及利亞客戶的大災難。

我幫忙僱了山姆‧帕頓來和賽莉絲一起領導奈及利亞團隊；幫「奈及利亞前進」設了第一個推特帳號；接著又代表即將前往阿布加的團隊參加初期計畫會議。但我沒有和他們一起去奈及利亞，所以也不知道現場發生了什麼。

我還向亞歷山大詳述了我怎麼認識那些以色列人，還有是誰告訴我他們在經營軍事公司（包含實地作戰和網路防禦領域），最後我把他們介紹給了奈及利亞客戶。我知道客戶對劍橋分析的表現很不滿，他們也沒有再次跟我們簽約。儘管有眾人的努力，我們還是太晚開始動作，讓布哈里贏了選舉。除此之外，我沒有什麼好補充了。

「這整篇報導上都會是妳的名字。」亞歷山大掛掉前告訴我。

這是我聽到他對我說的最後一句話。

在我從介紹軍事公司給客戶開始重建奈及利亞的故事，一路講到用無法追溯的名字設立推特帳號的同時，我也開始覺得這些事比我印象中還要糟糕，而且還有很多東西是我不敢大聲嚷嚷，卡德瓦拉德更連問都沒問到的。比如我，我根本不確定存不存在書面契約，但我很肯定我沒有讓誰幫我簽過名。奈及利亞人是有用銀行匯錢給我們，但交易用的名字或單位很可能是假的。我記得賽莉絲告訴過我，亞歷山大對現場工作的支出有多吝嗇，又把大半利潤收進自己口袋。

結果布哈里就當選了。我曾覺得我們是為正確的一方而戰，不過卡德瓦拉德並不在意這種事，她就是鐵了心要汙衊我，搞不好還對布哈里過去那些戰爭罪行的指控毫無所知。連約翰‧瓊斯，世界最頂尖的人權律師之一也說，如果我們真的要挑一個候選人來支持，古德拉克‧強納生肯定是沒那麼邪惡的一方。

重新開機週就要結束了，我再1、2個小時就要要飛回舊金山。我在那有一些商業會議，還要上電視討論區塊鏈和人工智慧，不過我很清楚等我一回美國本土，就會直接衝進暴風眼裡頭。接下來幾天無疑是對我心志的試煉。等卡德瓦拉德發表那篇奈及利亞的報導，世界還會更糟。

我不知道接下來會發生什麼。所以我打給了麥特‧邁其賓，請他幫我打打氣。他立刻飛奔過來擁抱我，還幫我叫了計程車。我告訴他，我接下來準備要幹些大事，可能會有一陣子見不到他了。

　　前往機場的路上，我傳了訊息給保羅。我終於回覆了他 1、2 天前傳的那個恭喜。我才注意到他這兩天曾試著用兩個不同的平臺來聯絡我。

　　他寫道：「嘿，夥伴，妳在跟我搞失蹤嗎？」

　　我回：「正要從波多黎各去舊金山。約一下吧。看到明天新聞別嚇到。」

　　飛機起飛前我又從保羅那聽到一點東西。

　　「狗狗，」他告訴我，狗狗是指亞歷山大，「他被董事會停職了，正在接受獨立調查。」他向我保證，不管新聞上說我什麼，他都已經準備好了，接著說祝我一路順風，等我到了再聊。

　　「加油。」他說。

#臉書停權 #5,000萬人數據失竊 #臥底調查 #烏克蘭女孩

第 19 章

吐露真相、承擔後果

2018 年 3 月 21 ～ 23 號

我在午夜過後抵達舊金山。從波多黎各回到西岸，感覺像是經過了一輩子。我檢查了一下手機，發現當我人在雲端的時候，下面旋轉的不只是地球，全世界的人也轉得天翻地覆。

此刻是 3 月 21 號的清晨。臉書副總裁保羅・葛瑞沃修改了最初的聲明：他澄清無論當初的數據搜刮再怎麼嚴重，技術上來說都不算是「數據外洩」。

柯根博士則控訴臉書和劍橋分析把他當作代罪羔羊。[1] 他說自己沒有主動接觸過劍橋分析，事實正好相反，是劍橋分析幫他寫了「這就是你的數位生活」（This Is Your Digital Life）和服務條款，條款中也批准了柯根和劍橋分析對這些數據進行「其他使用」。喔，而且他沒有從這筆交易中獲得任何好處。每個回答問卷的人都可以讓劍橋分析獲得 3 ～ 4 美金，加起來大約有 80 萬，而他得到的利潤根本微不足道。至於亞歷山大則沒多少幫自己辯解的餘地，因為第四頻道又公布了一個臥底採訪的片段。在裡頭，亞歷山大、泰勒和滕博爾鉅細靡遺地對臥底記者解釋了劍橋分析在川普陣營和超級政治行動委員會「美國得第一」中所扮演的角色。亞歷山大在鏡頭上承認了，劍橋分析當時負責了所有的工作，這和布萊德・帕斯卡爾及唐納・川普自 2016

年以來的說法完全相反。滕博爾在影片中解釋，他們可以透過「代理組織」來散播訊息，而泰勒也炫耀，當時劍橋分析決定的戰略，是競選團隊應著重於動員群眾，而「美國得第一」應著重於負面宣傳。第四頻道的影片進一步暗示，從滕博爾和泰勒的話，劍橋分析很可能嚴重違反了選舉和其他相關的法規。

在我努力跟上這一團混亂時，保羅從倫敦傳了訊息給我。卡德瓦拉德那篇關於我和奈及利亞的文章還沒發表，但他認為《衛報》手上還有從懷利那裡挖出來的好料。「我不覺得他們在接下來 3、4 個小時會放出什麼關於妳的新東西。」

「太棒了，」我回他，接著告訴他我要試著「在血流成河之前睡一覺。」

等到我終於醒來，3 月 21 號已經過了大半，我看到祖克伯終於離開他用臉書貼文築成的碉堡，接受了幾場訪談：他終於承認臉書以前發生過數據外洩，不過他特別強調是以前。

臉書遭報復，股票下跌近 200 億美元

「2015 年，我們從《衛報》記者處得知，柯根曾與劍橋分析共享他經由應用程式取得的數據，」祖克伯說，「此舉未經人們同意共享數據，違反了我們針對開發者所定的規定，因此我們當時立即封鎖了柯根的應用程式，並要求柯根和劍橋分析正式確認，他們已經刪除所有不正當取得的數據。而他們也提供過了證明文件。」臉書早在 2014 年初，祖克伯說，「就致力於防止有害的應用程式」，並且修改了平臺，讓「2013 年柯根所寫的這類程式，無法在未取得允許的前提下擷取好友的數據。」但就算是臉書「也會犯錯」，祖克伯向用戶保證可以信任他這個人、他的才能和他公司保護顧客不受國內外威脅的能力。「我們還有很多要做的，我們得加快腳步」。

祖克伯和雪柔‧桑德伯格都發文表示，他們公司有無限的創意來發明保障用戶隱私的新方法，臉書將會找出哪些應用程式開發者仍擁有兩人所謂「個人識別資訊」（identifiable information）。這些程式開發者將被禁止使用臉書，人們也會知道自己曾面臨風險，而臉書也將減少向第三方應用程式出售用戶數據，並讓用戶能更輕易決定要讓臉書將使用權售予何者，提供更舒適的使用經驗。

　　同時，美國立法部門更想擒賊先擒王。他們和英國國會都傳喚了祖克伯前去作證。美國聯邦貿易委員會開始調查臉書對用戶隱私的疏失，是否違反了雙方在 2011 年達成的協議。

　　至於英國，每個人都搶著證明比起美國，聯合王國保護公民不受壞人傷害的本事永遠更高一籌。強而有力的新數據保護法剛通過立法程序，各大報的專欄作家們就紛紛對其優點大加讚揚。數位文化媒體暨體育委員會則表示，他們一年前就已經開始審查假新聞了。資訊委員辦公室決定率先發難，對劍橋分析的伺服器和內部檔案發出搜查令，成功阻止了臉書的獨立調查團把劍橋分析辦公室翻得一團亂。

　　投資人也展開報復，臉書的股票在那斯達克開市的前幾分鐘就下跌了將近 200 億美元，還有一群股東忙不迭地因為「虛假及誤導性的聲明」對臉書提起訴訟。[2]

　　同時，世界各地的用戶也呼籲人們停止依賴社群媒體，特別是祖克伯的平臺。推特上流行起「#DeleteFacebook」（刪除臉書）的標籤。[3] 幾乎每個人都意識到，如果不立刻站出來疾呼，臉書就會壟斷整個市場。

　　對我來說這一刻多少有點辛酸：我曾將我所有的數據，我的願望、恐懼、家裡電話和生活瑣事，全都託付給這個平臺，而它卻選擇站在邪念的一方。他們不只允許世界各地的公司付費取用我的數據，還開放平臺讓國內外有權有勢的人介入選舉。美國人民成了網路戰爭罪行的受害者，而馬克‧祖克伯和雪柔‧桑德伯格卻靠這種事大撈了一筆，還沒有半點悔意。他們的所作所為根本是當代的獨裁暴行，和

我以前遊說歐洲議會和美國政府去對付的那些傢伙毫無區別。我怎麼花了這麼久才看清事實？

　　亞歷山大發表了聲明，他說：「我知道這看起來是怎麼一回事。」他在偷拍影片裡做的那些（他對大家保證影片遭到嚴重的竄改）都只是在「玩弄荒唐的假想戲碼。」[4] 路透社發了一張照片，裡頭的他人正在 SCL 公司的倫敦辦公室前，想要逃離一群記者，一名保全警衛緊抓著他的手肘好讓他可以前進。亞歷山大臉上掛著幾乎像是小孩一樣的驚慌。這一切對他來說都不好受——太庸俗、太黑暗了，伊頓可不有這種場面。這是場活生生的荒謬劇。

　　技術上來說，這些都不關我的事。我已經不在劍橋分析工作了。我可以像個充滿偏見的目擊證人一樣看待這一切。我跟保羅傳了一下訊息。

　　「你是被炒掉的嗎？」他問我：「還是自己不幹的？」

　　都有吧，我回他。用臉書的用語來說的話，一言難盡。我到底扮演了什麼角色？還有，如果有的話，我該負什麼責任？我真的不知道。我知道我沒有犯罪。至少我有證據可以證明，關於刪除數據那件事，泰勒博士說了謊。

　　「我有幾件事得找你談談，」我跟保羅說，「關於臉書事件的證據，劍橋分析答應刪除數據的那些郵件。」

　　「天啊，」保羅回我，「要是他們壞到在這件事情上說謊，那一定還有其他的料。」他指出如果劍橋分析有膽在書面上對臉書這種大公司隱瞞真相，那他們想隱瞞的東西，絕對比我們現在看到的還要多。

　　真奇怪，我以前竟然沒想到這個。

數千萬用戶數據被搜刮，在臉書根本司空見慣

發現泰勒沒有說出真相讓我有點訝異。我以前很尊敬他。印象中他是個直接、負責、實事求是的人。我一直覺得無論在銷售還是廣告工作上，他都和劍橋分析唯利是圖的形象有點距離。所以我從來不覺得他會隱瞞或胡扯些什麼。他就像亞歷山大‧尼克斯的對立面一樣，從不做那種掛羊頭賣狗肉的事情，也不會搞見不得人的勾當。泰勒代表的是數據、科學和信任。

但他不是。

他的謊言似乎讓一切都變得不同。他為什麼說謊？為了錢？還是劍橋分析逼他的？我不知道，但我感覺到有什麼事要發生了：揭開泰勒的謊話就像扯掉衣服上的線頭，最後將會把整件事拆得七零八落。

這樣的話，我也是騙子了。我把一個實際上迥異於現實的概念，賣給全世界的客戶。整個劍橋分析到底有多少是謊言所建成的？

「我們該談談。」我傳訊給保羅。我打算跟他說一些東西，一些我得找人大聲說出來的東西。

「妳打算什麼時候才要告訴我妳自己的故事？」他回我。不是我的，是我待在劍橋分析 3 年半以來的故事。我參與過這間公司崛起的盛況。我的故事不可能跟劍橋分析分開來說。分開的話根本沒辦法開頭。

「別再保護那些老白男了，」3 月中的時候我跟一個朋友提到那封無預警的開除信，她這樣跟我說，「他們很會保護自己的，不需要妳操心。」——這也是我這麼多年來從沒想到的。我回想從事人權運動的那些日子，當時我把時間都用來對當權者問責。有什麼能阻止我出來指認這些人的謊言、他們的鬼話還有他們的罪行？我保護這些樂於跟我切割的傢伙又得到了什麼好處？如果我遮住手上能照亮黑暗的燈火，贏的又是誰？

於是我問保羅：「你建議我怎麼做？」他不確定。他要我現在別

想這個。他說我應該先坐下把故事寫出來。「妳能想到的東西都很重要。」一切──劍橋分析所發生的一切，我參與過的一切，「知無不言，言無不盡」。他告訴我要聆聽自己的聲音，寫出來的一切都要發自內心。

於是，我坐了下來，寫下了我所有的感受，所有我想到可能對大眾有用的東西。我列了一堆清單。然後哭了。

保羅再次聯絡我時，我才剛寫完一切。

我告訴他，我手上的素材都可以寫專欄了。

但他有別的主意。

我真的準備好，打算公開自己的一切嗎？如果是的話，他認識一個叫保羅‧路易斯（Paul Lewis）的記者。他是《衛報》的舊金山總編。保羅很信任他；他傳了幾篇路易斯做的報導連結給我。其中一篇是最近寫的，才出了一兩天，那是臉書前營運經理桑帝‧帕拉奇拉斯（Sandy Parakilas）的簡介。在克里斯多福‧懷利提出指控後，帕拉奇拉斯也揭露像劍橋分析這樣擷取數據的行為，這些年來臉書根本就司空見慣了。實際上，超過數千萬用戶的個人數據都曾遭到搜刮。只是現在才鬧成不可收拾的醜聞。老實說，帕拉奇拉斯正是因為這些不道德的數據竊案而離開臉書的。

保羅說如果我滿意這些文章，而且有意願的話，他可以介紹我認識路易斯；他可以在 36 小時內從倫敦飛過來，幫忙確保文章的公平性。路易斯是個認真的記者，絕不會輕易放過我。我也許是無辜的，但會發生什麼、怎麼發展，他也說不上來。

這樣夠清楚嗎？保羅向我確認。準備好了嗎？

我遲疑了。遲疑的原因是我進公司第一天簽的保密協定，但我又想到了一些關於吹哨者的事情。高中的時候，我研究過丹尼爾‧艾斯伯格和《五角大廈文件》。我大學論文用的第一手資料，就是朱利安‧亞桑傑的維基解密。我知道亞桑傑遭到了什麼樣的對待。我見過他的庇護所。我記得他當了多年政治犯以後，看起來非常悲慘。但我

也知道國際法中對吹哨者有怎樣的條文。我在密德塞克斯大學（Middlesex University）做博士研究的時候，知道國際法和各國法律都有提供吹哨者保護。為了鼓勵和支持那些願意出來指認惡行的人，如果前員工拿著證據出來揭發一份違法的生意，而且這樣做符合公共利益的話，這種自我犧牲的行為就會得到保護。

但我也知道當吹哨者會面臨很多不利的情況。他們會成為眾矢之的和代罪羔羊。在現在這個便宜時機為劍橋分析的事情站出來的話，我看起來只會像是不顧一切想要自保，就像拋棄沉船的老鼠一樣。如果我說自己已經為此鬱鬱寡歡很長一段時間，卻還在「數據門」爆發之前跟劍橋分析混了這麼久，我看起來也只會像個心懷怨念的員工，想用便宜的藉口「逃離醜聞中心」。我根本進退兩難。

但保羅說時間不等人。如果我要這麼做，最好今天就見路易斯。

只有中間選民，
才會接收到「劍橋分析」最陰險的訊息

卡德瓦拉德在《衛報》發表了那篇奈及利亞的文章，一起署名的還有安·馬羅，這個自稱記者的外行人只會和卡德瓦拉德發些跟關於我的惡毒推文，甚至還在推特上公布了我的倫敦住址。這兩個「記者」就像聞到血腥味的鯊魚一樣，根本看不到事實。他們輪番出招，把我說得像個大軍閥一樣，策劃了非洲史上最齷齪的一場選戰，而他們根本沒仔細調查過那 3 週的選舉。

他們把我說成一個跟蒼蠅沒兩樣、「勤於攀附關係」的機會主義者，用詐術和政治宣傳精心策劃了一場邪惡的選戰。[5]報導還附了一支劍橋分析的選舉影片，但我從來沒看過這個反布哈里的廣告。影片上十分暴力、駭人，全都是布哈里支持者朝強納生支持者揮刀相向的血腥畫面。一個劍橋分析員工告訴卡德瓦拉德，那整場選舉都很危

險，我派去阿布加的團隊差點就無法活著在投票日之前逃走。我糊塗了。這跟我看到或聽到，帕頓團隊和大衛·阿克塞羅德（David Axelrod）的員工在當地度過的那幾週完全不一樣。但我人也不在那，所以不管什麼都有可能是真的。

路易斯開車到飯店外面接我時，先為《衛報》對奈及利亞的報導向我道了歉。他無法控制那篇文章的發刊時間。他說不同辦公室之間的關係很複雜。他主要是寫科技新聞的，管不動這種事。

路易斯大概 35 歲上下，很瘦，黑色頭髮，留著短短的邋遢落腮鬍，身高跟我差不多，說話的時候會用和善的眼神直盯著我。他對我願意站出來表示感謝，確實看起來是很認真的人。

他覺得不太適合帶我去《衛報》的舊金山總部。那裡可能會有人認出我，或是偷聽我們講話，他不希望發生這種事。於是他開車穿越那些 Google、Uber、亞馬遜的摩天大樓，裡頭都是在桌前忙著找新方法挖出數據換錢的人們。接著我們離開了市中心。很快，我們就穿越起伏的群山，像愛麗絲走入鏡子一樣走進了矽谷。那些造成一切混亂的科技公司，他們的心臟就在這裡跳動。

這裡是臉書奇境（Facebookland）。

也許帶點諷刺的意味，也許只是他常來這邊找新聞，總之路易斯找了一個離臉書總部不遠的共同工作空間。這裡有許多小公司和獨立的科技顧問工作室，我們可以低調談我們的事情，想談多久就談多久。荒謬的是，我最近才來過臉書總部，邀請我的人是摩根·貝勒（Morgan Beller），她當時正替臉書籌劃名為 Libra 的區塊鏈計畫。而我現在卻在附近的 WeWork，準備永遠改變他們整間公司的故事，這實在太諷刺了。

我們進了獨立辦公室，關上門，在桌子旁邊坐下。這裡感覺跟SCL 公司在梅菲爾的「汗水廂」會議室很像。路易斯和我拿出各自的筆電。一年多來，亞歷山大都禁止我跟記者交談，所以我從來沒像現在一樣有這麼多話想說。

我看著保羅・路易斯。他打開了錄音筆。我開口。

我從川普選後的檢討會開始講起，把競選團隊和政治行動團隊的料都告訴了路易斯。除了少數超大客戶以外，沒有一個外人知道這些事。我跟他說了那些 PowerPoint 投影片，那些可怕的反希拉蕊廣告、針對非裔的「精準鎖定」技術、用數據將拉美裔歸類成西語人口、非西語人口、墨西哥裔、波多黎各裔、古巴裔等難以置信的具體類別。我給他看了政治行動團隊針對每個族群投放的訊息，還有那些統計圖表、成長率分析以及投資報酬率。接著我給他看了那些針對非裔的影片，絕大多數的大眾都沒有看過這些東西，因為實在太陰險了，只有被歸類成中間選民的人才會看到這些。

我給路易斯看了許多圖表，還有劍橋分析所使用的技術，從依據膚色進行策略區隔，到駭人的負面宣傳素材，還有用什麼策略將這些廣告投放給要「勸阻」的族群，也就是那些可以被說服放棄投票的人。我之前怎麼沒有看出來，如果這些選民受到勸阻的話，他們可能根本沒有出來投票？負面宣傳和選民壓制之間僅有一線之隔，而我們眼前有愈來愈多證據顯示，當時發生的是後者。

接著，我給他看了劍橋分析「顯赫」的成就、政治行動團隊如何以少量而有效的心理圖像找出「高度神經質」的族群，還有那些醜陋的投放訊息。我給他看了泰勒和艾莉森・漢德瑞克的郵件往來、所謂的無罪聲明、劍橋分析說謊和臉書疏失的證據。

我找出了劍橋分析和艾隆・班克斯溝通的紀錄、暗示劍橋分析實際上參與了 Leave.EU 團隊的記者會邀請、哈里斯幫我為記者會寫的講綱、我們在計畫第一階段為他們做的受眾區隔。有一封惠特蘭寫的郵件裡頭提到了英國獨立黨和 Leave.EU 之間複雜而且可能違法的關係，還有 Leave.EU 使用獨立黨的數據是否合法。我給他看了馬修・理查森針對這個問題合寫的法律意見書，內容指出獨立黨，他自己的黨，是清白的。還有另一個組織寫了信給我，因為 Leave.EU 建議他們與劍橋分析合作，這證明了班克斯和我們自己都認為，劍橋分析對

整個團隊都不可或缺。我還有一封惠特蘭寫的信，講的是我在公開記者會中要用什麼「話術」：該說出我們分析的數據來自哪裡嗎？老實說，惠特蘭寧願我提都不要提。這是我在一堆相關郵件中所找到最誠實的話了。

看到一半，路易斯要我打開一個我給他看過，關於 Leave.EU 和獨立黨之間合約的通信紀錄，接著他倒抽了一口氣。我們找到重點了。

我們討論到無論在美國還是英國，劍橋分析都特別關注脆弱目標：怎麼有這麼多選舉廣告都流於散播恐懼？那是因為恐懼比任何武器都有效，即使對不那麼神經質的人也是如此。

「妳還有什麼料？」路易斯問我。

我還真的沒有這麼仔細翻過我的電腦。我從來不知道自己手上有些什麼，也不知道如果改用搜查線索的眼光來看，這臺電腦有多大意義。裡頭的料真是多到爆。

那晚，我們只暫停了一次，出去買個三明治，但我們一口都沒吃。

我們永遠改變了傳播業，但所有成就都是劇毒

路易斯問我對亞歷山大在第四頻道影片裡炫耀的那些知道多少。他說的是賄賂和仙人跳那些。我有沒有真的看過他那樣利用女人？

我說我不確定。亞歷山大說話都很誇張。我從來不知道他是說真的，還是只想給客戶留下印象。但這不是不可能。我寫出來的東西有很多看起來都很誇張，但最後都證明和事實相去不遠。不過我還是沒辦法確定。

我跟他提到了印尼還有千里達。直覺告訴我，聖啟茨島（Saint Kitts）也有什麼不對勁，不過那場選舉只要出什麼事，亞歷山大全都

會怪到他們總理身上。當然，還有在奈及利亞、立陶宛、肯亞、羅馬尼亞創立政黨、臉書和推特上的隱形魔掌、捏造推特帳號和用戶名的事情——這些到底只是計策，還是在當地構成犯罪了？

我們一直聊一直聊，我開始看到以前一直抗拒面對的事情。

接著路易斯又把話題轉到克里斯多福・懷利，還有臉書數據集上。

我無法進入資料庫，所以大部分都不得而知。於是，他問我懷利在卡德瓦拉德文章裡說的，關於 SCL 公司的事業基礎、出身軍事產業，還有 SCL Defense（國防戰略溝通實驗室）的心理戰背景，有多少是真的。他想知道我對 SCL 公司和 ＩＱ 公司的關係了解多少，還是一無所知。默瑟父女真的用這兩間公司在脫歐公投和川普選戰中洗數據（data laundering）嗎？

當然這還不夠，他也問了那個超級大難題：俄羅斯。他想知道我有沒有任何證據，顯示劍橋分析和俄羅斯有關？有沒有川普陣營和俄羅斯有關的證據？艾隆・班克斯呢？脫歐公投呢？羅伯特・默瑟？麗貝卡？

我曾有一小段時間試著要跟盧克石油的土耳其辦公室發展關係，當時我根本不知道他們是俄羅斯公司。但 SCL 公司確實花了不少時間在上面。跟俄羅斯的事我只知道盧克石油，但或許真的有什麼關聯。我忘了提到麥可・佛林，還有他給亞歷山大那本書上的題詞。

我們從我的筆電裡挖出了更多郵件和文件，想找出證據湊起這些單位之間的聯繫——有這麼多指控機會、這麼多犯罪可能，任何東西都可能派上用場。

我每告訴他更多料，他的下巴就會掉下來一次；他的下巴每掉一次，我就對自己知道這麼多，卻沒有細想過我可以做些什麼，而感到更生氣。我這才明白，我之前多麼便宜地忽略或是合理化這些事。

我跟路易斯說了過去在推銷訓練中聽來的心理圖像基本概念：我們所做的是找出什麼會令人飢渴，然後讓他們飢火燒腸。

我從沒想到這些事情是這麼惡毒。我只覺得很聰明。

一直以來，我都用亞歷山大的方式來看劍橋分析的所作所為。但他的狂熱和這間公司的成就都是劇毒。我們建立了一間市值上億的公司。我們永遠改變了傳播業。我參與了一份空前的成就。我簡直厲害得不可一世。總有一天我會當上執行長。

就像我妹妹後來說的一樣，我聽太多咖啡話了。還是該說是可樂話？亞歷山大跟客戶報告的時候就常講我們是下一個可口可樂。

我不只買進了劍橋分析的股票，也墮落到買進了其他我以前唾棄的公司。做這些的時候我都騙自己「這是生意」。

我帶著恐懼向路易斯承認，我加入過步槍協會，而且不是加入一次，是一連兩年！我說服自己這是因為我要跟他們的高層開會，我得加入會員才能拿到宣傳材料，才能從內到外了解這個組織。我甚至有他們的帽子，還戴過了！我當時告訴自己這樣做只是好玩，但我還是戴上去了。我還戴著它拍照。

我得承認我很享受這 3 年半。我覺得見到川普，開玩笑要他幫我在他自己登上《時代》雜誌封面的大頭照上簽名很有趣。我很喜歡講見到阿帕歐警長的故事，還有他那些粉紅拳擊短褲跟俗麗的紀念幣。興致來的時候，我也喜歡提起前副總統錢尼在迪士尼樂園的幻想曲宴會廳，從達斯維達主題曲中走出來的畫面。登上保守政治行動大會的舞臺，接受 C-SPAN 電視網直播，穿上象徵我來自大西部反叛組織的牛仔靴和老式德州西裝，享受上萬名觀眾的注視，感覺也真的很爽。亞歷山大認為我夠格出席公開記者會、上電視、代表公司坐在公投專家岡斯特旁邊，這些事都曾讓我感到驕傲。我還收藏著那本內封面有法拉吉簽名的《脫歐壞男孩》，三不五時拿出來炫耀。

如果我說這段日子沒有放縱自己，我就是在騙人：我愛陳年香檳、漫長的午餐、在霧氣瀰漫的下午在衛兵馬球俱樂部舉辦的馬球派對；我愛亞歷山大在鄉間宅邸舉辦的續攤派對還有成為他「愛將」的尊榮感；我愛那些 VIP 通行證；我想念跟班・卡森、盧比奧等人握

手的感覺，說得過份一點，連跟我曾討厭到不行的步槍協會執行長拉皮埃爾握手，也讓我懷念。我曾經站在泰德‧克魯茲身旁跟他合照。我曾一手拿著雞尾酒，一手摟著美國最有錢的人們，一起慶祝我們的勝利。有一小段時間，我曾經擺脫過去晉身上流，我曾覺得很重要、很有權力，就像那些核心的大人物一樣。我愚弄了我自己。我背叛了我自己。我對別人假裝我是另外一個人。

或許不只是亞歷山大在英國國會面前切割了我，我也切割了自己。

用亞歷山大的話來說，我「把自己給賣了」。賣得一乾二淨。我在不知不覺間選擇了這麼做，選擇了關掉世界上其他的聲音，像那些只看福斯新聞或布萊巴特新聞網的人一樣，我也只看一個頻道：劍橋分析頻道，整個頻道的節目都由同一個人主持，他的名字是亞歷山大‧尼克斯。

扭曲的價值觀：「劍橋分析」的存在能讓選舉遊戲更公平

我曾相信，我們是在讓遊戲更公平。而我沒有覺得扭曲遊戲規則是犯罪，也沒有覺得不道德，反而把這些當作只是在現代世界聰明做生意所要付出的成本。

我選擇批評別人，然後忽略亞歷山大從每一筆交易獲取的利潤都大得離譜，無論在奈及利亞和墨西哥都是這樣。我幫他的缺乏道德感找藉口：阿布加或墨西哥州的現場團隊真的沒有足夠時間執行所有我提案的計畫，錯的是客戶拖到離投票日這麼近了才來找我們，還要我們在這麼短的時間內做這麼多事。我不是已經老實跟他們說了嗎？我警告過，我們可能沒有時間執行所有的承諾。

檢討川普選情那兩天的見聞令我恐懼，但恐懼只讓我選擇逃離美國，而不是離開公司。

「欸，我想他們應該不會那樣賣汽水吧？」首席營收長杜克·佩魯奇在聽完那些檢討彙報以後這樣跟我說。我和他還有莫特斐德都被那場離譜的大揭祕給嚇到了。但我幫一切都找了藉口，假裝我沒有意識到宣傳素材裡訴諸部落意識的醜陋內容，或是整場選舉鼓吹暴力的調性。

我告訴自己和其他人，因為聯邦選委會防火牆的關係，我沒看過那些內容。我也可以說準備大選的那段時間，我根本沒時間看電視。

我可以說我都專注在劍橋分析的商業部分。我可以說我一直在出差。看看我 2016 ～ 2017 年的行事曆，我幾乎一直飛來飛去！有這種神經病行程，誰知道新聞都在講什麼。我才沒有時間看新聞！

我還跟路易斯說了，我是怎麼放棄我的選票，還有對希拉蕊在初選中缺乏支持、在大選中飽受敵意做了不小的貢獻——這一切都不可避免導致了她的失敗。

初選的時候我還特別飛回芝加哥投給桑德斯。然後 11 月的時候，我卻告訴自己，我太忙了，沒時間再為了大選飛回去。但我才去看過我父親，我怎麼會沒時間去辦不在籍投票？而且，伊利諾也不是搖擺州。而我竟然沒有想到要在維吉尼亞登記投票，那邊不但是搖擺州，還是劍橋分析「華盛頓辦公室」的員工宿舍所在地。

我一次又一次告訴自己，在劍橋分析時所面對的這些醜陋，都沒有影響到我。我有我的原則。我是一個好人。我只不過是個潛入保守派帝國的「民主黨間諜」而已。

我曾幫忙讓選民有力量營造更公平、更平等的「民主」程序，給他們批判的武器去抵抗對手，但我沒有協助和煽動他們去冒險。他們的信念不是我給的。對那些惡毒的種族、性別歧視還有踐踏文明禮義的舉止，我都維持著不置可否的態度。

我告訴自己，沒有站在這些事情的對立面完全沒有犯錯。這是在體現公正（impartiality）的精神。我受過國際人權法的訓練，公正是它的正字標記。無論在國內還是國際上，優秀的辯護律師都不會批評他

們的客戶。審判戰爭罪行的目的不是懲罰受審的人，而是維持法律本身的神聖原則。我過世的摯友約翰‧瓊斯是這些原則的楷模，他成了我扭曲邏輯的主保聖人，他讓我放心拒絕評斷那些所作所為站不住腳的人。我妄想跟罪犯站在一起，然後認為，我還是義人，我還站在對的一方。

這些都是我自己的選擇。但或許，我跟那些被劍橋分析狡獪詭計找上的人一樣，是在不知不覺間成了影響力之戰的受害者。我跟他們一樣，被某些東西吸引後點進去看，被他們送進錯誤資訊的蟲洞，然後做出了一些我曾以為自己不會做的選擇。

我出生的美國，和我視如家鄉的英國都發生了同樣的事情。而我就像這些國家人民的縮影一樣，自願接受蒙蔽，躲在同溫層裡，什麼都不知道。

馬上就要出事了，我得馬上逃到一個小島

我和保羅從 3 月 21 號徹夜工作到 22 號，小睡片刻後又醒來繼續。

那天的新聞上，即使再三為自己和他侍奉的諸神辯護，「智多星」（brilliant）史蒂夫‧班農還是從天空隕落了；他宣稱自己對探勘臉書數據的事一無所知，而且他和劍橋分析都沒有玩什麼「陰招」或是選舉奧步。[6]

他還用了道德相對主義的那套：「臉書還不是把數據賣給全世界。」

接著繼續強調，劍橋分析沒有用選舉奧步。「川普贏得選舉靠的是經濟民族主義」還有美國人民聽得懂的日常用語。他說，那天獲得勝利的是民粹，不是「精準鎖定」技術。

保羅在 22 號那天的深夜才抵達舊金山。那時我和路易斯就已經

整理完一切了。我很累，只能看著兩個保羅想一起弄清楚整個故事。他們說，這些料絕對不只一篇報導。他們不知道能寫多少。整個故事實在太糾葛了。

我們拿著食物離開了工作空間，前往保羅的旅館，準備窩在那邊繼續工作。

我打給了我妹妹。我和她一直保持斷斷續續的聯絡。我告訴她我人沒事，但沒讓她知道太多細節，只是吞吞吐吐解釋了我在做些什麼。現在還不是時候。而她想知道我日後有何打算。

她指的是新聞出來之後。

我會多常上鏡頭？有沒有罪不是重點，有兩個強大的政府可以隨心所欲命令我。我得準備好面對最糟的劇本。我準備好了嗎？她想知道的是這些。

我的呼吸停了。

我得先保護我的家人。「別告訴媽，就跟她說我很好。」我說。他們不需要知道我人在哪、我準備要做什麼，不然只會造成我父母親的負擔。新聞一出來，就會有很多大人物和他們的黨羽想找到我。

兩個保羅還在旅館房間裡忙著。我坐在床上，整個人陷進床裡，時睡時醒，每次醒來都會聽到一些他們的對話片段。

他們想講完每一個故事。我睡覺的時候依稀能聽到他們興奮尖叫和疲憊嘆息。有時他們會把我叫醒，問我一些很細的問題，或是跟我確認事實。然後我會睡著，然後再醒來，看到一個人在房間裡踱步，一個人忙著瘋狂打字。

到了早上 5、6 點，我和整個世界失去了聯繫，陷入深層又紊亂的沉眠裡。等我再次醒來，太陽已經升起好一陣子了。

今天是 3 月 23 號。

「早。」保羅們跟我打招呼。

我揉揉眼睛。他們擔心地看著我。

路易斯跟我說了一個壞消息。我已經來不及攔截新聞了。稿子已

#衛報爆料 #保密協定 #把自己賣得一乾二淨

經在編輯手上，他已經無權控制了，東西今天就會出來。

這跟我計畫的不一樣。我想的是在新聞發表前躲到天涯海角，不過我也沒有覺得被背叛。我理解他的立場。而且奇怪的是現在回想起來，我那時還覺得，早報總比晚報好。這種新聞一下就退流行了。人們馬上就會忘記。

不過我那時沒想這麼多。

我想的是，我該來思考下一步怎麼走了。劍橋分析有可能會控告我違反合約、書面或口頭誹謗。而且要是這裡面哪個單位真的跟俄羅斯有關，我就有更大的問題要擔心了。

我得找個安全的地方躲起來。我得遠離美國和英國。我得去個找不到我的地方。

但我已經兩個月沒領薪水了。我的戶頭空空如也。雖然有存了一筆比特幣，不過我不知道能用那些錢跑去哪裡。但至少用比特幣的話，我的位置不會被追蹤，也沒有哪個政府可以凍結我的帳戶，但這還不夠我遠走高飛。

我聯絡了切斯特；一切都是在 2014 年的冬天，從他身上開始的。我告訴他，我有麻煩了。馬上就要出事了，我得離開這個國家。

他絲毫沒有遲疑，直接問我：「去哪？」

我說：泰國。我知道我可以逃去一個小島上。

我們掛了電話，他在 1 個小時內就幫我買好了機票，把確認號碼傳給我。同時之間，我躲了起來。

我打給我妹妹，請她幫我結算比特幣。我教了她該怎麼做、告訴她附近哪邊有可以處理比特幣的 ATM，還有怎麼用西聯匯款（Western Union）給我，這樣我就不用刷卡，免得留下太多可供追蹤的數據。我大概存了 1,000 塊的比特幣。這可以讓我度過一小段時間。

等到《衛報》刊出頭幾篇根據我那些證據和訪談所寫的文章後，我哭著把東西轉寄給她。

「看我做了什麼。」

我希望她可以看完、理解並支持我。我也把文章寄給了臉書的摩根·貝勒，她之前趁我在矽谷時找過我去臉書總部，討論關於發展區塊鏈的初步構想，現在已經成為了 Libra 概念幣的共同創辦人。雖然我非常希望臉書用科技好好追蹤數據，並補償用戶的損失，我還是決定要告發他們。

　　她讀了文章，回了我：「哇。」或許她現在可以理解，我為何沒辦法依約出席會議，還有為何像臉書這樣的數據公司亟需區塊鏈技術。

　　我希望每個人都讀過這些報導，了解我們面臨的危險。我往機場動身，準備搭上下一個班機，這次我不知道何時，甚至不知道是否能夠回來，也不知道有什麼東西，或是什麼勢力在等著我。但我已經決定好自己面對，踏出第一步。接下來會發生什麼，都取決於讀了報導的人。他們會在乎嗎？他們會行動嗎？

　　你會嗎？

#衛報爆料　#保密協定　#把自己賣得一乾二淨

第 **20** 章

贖罪之路

2018 年 3 月 23 至今

我終於自由了。

如果你曾經一直忍氣吞聲，直到再也承受不住，就一定知道我在說什麼。這麼多年來我都一直期待著未來，每當出現意想不到的大好機會，比如升官的機會或是我想合作的大客戶，就會有人把一切都搶走。總會有個死命想抓緊權力的男人來管到我頭上，告訴我該做什麼，再一次操縱我的生活。這麼說吧，他們一直在打擊我的自尊、我的靈魂、我的尊嚴。

坐在「劍橋分析號」雲霄飛車上發現的骯髒事讓我極其作嘔。我前半生都努力想解決這世界的各種問題，為那些高尚的目標，加入各種資金永遠不足的組織、非營利事業或慈善機構，幾乎分文不取地工作而當生活壓力要我抉擇是否戴上「金項圈」的時候，我妥協了，我放棄了我的道德準則——而我甚至沒有拿到多少好處。我怎麼會這麼盲目？

我從飛機上看著這個國家，我的國家，忍不住開始想，我們怎麼會變成這樣。製造分裂的修辭已經成為美國社會的常態，原本阻擋著極端主義、性別歧視和種族歧視的政治正確已經開始崩解。我怎麼會成了造成公民社會和對話衰退的共犯？我還記得以前在歐巴馬陣營時

都在處理些什麼：我們的社群頁面不斷湧入種族仇恨的發言，我們不得不選擇審查回文，以免那些言論到處流竄——但在我自己被針對這麼多年後，卻加入了一間專打仇恨選舉的公司，為這些我以前努力撲滅的言論提供平臺。美國也不是唯一受激進民粹修辭肆虐的地方——英國的脫歐公投也導致歐洲和拉丁美洲興起了極端的民族主義者和法西斯領袖，他們呼籲打壓進步思想，扼殺我們本應保護的人權和基本自由。之前的我活在噩夢裡，現在才終於醒了過來。該採取行動，清理之前我參與其中而搞出來的這一團混亂了。

超過 50 個國家遇害，在仇恨選舉中淪陷

　　我在雲端飛行、遠離被川普弄得天翻地覆的美國時，也開始思考這件事的影響範圍：黑暗是透過我們的手機、電腦和電視滲進我們日常生活的。人們被瞄準了，結果我們變得前所未有的分裂。美國的仇恨犯罪急遽增加，而英國從脫歐公投開始後，也充斥著種族衝突，還有針對移民及所謂「他者」的犯罪。部落意識在西方最進步的兩個社會肆虐，而就像亞歷山大常說的，這還只是冰山一角。他說他曾指導超過 50 個國家的選戰。除了我認識、熱愛、理解最深的兩個國家遇到的災難，世界上還有多少國家遭遇過 SCL 公司的毒手，是我們不知道的？

　　問題不只是劍橋分析而已，真正的問題是大數據。尤其是臉書，他們讓劍橋分析這種公司能夠擷取數十億人的數據，這些公司又毫無節操地將數據賣給任何出錢的人；而那些買家又用無人了解的方式、為無人知悉的目的濫用買來的數據。這一切都和我們的數據生活一起開始，但我們都一無所知，政府也沒有負責監督。少數管制數據運用的法律，也完全無法執行，因為根本沒有技術能確認個人或公司是否遵守法令，自然也無法實現透明化和追溯責任。

問題還包括，臉書和推特這些社群媒體很容易就成為全世界的鄉民論壇，而這些論壇上所發生的，是文明禮義的瓦解、部落意識的猖獗，線上的針鋒相對很容易就會溢出網路，改變現實生活的道德地景。

　　邪惡的代理人可以藉此毒害人們的心靈，而這種劇毒會讓人血濺五步。手機和電腦上浮濫的假新聞會讓我們對現實不看、不聞、不問，為了虛構的理由自相殘殺，平素溫和的人手中也能湧出仇恨。串聯世界的夢想反而將我們撕裂。這種事何時才能結束？

　　這些負面的想法和感受一直在我腦海中來回，在我內心沸騰，向外將我吞噬，直到我裡頭只剩下空虛和苦毒，等待我選擇崩潰或是爆炸。

　　結果我選了爆炸，在國際新聞上爆炸。爆炸場景激烈、凶暴，而且處處瘡痍。

　　我在泰國降落，撿拾著自己過去的碎片，不知道下一步該怎麼辦。我知道有些吹哨者的義舉會得到尊敬，在揭發一切後仍和家人安全住在一起，過著幸福快樂的日子——比如丹尼爾·艾斯伯格。看過他洩漏的《五角大廈文件》後，全世界紛紛開始反對越戰，把理查·尼克森換成了一個更值得被叫做「美國總統」的人。至於其他吹哨者，比如亞桑傑和雀兒喜·曼寧，他們大部分的人生都在汙衊和禁錮中度過。人們知道他們努力向世界揭露真相，但不像艾斯伯格，他們的洩密沒有讓當權者下臺。這些吹哨者付出了代價，唯一的回報是人們還記得，當政府犯下罪行時，有人不惜代價也要揭發罪犯。

　　我明白這些危險，但我也有信心和意志去接受即將發生的事。我自己造的業，或許也該由我來擔；我只能看著辦了。

　　此刻，我正在飛往一個沒有人會認出我的小島，我可以躲在那邊看看國際社會，特別是我那兩個家鄉的人們，將對這些報導作何感想。我也會在普吉港的皇家碼頭和急忙趕來的《個資風暴》（*The Great Hack*）劇組碰面。

飛機從舊金山起飛前幾個小時，我的故事就已經傳遍了主流和社群媒體，我也收到了一大堆訊息。對我的爆料，有些人氣得大罵「我就知道」。

我就知道！妳跟他們一樣都是騙子！

有些人提醒我要小心，那些有權有勢的人會找上我。我不知道這些是含蓄的威脅，還是來自懂得明哲保身的熟人擔心的祝福。

還有少數幾個難得的好朋友為我哭了，說我令他們很驕傲。麥特轉貼了一篇《衛報》的專訪，說「布特妮·凱瑟是個英雄」。我記得在波多黎各跟他說過，我正準備幹點大的。我臉紅了，有個重要人物知道我做了對的事，讓我振作了點。

接著，我的手機響了。是保羅打來的。

「布特妮，有幾個電影工作者正在拍一部關於數據危機的紀錄片，他們想跟妳聊聊。妳願意跟他們聯絡嗎？我查過了，他們都是正經的電影人。」

不出幾個小時，他就跟其中一個導演往泰國飛來，準備加入這個計畫。

成為 Netflix 原創紀錄片《個資風暴》主角

我和製作團隊在普吉港見了第一次面：卡里姆·阿莫（Karim Amer）是其中一名製片兼導演，他正在研究如何向世人解釋這場數據危機。2014 年索尼（Sony）影業遭駭導致數百萬人的個資曝光後，他和曾獲得許多獎項的電影人吉安·紐潔姆（Jehane Noujaim，同時也是他的伴侶）在世界各地採訪了許多人，包括索尼的主管、史蒂夫·班農到克里斯多福·懷利，但還沒有找到一個可以幫他們完成整個故事的人。卡里姆告訴我，讀到了保羅分享的《衛報》文章以後，他們認為我可能就是那個人。

於是，我們一起登上了快艇，前往一座私人小島。我本來準備躲在那裡避風頭、觀察災情、判斷何時適合返回家鄉的。

那是一個炎熱的日子。我們走下快艇，鑽進泳池，等卡里姆的攝影師和收音師在水邊就位，我們就開始了第一次訪談。

他先問我們在哪。

「如果你不介意的話，我不想透漏這邊的地理位置，」我說，「就讓我坐在這，一個人用支離破碎但很快就會天衣無縫的故事，試著推翻兩個政府吧。」

他笑了，然後進一步追問：「妳為什麼擔心這兩個政府？」

我有證據證明，川普和脫歐選戰很可能都是違法的。我毫無疑問有可能置身危險，而且我也完全不知道，這件事將如何發展。

接著，我們深入碰觸了每一個有可能相關的題目：劍橋分析的資料庫、數據來源、走後門、和無良客戶的黑暗交易，以及後續影響。我們談了我和劍橋分析的作為、我知道的一切，還有這些事如今的意義。我們原本預計的 30 分鐘訪談變成了 3 個小時，卡里姆和我走出泳池時都累得要命，臉也被太陽晒傷了。今天聊得有點太多，但他和劇組都不急著離開。我們都清楚，這件大事現在還在開場而已。

推動「#OwnYourData」運動，向臉書公司大力施壓

我本來計畫要留在泰國一陣子。我的人生已經，呃，好幾年都過得不順了，我需要休息一下，找個我無足輕重的地方清理一下腦袋。我想快點擺脫這幾年的枷鎖，沉心面對我最近的決定。

可惜故事並沒有照我的劇本發展太久。正當我和劇組在一個個泰國的海島上探險時，我收到了一份邀請：英國國會希望我能在假新聞的公開調查中出面作證。我看過什麼？我知道什麼？我能不能公開指認這些不義之舉？我是否知道其他相關的事情？還好我身邊有劇組和

保羅。除了我的記憶之外，我們也開始研究我的電腦和手上的證據。我們想理清這難以解釋的一切。跟這麼多人一起研究我的經歷，找出哪些是實際發生的事，哪些地方值得深思，感覺就像在大腦上插了一顆外接硬碟。

因此我毫不遲疑就答應了這份邀請。我的第二家鄉最近已經被少數人的謊言撕成了碎片，所以我幾乎是立刻就向他們確認了意願，並詢問我該多快前往英國。我要回去協助治療。這是我的責任。我沒什麼好選的，這是我的權利與榮譽。

飛回英國的途中，我聽到新聞宣布，亞歷山大那天會在我之後出面作證。

「這一切終於要來了。」飛機上，保羅在我身旁這麼說。我要回去面對我留在英國的人生了。

我致信給了我所認識最好的英國律師，傑佛瑞・羅伯遜皇家大律師，他是道蒂街事務所的創辦人，成為他們旗下的辯護律師一度是我的夢想。傑佛瑞曾在我朋友約翰・瓊斯旗下提供過一陣子的公益法律服務，他們的知名成員艾瑪・克魯尼也免費替那些努力改善世界而身陷死牢的政治犯辯護。

大概 1 個小時左右，我就收到了回信，傑佛瑞在信中附上了手機號碼，要我直接打給他。我自然照做了，他邀我去道蒂街見面。聽到這個地方讓我興起許多感觸。我曾希望能加入他們為客戶辯護，但現在卻反了過來：我被帶進事務所，人生第一次坐在客戶席上。皮沙發很軟，讓我終於感受到自己的處境有多麼沉重。我沒有實現一直以來的理想，以辯護律師的身分回到道蒂街，卻成了他們的客戶。幸好我做過公益服務，讓他們也願意回敬我同樣的服務。

傑佛瑞找了聲名遠播的馬克・史蒂芬斯（Mark Stephens）來幫忙我的案子，他是數據界最優秀的律師之一，也代表過各式各樣的異議人士和人權運動者。他準備好好對付這些將國家挾為人質的脫歐派，他會是我最好的後盾。

「妳知道他是全歐洲最好的律師對吧？」一個在 BBC 工作的朋友替我壯膽，「叫亞歷山大和那些 Leave.EU 的傢伙把脖子洗乾淨吧！」

有了好不容易找回來的勇氣，我開始和保羅共商「登臺」大計：我們本來就確定需要動員大眾，而既然我的大英國會之行將會上電視，還肯定會引來一堆國際媒體的關注，那現在正是喊出口號讓全世界聽到的大好時機。我們絞盡腦汁思考著，有什麼標語可以囊括透明、問責和所有權這三大需求？我們寫了一些理想中的政策、我們想看見的變革，然後開始搜索枯腸找出適合的標語。

突然，「數據自主」（Own Your Data）閃過我的腦中。簡單、簡短、直接。「『數據自主』，保羅，就叫『數據自主』！」

保羅會心一笑，身為一個經驗豐富的社運家，他知道贏了標語就先贏了一半。「太棒了！」他讚嘆，接著我們開始組織我們的訊息、內容，然後是我們的初期團隊。我們想了運動口號，幫放在 Change.org 上的活動做最後潤飾，弄了一些對祖克伯施壓用的宣傳素材，整場運動可以準備開始了。

前往英國國會作證，親自協助假新聞調查

結果我的國會聽證沒有深入討論我這輩子最大的醜聞。當局看到我完完全全，徹底開誠布公的態度，就開始提出各式各樣的要求：我願不願意協助參院情報委員會？眾院呢？法院？司法部──或者說是特別檢察官穆勒對俄國介入美國大選的調查？英國的資訊委員？千里達？他們提出的名單很長，而我全都同意了，我準備開誠布公分享我的資訊、時間、良知和記憶。

回家時間到了，我準備對我出生的地方，提供和對英國政府、當局及大眾一樣的幫助。美國人應該知道這一切的真相。而且說實話，

比起英國，美國公民的數據更容易被當成武器來對付他們自己，他們每個人都有大量的資料點可供取用，卻幾乎沒有任何法律和管制架構來管理數據，追蹤私人或政府單位如何使用（或濫用）數據。要擁有完全的透明性和追溯性幾乎不可能。這種環境必須改變。

回到美國後，我在前往華盛頓開始第一輪會議前，先去了紐約。一些區塊鏈圈子的朋友正在研發技術，解決我所指出的問題，他們希望舉辦一場記者會。他們的組織在曼哈頓羅斯福酒店預約了一個空間，準備集合一群最優秀的科技記者，特別是那些正在研究劍橋分析在近期選舉如何猖狂濫用數據的記者。我們的顧問團成員集合在寫著「願失竊數據息止安所；1998 ～ 2018 # 數據自主」（RIP: STOLEN DATA 1998–2018 #OWNYOURDATA）的背景前，透過 15 家媒體宣示我們將積極用科技手段來保護數據，解決政府放任所導致的掠奪橫行。

羅斯福酒店的記者會飽受媒體抨擊；而同一週，卡里姆和他的拍攝團隊也希望我能僱用一個公關策劃師。我想到，還有什麼地方，比丹尼爾・艾斯伯格在人權法研討會上的吹哨者主題演講，更容易遇到適合的人呢？

我雖然不是這場研討會的正式代表團成員，還是想辦法混進了希爾頓中城飯店（說來好笑，自從亞歷山大上次講完「行為精準鎖定」技術以後，我就沒再踏入這裡了），我不太確定該期待什麼，只希望能在這裡遇到我的英雄。我繞到路會議室的後方，專心聽起了艾斯伯格的演講。

「如果你年輕有為，正從事你的夢幻工作，」艾斯伯格說，「卻發現老闆正在欺騙大眾，想讓慘烈的對外戰爭繼續升級，不斷擴編一個有可能摧毀人類的武器計畫，你會怎麼做？」

我倒抽了一口氣，他戳到了我的痛處。

艾斯伯格一走下講臺，人們就簇擁著他：從穿著俐落西裝的紐約律師，到像奶奶一樣穿著針織洋裝的婦人，都紛紛找他握手，感謝他當時鼓起勇氣冒險面對一切不利。艾斯伯格很穩重、體貼，也願意回

答任何問題，我已經等不及輪到我了。很快，他向我走了過來。

我不是什麼追星族，但我還是迅速進入了迷妹模式，手掌飆汗、語無倫次地盯著他，等他給我一點開示。

他確實給了。等劇組介紹完我，丹尼爾（他要我叫他丹尼爾！）在我身旁坐下，近得我可以感覺到他的溫暖，接著他平靜地問我：「妳今年幾歲？」

「30 歲。」我低聲回答。

「哇，」他驚嘆，「我決定成為吹哨者，洩漏《五角大廈文件》的時候也是 30 歲。我想那應該是最有勇氣的年齡吧。」

演算法撕裂了全世界，讓各方意見變得水火不容

我到華盛頓的時候，還沉浸在見到艾斯柏格的喜悅裡——我已經好一陣子沒有這樣了。上一次來華盛頓已經是 2 月的事，當時我代表第一個區塊鏈遊說團體 DATA（數位資產交易協會），來跟證券交易委員會、期貨交易委員會和聯準會（Federal Reserve）開早餐會議討論區塊鏈政策。DATA 過去幾個月已經在專家凱特琳・隆（Caitlin Long）的領導，以及懷俄明州區塊鏈聯盟（Wyoming Blockchain Coalition）的努力下，強勢進軍懷俄明州議會，協助通過了 8 部新法律。DATA 也和全國各地的立法機關合作，實施了其他有助於追求更大利益的法案和管制；我稱這些為「區塊鏈促進法案」，以和那些妨礙創新的立法，比如紐約州的 BitLicense 做出區別。

現在我又回到華盛頓，準備為我出生的國家追求公平：2016 年的大選到底發生了什麼鬼？怎麼發生的？如果這些事真的有害，該怎麼防止它再度發生？保羅和劇組也跟著我一起過來，像之前面對英國國會一樣，安排了訪問、檢查我提出的證據，和加油打氣幫我做好心理建設。

這一次他們找來的是我崇拜的另一個英雄：梅根・史密斯（Megan Smith），她是歐巴馬任內的白宮科技總監，也是多年來美國科技政策界最頂尖的人物。保羅在我們見面的房間裡準備了一些閱讀資料，內容都是相關的核心政治及倫理問題。他一直用行李箱裝著這些書跑遍各大城市，方便到哪都可以抽出一本來指引我，或是在我內心糾結的時候引用佳句來鼓勵我。這對梅根是很棒的歡迎，她非常欣賞陳列在她面前的這些書。

　　跟她在同一張沙發上坐下後，我發現她不但有深厚的專業實力，也是個積極的社運人士——她穿著俐落的套裝，腳上卻是輕便的休閒鞋，方便在華盛頓特區上下奔波，搞定比一般政府官員更多的任務。我向她解釋，我是怎麼從一個支持歐巴馬的小妹妹，變成劍橋分析的吹哨者的。要跟一位歐巴馬政府的官員討論這個真讓我心痛——這幾年怎麼全國都變成南方了？但梅根沒有閃避或是打算批評我。她拿出筆電，給我看了一張圖，上面是 1920 年代以來國會表決模式的變化。雙方的表決曾經有交集，因此圖表上紅點和藍點幾乎無法分辨。接著從近幾十年直到最近，藍點和紅點開始像油跟水一樣分離，最後幾乎像磁極相斥一樣分散到圖表的兩端。

　　「問題就是數據的使用。」梅根說。演算法分裂了我們，把我們趕進各自信念的兔子洞，和本應合作的對象變得水火不容。

　　我知道她說得對。畢竟我親眼看過。

　　我講完我的故事後，她牽起我的手，說她願意原諒我。她提醒我，這不是我的錯，有時候好人也會被黑暗給蒙蔽。而且我當時是個容易被利用的年輕人，但現在我有機會能用這些經驗，為了未來改變現況。

　　我被梅根的話打動了。她牽著我的手，把我拉起來，給了我一個擁抱。接著她從口袋裡拿出一枚琺瑯硬幣：「這是白宮科技總監的紀念幣。我送你們一人一個，希望能提醒你們自己的力量和智慧，還有只要我們用心合作，就能解決任何問題。有人想利用每個個人和整個

社會，但只要我們時時努力，就有很多方法可以對抗。」

這一刻，我和保羅都流著眼淚，收下了那枚硬幣。那是一枚上著紅、白、藍三色釉彩的黃銅幣，上面布滿了 1 跟 0 ——這是一枚數據幣，象徵著我們要解決的問題，和我們要面對的戰役。

祖克伯導師指控：臉書靠剝削用戶數據牟利

見過梅根和一堆政府機關及國會委員會的成員後，我們回到了紐約。有個幾乎和祖克伯本人一樣熟悉內情的人，想要跟我們討論臉書。他是最早投資臉書的人之一，也是祖克伯和雪柔·桑德伯格的導師。幾年前，他也登上媒體，把臉書大肆批評了一番。現在我想知道他這麼做的理由。

我跟劇組來到羅傑·麥克納米（Roger McNamee）豪華的紐約住處，趁著等待的時間看了一支他的影片。麥克納米跟我一樣，都在一間科技公司的成長途中，扮演了重要的角色，而我們的公司也選擇踏上了尚未成形的道路，並改變了一切。沒有人比他更清楚，一間急速成長的企業如果在市場上毫無競爭對手，底下會潛伏著多少危險。劍橋分析和臉書的領導者都是坐擁特權的白人男性，他們以尖端傳播的名義剝削人民，從不曾停下來思考他們的演算法本質上是否有缺陷，或是他們為世界帶來的傷害是否多過助益。影片中，麥克納米接受了CNN 的採訪，解釋他為何再也無法保持沉默。

麥克納米一走進房裡，我就放下手機上前跟他握手；雖然我們站在鏡頭前，但都真誠得像是沒有攝影機在場。他穿得很整齊，但整個人都被一天的勞累壓在桌上，雙眼布滿了血絲，像是長期睡眠不良一樣。客套過後，我們坐了下來，談到一起建立的事業如何變成怪物，以及無論如何一次又一次私下表達我們的擔憂，操縱怪物的總裁都對我們的建言躊躇不前。

「我想先跟馬克討論，」麥克納米說，「我以為他會很高興看到我指出整個系統的缺陷。我看到了演算法的黑暗面，我看到人們的數據被用來對付他們，我還提了一堆辦法來解決。可惜他完全不想管這件事，還派了比較低階的員工來『聆聽我的意見』。」

祖克伯無視了麥克納米的警告，雪柔‧桑德伯格也是，他們還把他推給了其他部門，而這就是真相：只要臉書市值持續成長，他們才不在乎這些。

「臉書發生的事，是我看過所有被成功蒙蔽的公司中，最悲哀的例子。」羅傑說，「但我仍願意相信這個問題有挽救的餘地。我花了好幾年想說服他們。一開始是在私底下小聲提醒，現在就沒那麼小聲了。他們反對是因為，他們的成就已經超越當初的野心了，現在他們的敵人是自己的驕傲。他們已經驕傲到無法承認錯誤了，我們非得出來叫板不可。弄成這樣真的很可惜，但我們必須想辦法解決問題。」臉書開始失控了，而既然私下勸戒沒什麼結果，臉書上的一切又在惡化，這一刻，麥克納米就只能選擇向大眾發聲了。「我幫忙打造了這玩意，」他跟我說，「整個臉書都是我的心血！可是妳知道嗎？我只是想要晚上好好睡覺而已。」

我知道為我撐腰的都是最優秀的人，我也相信我的所作所為是正確的。我繼續推動我的「#OwnYourData」（數據自主）運動，召集了世界各地成千上萬的支持者，有數百萬人看過我的影片和文章。很多人都想看我在國會作證的影片，多到英國國會一公布影片，整個網站就癱瘓了。這是一場向當權者說出真相的運動，這場運動占據了我每一天的 24 小時。

保衛民主，用戶必須要求臉書：
清楚標示政治廣告，以及廣告出資來源

我最重要的一次露面是在歐洲議會，《一般資料保護規則》（*General Data Protection Regulation*）施行的前一天，這也是 20 年來數據隱私政策第一次有了重大轉變。我也在歐盟最大區塊鏈研討會的開幕記者會上發表了演講，記者會的主持人是愛沙尼亞前總理，跟我一起的還有某個國家的財政部長，以及歐洲央行的金融科技長。我還出席了許多數據隱私活動和科技業見面會、高級記者會和新聞節目。我和世界各地的立法者和決策者開了許多閉門會議，也和很多需要非官方內部消息的記者成了密友。

這些演講的意義不只是提供資訊，我通常最後還會充當數據犯罪案的專家證人。我在至少 12 起調查，以及更多的審判中提供了專家證詞，內容常讓各國議員和我的支持者興奮不已。最好的例子就是「麥卡錫訴艾可飛案」（McCarthy v. Equifax），我在瑪吉特律師事務所（Madgett and Partners）的同事控告了如今信譽掃地的艾可飛信貸，犯下一宗史上最嚴重的數據外洩案。系統遭駭時，艾可飛有超過 300 份安全性憑證已經過期，控方律師大衛・瑪吉特（David Madgett）形容這根本是「開著大門點著燈，警報還統統關掉」。瑪吉特控訴艾可飛讓 1 億 5,700 萬美國人的個人數據終生暴露於詐欺活動和身分盜用的風險之中，造成了嚴重的財產損失。明尼蘇達州最高法院判瑪吉特勝訴後，情況終於有所好轉，個人數據在該州被認定為了個人財產。艾可飛案，以及諸多提交英國國會、美國國會和其他國家立法機關的新法案，讓數據保護法令開始有所進展。

至於這些調查和審判找出了什麼？在我寫這本書的同時，一切都還沒有定論。目前公布的只有經過許多刪減，而且未有直接結論的《穆勒報告》（*Mueller Report*），不過我想那些擅長解讀言外之意的人來說，羅伯特・穆勒的意思倒是很清楚：

他沒告訴我們總統無罪＝總統有罪。

他沒告訴我們總統不必面臨非公開起訴＝等唐納・川普離開白宮，他就得進監獄。

我不理解為何美國大眾和世界上的人們還得精通密碼學才能看出這件事，但對我來說，這都結束了，我希望其他人也能早點讓它結束。

從聯邦貿易委員會對臉書過失及無力保護消費者所開罰的 50 億美元，到針對脫歐派的刑事調查，還有許多類似的調查仍在進行。當然，還有眾議院的司法和情報委員會針對穆勒調查俄國介入大選，以及川普總統妨礙司法的聽證會，在本書寫作的同時都還在進行。

2019 年 3 月的一個早晨，我被簡訊和郵件給淹沒了：傑瑞・納德勒（Jerry Nadler）眾議員公布了一份總共 81 人的名單，這些人將在川普總統是否適任的調查中被傳喚作證。我是第 9 個。

沒什麼好意外的，我本來就是肇事者之一。我幫忙建造了劍橋分析這座機器，見證了川普、臉書和脫歐在我眼前破壞民主、入侵我們的數位生活，用我們的數據來對付我們自己。該阻止它再次發生了。

至於川普，雖然什麼都沒發生，但《穆勒報告》已經出來了。穆勒在國會作證時堅定地回答：讓他下臺，我就會逮捕他。

而臉書的部分，他們必須改變一些政策：拒絕假新聞和修改過的影片內容，並清楚標示出政治廣告，以及廣告的來源。他們在許多國家都被指控違反數據保護法，還被聯邦貿易委員會開罰了史無前例的 50 億美金，這筆錢可以讓政府投資能夠保護消費者的科技。

脫歐尚未定案，人民可以再次發起公投。脫歐派已經被發現違反了數據保護法和選舉支出規範。

這些不會是最後的結局，但無論會遭到什麼樣的批評，做正確的事永遠不嫌太晚。我們每天的選擇都可以讓我們在問題中陷得更深，

但也可以成為解決的方案。我決定要讓我的選擇成為解方。你呢？

人們將能以各種價格被賣出？
我們能夠避免數據濫權導致的反烏托邦嗎？

現在我們該看向何方？我們該如何理解這一切？我們能否再度擁有公平自由的選舉，甚至決定每天的生活？為了提高集體的警覺性，我們應該看看那些關鍵角色，還有那些可以期待同樣的事將再度發生的地方：

劍橋分析和 SCL 公司都解散了，但這有什麼意義呢？我的前同事們有很多都還在業界，從事數據分析和擔任選舉顧問。其中也包括了亞歷山大·尼克斯，根據新聞報導，他曾和前首相德蕾莎·梅伊討論過她的辭職，還有新任首相鮑里斯·強森的事。即使資訊委員辦公室和國會的調查尚未結束，我仍擔心脫歐和這些助選討論的走向。而且，除了亞歷山大之外，雖然許多劍橋分析的前員工都是聰明、善良的專業人士，但有些人絕非如此，而他們仍然能玩弄那些老把戲，沒有人追究他們的行為。

默瑟父女雖然已經失去川普的寵幸，在政界仍很有影響力，他們似乎仍在支持許多政治目標；考慮到他們過去的政治修辭，其中有些可能會用到分裂和煽動性的宣傳。我會密切關注他們藉著 501(c)3s 和 4s 條款，把錢放到了哪裡和哪些政治行動委員會。我們的影響力仍不及他們。

臉書雖然列出了一串無關痛癢的後續行動想要洗白，但在管制假新聞、修正助長煽動性和錯誤資訊的演算法，或是阻止惡意人士利用平臺瞄準用戶等方面，都沒有任何進步。雖然他們允許人們查看自己的數據，也標示出了政治廣告和修改過的廣告內容（比如南希·裴洛西 [Nancy Pelosi] 那支被修剪過的影片），但他們仍對下一場選舉毫無準備，

更遑論一般用戶。我最近和先前在臉書負責選舉公正性的雅艾爾‧埃森斯塔特（Yaël Eisenstat）一起上了節目，她正打算進入中情局從事反恐和反政治宣傳。她只在臉書待了 6 個月就決定辭職，不再為任何薪水或股份付出時間，因為祖克伯和桑德伯格都不會為下一輪選舉執行她所提出的任何建議來保護公民。我無話可說。

而立法機關方面，我們獲得了大量支持，得以在今年做出真正的改變，但這些法律的好壞都取決於能使用什麼技術。幸好，區塊鏈方案如今有機會從頂端改變整個數據產業，將個人每天的產值回饋給他們，也讓全世界的人們有能力加入這個新的全球經濟，不像過去一樣被少數最有權力的組織壟斷。

大數據、川普和臉書粉碎了我們的民主。民主的碎片散落在我們腳下，人們只能努力把它拼湊回來。

但我們現在有了一線機會：我們不但可以開始把它拼回來，還能拼成一個符合道德、公義而且穩定的全球社群，投入時間做出朝正面改革的決定，並擁有一個更道德的世界——或者我們也可以讓社會繼續躺在我們腳下，每天承受種種衝擊，直到這些碎片銳利得會傷人，再也無法重新凝聚。

選擇都在我們手中：有一份非公開起訴書正等著那位現在主掌白宮的人——相信我，這個努力保住政權的獨裁者是前所未有的危險。想一下，只要下次敗選，他可能就會進監獄。他拒絕和穆勒對質，只敢在社群上放話誹謗他。我們幾乎可以確定，他會用一切可能的武器來保住權力。

另外，加州的門洛帕克（Menlo Park）也有個人正努力抓緊權力：我希望我可以支持他最近發表的區塊鏈支付經濟體系 Libra，但我做不到。這不過是一個大企業同盟，成員都是臉書、Uber 和 Visa 這些想要建立一個自有財政體系的公司；它會讓數據濫用變得更加普遍，因此全世界的政府都決意挺身阻止，以免我們這個世代最糟的數據資產管理者成為新的世界中央銀行。想像這樣一個反烏托邦：人們能夠

以各種價格被賣出，因為賣家知道每個人的銀行帳戶裡有多少錢。這已經在發生了，而 Libra 只會加快我們進入這個從來沒有人期盼或夢想過，只會在噩夢中出現的互聯世界（connected world）。

最後，世界上仍充滿無數不受規範的數據流，而且絕大多數都無法追蹤。這些數據一旦流出，就無法收回。我們必須在整個經濟體系破碎到無法修復之前改變一切，拿回掌握數據的權利。保羅說過：「我是樂觀主義者，我相信壞掉的東西都可以修好。」我希望在下一波爭取我們注意的政治人物身上，可以看到這種態度。我希望他們再次給我們值得盼望的事物，也給我們掌握力量的工具。我們需要改變立法和監督機制，需要認真投資可以實現這些新機制的科技方案。

時候到了。我們必須團起來，拾起數位生活的碎片，重建它，保護我們的未來。

後記

5 大策略，終結數據戰爭

我們必須要渴望和平，渴望到願意為和平，付出行動和實物的代價。我們必須要渴望和平，渴望到願意克服倦怠，走出我們的世界，去接觸各國那些和我們一樣渴望和平的人。

——愛蓮娜・羅斯福（Eleanor Roosevelt）

數據權是這個世代最終極的關鍵議題。數據是我們無形的數位資產，卻也是唯一一種生產者無權主張價值，無權許可他人蒐集、儲存、交易，或是無權享有其衍生利潤的資產。每當回顧歷史，我們都會不齒那些像十字軍一樣奪取當地人土地、水源和石油的行為，因為這些當地人缺乏力量，無法阻止自己的資產遭受侵奪。而我們都認為這些行為是我們歷史上的汙點。

那麼，我們又怎麼能裝聾作啞，讓矽谷輕易逃掉？每當我們得意地在他們的平臺上，發文分享自己的數位生活，就是在幫忙瞄準我們自己。我們在手中的螢幕上，見證了種族歧視與不容異己之心崛起、公民社會解體、假新聞風行，接著見證了這一切反映在現實世界，導致了暴力與凶殺。那麼，我們是否能像見證過歷史上那些暴行一樣，以後見之明堅定「絕不重演」的意志？

其實，我們正處在一個今生難逢的佳機。我們可以選擇把握機會，或是被歷史當成那種任光明未來從手中流逝的鍵盤社運家。我們有許多方法可以改變數位生活、掌握我們的數據、實現透明的網路，並終結當今科技業汙穢的盜賊統治。

#數位識讀 #立法合作 #企業道德 #問責機制 #個人道德

我一直是樂觀主義者，所以我要提出這樣的警告：我們必須趁局勢有利盡快行動。如果我們選擇坐視不管，那麼世界就將不只是現在這樣，《1984》和《黑鏡》（Black Mirror）的反烏托邦將會成為現實。部落意識將持續蔓延，真相和操弄的界線將會朦朧，而我們或許再也不會有權利掌握全世界最珍貴的資產，也就是自己的數位身分。我們現在就得行動。

這是一件艱鉅的任務，而我的使命、我的生存意義，正是讓人們意識到這件事。看完這本書，你就知道只要一點點花招，每天再塞點錯誤資訊，就算是思想開放的知識分子也會輕易上當。

那麼，我們該怎麼保護自己？我們該怎麼保護民主？我們要起身、發聲、行動。每一個好公民都有不再沉默的義務。

我們可以立刻開始做到這些：

1. 培養數位識讀能力。

是時候開始教育自己和他人，我們到底在面對什麼東西了：我們的數據如何被蒐集、去了哪裡、儲存在哪、又能被怎樣用來對付我們（或是怎麼讓世界更好）。剛進入數據的世界時，我滿心希望能將它用在良善的目的，而我後來也看到，當上層掌權者習於敗德地利用數據，又會發生什麼。數位智商研究所（DQ Institute）的網站上可以找到一些最適合反擊的武器。在上面可以學到為何數位智商（digital intelligence）在數位時代至關重要，還能學會如何具備足夠的能力來保護自己和身邊的人。詳情請上：http://www.dqinstitute.org.

另外，我最近也一同成立了「數據自主基金會」（Own Your Data Foundation），目的是讓人們更加意識到我們迫切需要數據權。這個非營利組織也在藉由 STEM 教育推行數位識讀，期待有一天所有人都能了解該如何掌握和保護自己的數位生活。相關的資源和機會請見：http://ownyourdata.foundation.

2. 和立法者合作。

　　我承認，制定和通過更多法律不會馬上解決問題，但這麼做確實有助於保護社會不被接下來的時代吞噬，實現更好的未來。政府和公民組織裡都有許多優秀的人在努力制定法律保護我們。請多蒐集新法案倡議的資訊，並多多參與！打電話或寫信給你的選區議員（在 https://www.usa.gov/elected-officials 可以找到詳細資訊），告訴他們你支持國會和公民論壇裡那些新的、有常識、正進入辯論等待通過的數據保護法案，如下：

a. 艾德・馬基（Ed Markey）參議員的《同意法案》（*CONSENT Bill*）可以翻轉現況，要求公司必須取得用戶同意，而非預設用戶同意，並制定合理的數據安全措施，以及通知用戶所有的數據蒐集和數據外洩。

b. 在伊莉莎白・華倫（Elizabeth Warren）的《企業管理責任法》（*Corporate Executive Accountability Act*）下，當企業因疏失而導致像艾可飛或臉書這種數據外洩事件，管理者將會面臨刑事訴訟。

c. 吉米・史泰耶（Jim Steyer）的「你就是商品」（You Are the Product）立法倡議將讓法律追索權適用於數據濫用和數據所有權。雖然相關法案尚未簽署，但現在已經受到了密切關注；因為史泰耶和加州消費者隱私協會（Californians for Consumer Privacy）之前就參考歐盟的《一般資料保護規則》，推動了《加州消費者隱私法案》（*California Consumer Privacy Act*），成為美國最完整的數據保護法令。

d. 加州州長葛文・紐森（Gavin Newsom）的《數據分潤法》（*Data Dividend Law*）已排入議程接受辯論，該法規定蒐集個人數據使用必須提供補償。

e. 馬克・華納（Mark Warner）的《繞路法》（*DETOUR Act*）及相關法案旨在透明化消費者數據的價值，以便管制大型科技公司，並防止使用演算法的「黑暗模式」操弄社會。

f. 懷俄明州的《數據資產法》（*Digital Asset Legislation*）已經通過了 13 新法律，並有更多法案被排進了下個會期。這些法律的進步包括規定數位資產是無形的個人財產，也賦予了對數位資產應用的所有權和追索權。有關新興科技資本在美國的現況，請見：http://www.wyoleg.gov.

g. 政府問責計畫（Government Accountability Project）中的《科學界廉正法案》（*Scientific Integrity Act*）保護了有權對濫用、浪費和疏忽究責的人，以協助科學界的吹哨者。我們需要讓更多堅強的人能夠安全，為更大的利益挺身而出。加入請見此：http://www.whistleblower.org/supportingsciencewhistleblowers.

3. 協助企業做出道德的選擇。

很多公司都願意提供方便利用、容易負擔的方案來解決我們數位生活中的問題。我們必須讓新興的小公司更容易遵守法律，鼓勵他們在商業模式上做出重大改變。臉書和 Google 等大公司就不需要這種親切的教學，他們裡面知道怎麼解決問題的專家通常比管制單位更多。管制單位能適當處置不良行為，你也可以用符合倫理的科技方案來參與其中，這類方案請見：http://designgood.tech。Phunware 公司是這些企業的思想領袖之一（那斯達克代號為 PHUN），這家大數據公司會歸還持有的數據，並將數據利用所得回饋給消費者。詳見 http://www.phunware.com。

另外，我也很期待聲思（Voice）的測試版上線，這是一個新的社群媒體平臺，允許人們掌握自己的數據，從生產的內容獲益，他們也會用合法的客戶審查和反洗錢（KYC/AML）身分認證，來防堵機器人及假帳號。感謝區塊鏈技術公司「第一區塊」（BlockOne）為臉書和推特樹立了一個好榜樣。詳見 http://www.voice.com。

4. 要求管制單位對濫權者問責。

　　許多漫長的調查都有個問題，就是犯錯的人、選舉陣營和公司常常只有名譽受損，卻沒有受到處罰。很多人除非被強迫，否則不會做出道德的決定，因此我要在此強調對立法和管制單位施壓。這樣的改變不能訴諸自發，而是需要外部壓力。脫歐和川普陣營都沒遵守既有的法律和管制，而對那些口袋很深的單位，只靠罰錢沒辦法讓他們打消再次犯法的念頭。如果我們想要修好破碎的民主，就必須站出來發聲。請聯絡聯邦選舉委員會、聯邦貿易委員會和英國選舉委員會，讓他們知道你希望在下次大選之前能有真正的解決方案，並給目前的調查一個令人滿意的結局。

5. 在自己的數位生活中做出道德的選擇。

　　請質疑負面的新聞報導。請避免分享煽動憤怒或恐懼的訊息。請不要參與負面宣傳、網路騷擾和「精準鎖定」。如果你經營公司，請給客戶知情和同意的權利。請向他們解釋分享個人數據的利益，因為開放的溝通能帶來更大的回報。不要用欺騙的花招，不要瞞著客戶、未經同意就把數據賣給第三方。不要使用下流的伎倆獲取人們的注意力，負面的廣告和分裂的修辭已在點擊之間，輕易撕裂了我們的社會。把持自己，不要落入方便的陷阱。現在不是束手旁觀的時候，我們需要每一個人做出行動。

　　就像愛因斯坦說的：「我不只是和平主義者，我是激進的和平主義者。我願意為和平而戰。終結戰爭唯一的方法，就是拒絕戰爭。」為了在民主徹底粉碎以前修好它，我們必須作戰。

　　我們得一起作戰。

　　要記得，你有發起行動的能力！能保護我們的，不是只有大型科技公司和政府而已。我們也要為自己挺身而出。**不要使用那些病毒式的臉書 app，不要再玩小測驗**，也不要因為想看自己老了長怎樣，就賤賣自己的臉部辨識數據。舊金山是美國第一個完全禁止臉部辨識

#數位識讀 #立法合作 #企業道德 #問責機制 #個人道德

的城市,而他們比任何城市都清楚臉部辨識的危險。

每一天,你都可以選擇要使用方便的新 app,或是活在傳統網站和手機選項的世界裡。請為自己審視,這個 app 會不會蒐集你的數據,如果會的話,它會向誰分享這些?目的是什麼?這些選擇都有其結果。每天用的通訊軟體就是最好的例子。我就直說吧,用 Signal,不要用 Whatsapp!祖克伯降低了它的加密強度,以便提取數據來做「精準鎖定」。而只要一個簡單的決定,就可以免於遭到瞄準。

我很清楚,因為這就發生在我身上。我被瞄準了,結果我走錯了路。親愛的讀者,這很有可能已經以某種方式發生在你身上了。但我不希望你看完這頁時感到無助,我希望你能找到力量。你可以掌握自己的數據,控制自己的價值。我們只需要知情同意,在透明和信任的地基上建立新的世界。只要我們匯集全世界的能量,重新展望一個合乎道德的未來,我保證,現在正是大好時機。

謝辭

　　每一天，我都深深感謝從身旁眾人身上得到的機會，以及從我愛的人和尚未有緣認識的人身上所獲得的無條件支持。因此，要完整列出我的感謝清單幾乎不可能，我只能盡力整理我的人生，找出最重要的人。謝謝一路上曾幫助，以及將幫助我的每個人。你們鼓勵了我，帶來了重要的改變。我們將合作帶領數位世界走向更有道德的未來。

　　我要特別感謝：

　　我的家人；首先是我的妹妹娜塔莉，感謝妳跳下來和我一起發起和積極推動數據權運動。妳的愛、妳的善意，當然還有妳在組織上付出的努力，讓我們能一起發揮這麼大的影響力。謝謝父母親一直相信著我，鼓勵我追求卓越。你們教育我要做正確的事，要為了我相信的事物奮鬥，我的謝意再怎樣都說不完。也謝謝爺爺奶奶、阿姨、姑姑、叔伯、舅舅、堂表親以及其他家族成員，我愛你們。我很慶幸我的旅途上能有你們陪伴。

　　感謝數位資產交易協會（DATA）的成員，特別是 David Pope、Alanna Gombert、Jill Richmond 和 Brent Cohen，你們從 2018 年 1 月開始提供了大量的公益服務，讓我們能推動規範和保護全世界數位資產的立法倡議。你們給了我無窮的力量與支持。

保羅・希爾德，你的友誼和信任對我之重要，難以用言詞表達──對這世界的信任更是如此。感謝你這麼關心這些重要的使命，並為它奉獻人生。謝謝你為了更大的善努力解決問題，不到勝利絕不放棄。你是化思想為行動的專家，沒有你，「#OwnYourData」運動不會出現。你從來沒有放棄我，一直相信著我。我會繼續讓你為了這些奉獻而驕傲。

我還要感謝《個資風暴》（ *The Great Hack* ）和 Netflix 的團隊，特別是 Geralyn Dreyfous 無與倫比的支持，另外也感謝才華洋溢的卡里姆・阿莫、吉安・紐潔姆和 Pedro Kos，以影響卓絕的手法向世界說出一部分我的故事。感謝 Elizabeth Woodward、Bits Sola、Basil Childers、Matt Cowal 和其他出色而有耐心的劇組和 Netflix 團隊，創造並推動了這場由《個資風暴》和我們的夥伴所引領，對社會影響重大的運動。

謝謝 Harper Collins 和 Eileen Cope 給了我這份特別的機會，讓我用回憶錄向全球說出自己的故事。感謝他們最後終於找出了事情發生的真相和原因，讓大眾有能力做出確實的改變。

感謝 Julie Checkoway 支持我用以前想像不到的方式，寫出《操弄》這本書。妳敏銳的才智、深刻的思考和情感支持永遠改變了我的生活。無論怎麼做都不足以表達我的謝意。

感謝 Julia Pacetti 不只像乾媽一樣保護我，成為我最好的朋友，也感謝妳在專業上無比的活力和能力，將重要的言論變成全球現象。妳說服法律、政治和商業領袖支持重要倡議的能力每次都會嚇到我。妳簡直就是洪荒之力！

感謝我的律師們，傑佛瑞・羅伯遜皇家大律師、馬克・史蒂芬斯、 Jim Walden 和 Amanda Senske，謝謝你們花了這麼多時間為我提供公益服務，給予我指導和支持，幫助我在世界各地數不清的聽證會中有效地作證。你們向當權者堅持真相的專業讓許多使命得以進展，能被你們代表是我的榮幸。

感謝了不起的懷俄明州政府和人民創造了數據資產保護的前瞻性資本。我要特別感謝凱特琳‧隆、Tyler Lindholm 眾議員、Og-den-Driskill 參議員、Rob Jennings、Steven Lupien 和其他懷俄明州區塊鏈任務工作小組（Wyoming Blockchain Task Force）、懷俄明州區塊鏈聯盟的成員，還有每一位投票通過 13 部新法來保護該州公民與居民的州議員。能把這片美麗的土地當作新家園是我的驕傲！

　　感謝美國國會和國會中卓越的思想領袖，你們推進了對大型科技公司的管制，加強了對美國公民與居民數位資產的保護。我要特別感謝馬克‧華納、艾德‧馬基和伊莉莎白‧華倫三位參議員。你們指引了其他人，看見這對我們國家的未來多麼重要。

　　感謝麥特‧邁其賓這位了不起的朋友、夥伴和思想領袖。你的愛與支持幫我維持理智，成為心胸更開闊、更實際、更成熟的人。你教會我要質疑被告知的一切，用道德原則再造一個更好的世界。我們正在一起改變世界，我等不及要看未來會是什麼樣子了。

　　感謝愛好冒險的超級創業家 Lauren Bissell 陪伴我環遊世界，我不但愛妳，也需要妳！我等不及繼續我們現在和未來的有趣事業了。

　　感謝切斯特‧費里曼，謝謝你的才華和友誼，也謝謝你帶我走上這條瘋狂的旅途。我愛你，我希望你知道這十多年來，你對我有多麼重要。

　　感謝我其他朋友、同事、世界各地的支持者、各領域的社運人士還有每一位吹哨者，謝謝你們為了推動這些使命所作的一切，也謝謝你們支持我和這個運動。因為你們的努力，才能有光明的未來等著我們。因為有你們，「#OwnYourData」才能持續成長！

　　最後，感謝各位讀者，謝謝你們在乎並讀了我的故事。我希望你們都能得到鼓勵，在生活中做出改變，加入這場運動，為我們的數位創造正向的變革。

附注

第 1 章：他們顛覆了全球選舉生態

1. Ari Berman, "Jim Messina, Obama's Enforcer," The Nation, March 30, 2011, http://www.thenation.com/article/159577/jim-messina-obamas-enforcer.
2. David Corn, "Inside Groundswell: Read the Memos of the New Right-Wing Strategy Group Planning a '30 Front War,'" Mother Jones, July 25, 2013, https://www.motherjones.com/politics/2013/07/groundswell-rightwing-group-ginni-thomas/.

第 3 章：奈及利亞，數百萬美元的選戰合約

1. Julien Maton, "Criminal Complaint Against Nigerian General Buhari to Be Filed with the International Criminal Court on Short Notice," Ilawyerblog, December 15, 2014, http://ilawyerblog.com/criminal-complaint-nigerian-general-buhari-filed-international-criminal-court-short-notice/.
2. John Jones, "Human Rights Key as Nigeria Picks President," The Hill, February 20, 2015, https://thehill.com/blogs/congress-blog/civil-rights/233168-human-rights-key-as-nigeria-picks-president.

第 4 章：奈及利亞億萬富翁氣炸了

1. "Our Mission," World Economic Forum, https://www.weforum.org/about/world-economic-forum.
2. Jack Ewing, "Keeping a Lid on What Happens in Davos," New York Times, January 20, 2015, https://dealbook.nytimes.com/2015/01/20/keeping-a-lid-on-what-happens-in-davos/.
3. 同上。
4. Strategic Communications Laboratories. NID Campaign January-February 2015 Final Completion Portfolio. London: Strategic Communications Laboratories, 2015.

5. Agencies in Abuja, "West Criticises Nigerian Election Delay," Guardian, February 8, 2015, https://www.theguardian.com/world/2015/feb/08/nigeria-election-delay-west-us-uk.

6. 同上。

7. 同上。

8. Nicholas Carlson, "Davos Party Shut Down After Bartenders Blow Through Enough Booze for Two Nights," Business Insider, January 23, 2015, https://www.businessinsider.com/davos-party-shut-down-by-swiss-cops-2015–1.

第 6 章：前進美國！獲得川普新帝國的鑰匙

1. Joseph Bernstein, "Sophie Schmidt Will Launch a New Tech Publication with an International Focus," BuzzFeed, May 1, 2019, https://www.buzzfeednews.com/article/josephbernstein/a-google-scion-is-starting-a-new-publication-with-focus-on.

2. https://www.bluestatedigital.com/who-we-are/.

3. https://www.bluelabs.com/about/.

4. https://www.civisanalytics.com/mission/.

5. Rosie Gray, "What Does the Billionaire Family Backing Donald Trump Really Want?" The Atlantic, January 27, 2017, https://www.theatlantic.com/politics/archive/2017/01/no-one-knows-what-the-powerful-mercers-really-want/514529/.

6. Mary Spicuzza and Daniel Bice, "Wisconsin GOP Operative Mark Block Details Cambridge Analytica Meeting on Yacht," Journal Sentinel, March 29, 2018, https://www.jsonline.com/story/news/politics/2018/03/29/wisconsin-operative-mark-block-details-meetings-between-cambridge-analytica-and-its-billionaire-back
/466691002/.

7. Erin Conway-Smith, "As Nigeria Postpones Its Elections, Has It Chosen Security over Democracy?" World Weekly, February 12, 2015, https://www.theworldweekly.com/reader/view/939/-as-nigeria-postpones-its-elections-has-it-chosen-security-over-democracy.

8. Vicky Ward, "The Blow-It-All-Up Billionaires," Huffington Post, March 17, 2017, https://highline.huffingtonpost.com/articles/en/mercers/.

9. 同上。

10. 同上。

11. 同上。

12. "We Need 'Smith,'" video, Promise to America, http://weneedsmith.com/who-is-smith.

13. Rebekah Mercer, "Forget the Media Caricature. Here's What I Believe," Wall Street Journal, February 14, 2018, https://www.wsj.com/articles/forget-the-media-caricature-heres-what-i-believe-1518652722.

14. 同上。

15. Quinnipiac University Poll, "Walker, Bush in Tight Race among U.S. Republicans,

Quinnipiac University National Poll Finds; Clinton Sweeps Dem Field, with Biden in the Wings, Quinnipiac University Poll, March 5, 2015, https://poll.qu.edu/national/release-detail?ReleaseID=2172.

16. Timothy Egan, "Not Like Us," New York Times, July 10, 2015, https://www.nytimes.com/2015/07/10/opinion/not-like-us.html?_r=0.

17. Dolia Estevez, "Mexican Tycoon Carlos Slim's Camp Calls Ann Coulter's Wild Allegations Against Him True Nonsense," Forbes, June 9, 2015, https://www.forbes.com/sites/doliaestevez/2015/06/09/mexican-tycoon-carlos-slims-camp-calls-ann-coulters-wild-allegations-against-him-true-nonsense/#694892fc654f.

第 7 章：英國脫歐，劍橋分析準備大展身手

1. Naina Bajekal, "Inside Calais's Deadly Migrant Crisis," Time, August 1,2015, http://time.com/3980758/calais-migrant-eurotunnel-deaths/.

2. "The Dispossessed," chart, The Economist, June 18, 2015, https://www.economist.com/graphic-detail/2015/06/18/the-dispossessed.

3. "Forced Displacement: Refugees, Asylum-Seekers, and Internally Displaced People (IDPs), Factsheet, European Commission, n.d., https://ec.europa.eu/echo/refugee-crisis.

4. Louisa Loveluck and John Phillips, "Hundreds of Migrants Feared Dead in Mediterranean Sinking," Telegraph, April 19, 2015, https://www.telegraph.co.uk/news/worldnews/africaandindianocean/libya/11548071/Hundreds-feared-dead-in-Mediterranean-sinking.html.

5. "What's Behind the Surge in Refugees Crossing the Mediterranean Sea?" New York Times, May 21, 2015, https://www.nytimes.com/interactive/2015/04/20/world/europe/surge-in-refugees-crossing-themediterranean-sea-maps.html.

6. European Union, "European Union Receives Nobel Peace Prize 2012," European Union, n.d., https://europa.eu/european-union/about-eu/history/2010-today/2012/eu-nobel_en.

7. Stephen Castle, "Nigel Farage, Brexit's Loudest Voice, Seizes Comeback Chance," New York Times, May 14, 2019, https://www.nytimes.com/2019/05/14/world/europe/nigel-farage-brexit-party.html.

8. Thomas Greven, "The Rise of Right-wing Populism in Europe and the United States: A Comparative Perspective," Friedrich-Ebert-Stiftung, May 2016, https://www.fesdc.org/fileadmin/user_upload/publications/RightwingPopulism.pdf.

9. Charlie Cooper, "Trump's UK Allies Put Remain MPs in Their Sights," Politico.eu, November 20, 2016, https://www.politico.eu/article/trump-farage-uk-brexit-news-remain-mps/.

10. Ed Caesar, "The Chaotic Triumph of Arron Banks, the 'Bad Boy of Brexit,'" The New Yorker, March 25, 2019, https://www.newyorker.com/magazine/2019/03/25/the-chaotic-triumph-of-arron-banks-the-bad-boy-of-brexit.

11. Simon Shuster, "Person of the Year: Populism," Time, http://time.com/time-person-of-the-year-populism/.

第 8 章：臉書，最會卸責的個資漏洞公司

1. Harry Davies, "Ted Cruz Using Data Firm that Harvested Data on Millions of Unwitting Facebook Users," Guardian, December 11, 2015, https://www.theguardian.com/us-news/2015/dec/11/senator-ted-cruz-president -campaign-facebook-user-data.
2. "The Facebook Dilemma," Frontline, PBS, October 29, 2018.
3. 同上。
4. Mark Sullivan, "Obama Campaign's 'Targeted Share' App Also Used Facebook Data from Millions of Unknowing Users," Fast Company, March 20, 2018, https://www.fastcompany.com/40546816/obama-campaigns-targeted-share-app-also-used-facebook-data-from-millions-of-unknowing-users.
5. "The Facebook Dilemma," Frontline, PBS, October 29, 2018.
6. 同上。
7. 同上。
8. 同上。

第 9 章：一個專業的政治顧問，要能一隻手捏住鼻子，另一隻手去拿錢

1. James Swift, "Contagious Interviews Alexander Nix," Contagious.com, September 28, 2016, https://www.contagious.com/news-and-views/interview-alexander-nix.

第 10 章：史上最昂貴的網路選戰

1. Jane Mayer, "The Reclusive Hedge-Fund Tycoon Behind the Trump Presidency," The New Yorker, March 27, 2017, https://www.newyorker.com/magazine/2017/03/27/the-reclusive-hedge-fund-tycoon-behind-the-trump-presidency.
2. Jim Zarroli, "Robert Mercer Is a Force to Be Reckoned with in Finance and Conservative Politics," NPR.org, May 26, 2017, https://www.npr.org/2017/05/26/530181660/robert-mercer-is-a-force-to-be-reckoned-with-in-finance-and-conservative-politic?t=1562072425069.
3. Gray, "What Does the Billionaire Family Backing Donald Trump Really Want?"
4. Matt Oczkowski, Molly Schweickert, "DJT Debrief Document. Trump Make America Great Again; Understanding the Voting Electorate," PowerPoint presentation, Cambridge Analytica office, New York, December 7, 2016.
5. Lauren Etter, Vernon Silver, and Sarah Frier, "How Facebook's Political Unit Enables the Dark Art of Digital Propaganda," Bloomberg.com, December 21, 2017, https://www.bloomberg.com/news/features/2017–12–21/inside-the-facebook-team-helping-regimes-that-reach-out-and-crack-down.
6. Nancy Scola, "How Facebook, Google, and Twitter 'Embeds' Helped Trump in 2016," Politico, October 26, 2017, https://www.politico.com/story/2017/10/26/facebook-google-twitter-trump-244191.

第 11 章：脫歐女王布特妮

1. Jeremy Herron and Anna-Louise Jackson, "World Markets Roiled by Brexit as Stocks, Pound Drop; Gold Soars," Bloomberg.com, June 23, 2016, https://www.bloomberg.com/news/articles/2016–06–23/pound-surge-builds-as-polls-show-u-k-to-remain-in-eu-yen-slips.
2. Aaron Wherry, "Canadian Company Linked to Data Scandal Pushes Back at Whistleblower's Claims: AggregateIQ Denies Links to Scandal-Plagued Cambridge Analytica," CBC, April 24, 2018, https://www.cbc.ca/news/politics/aggregate-iq-mps-cambridge-wylie-brexit-1.4633388.

第 13 章：川普數位選戰的機密內幕

1. Nancy Scola, "How Facebook, Google, and Twitter 'Embeds' Helped Trump in 2016," Politico, October 26, 2017, https://www.politico.com/story/2017/10/26/facebook-google-twitter-trump-244191.
2. 有趣的是，情緒分析（sentiment analysis）是多年前羅伯特‧默瑟在 IBM 的發明。在這次選舉中，該技術不只統計了人們的讚和轉推，還評估了一些微妙的東西，例如：推特用戶在撰寫推文時的態度是正面還是負面。
3. Glenn Kessler, "Did Michelle Obama Throw Shade at Hillary Clinton?" Washington Post, November 1, 2016, https://www.washingtonpost.com/news/fact-checker/wp/2016/11/01/did-michelle-obama-throw-shade-at-hillary-clinton/?noredirect=on&utm_term=.686bdca907ef.

第 14 章：英國政府開始疑心

1. Hannes Grassegger and Mikael Krogerus, "The Data That Turned the World Upside Down," Vice, January 28, 2017, https://www.vice.com/en_us/article/mg9vvn/how-our-likes-helped-trump-win. For the original German, see https://www.dasmagazin.ch/2016/12/03/ich-habe-nur-gezeigt-dass-es-die-bombe-gibt/.
2. Information Commissioner's Office, "Investigation into the Use of Data Analytics in Political Campaigns," November 6, 2018, ICO.org.uk, https://ico.org.uk/media/action-weve-taken/2260271/investigation-into-the-use-of-data-analytics-in-political-campaigns-final-20181105.pdf.
3. Ann Marlowe, "Will Donald Trump's Data-Analytics Company Allow Russia to Access Research on U.S. Citizens," Tablet, August 22, 2016, https://www.tabletmag.com/jewish-news-and-politics/211152/trump -data-analytics-russian-access.

第 15 章：我要辭職

1. Luke Fortney, "Blockchain Explained," Investopedia, n.d., https://www.investopedia.com/terms/b/blockchain.asp.
2. Ellen Barry, "Long Before Cambridge Analytica, a Belief in the 'Power of the Subliminal,'" New York Times, April 20, 2018, https://www.nytimes.com/2018/04/20/world/europe/oakes-scl-cambridge-analytica-trump.html.

第 16 章：劍橋分析究竟隱瞞了多少與俄羅斯的關係？

1. Paulina Villegas, "Mexico's Finance Minister Says He'll Run for President," New York Times, November 27, 2017, https://www.nytimes.com/2017/11/27/world/americas/jose-antonio-meade-mexico.html.
2. "Ex-Daughter-in-Law of Vincente Fox Kidnapped," Borderland Beat (blog), May 1, 2015, http://www.borderlandbeat.com/2015/05/ex-daughter-in-law-of-vincente-fox.html.
3. María Idalia Gómez, "Liberan a ex nuera de Fox: Mónica Jurado Maycotte Permaneció 8 Meses Secuestrada," EJCentral, December 16, 2015, http://www.ejecentral.com.mx/liberan-a-ex-nuera-de-fox/.
4. Eugene Kiely, "Timeline of Russia Investigation," FactCheck.org, April 22, 2019, https://www.factcheck.org/2017/06/timeline-russia-investigation/.

第 17 章：留歐派啟動全面追殺

1. Alexander Nix, "How Big Data Got the Better of Donald Trump," Campaign, February 10, 2016, https://www.campaignlive.co.uk/article/big-data-better-donald-trump/1383025#bpBH5hbxRmLJyxh0.99.

第 18 章：震撼爆料，劍橋分析非法持有臉書個資

1. Paul Grewal, "Suspending Cambridge Analytica and SCL Group from Facebook," Newsroom, Facebook, March 16, 2018, https://newsroom.fb.com/news/2018/03/suspending-cambridge-analytica/.
2. Alfred Ng, "Facebook's 'Proof' Cambridge Analytica Deleted That Data? A Signature," CNet.com, https://www.cnet.com/news/facebook-proof-cambridge-analytica-deleted-that-data-was-a-signature/.
3. Matthew Rosenberg, Nicholas Confessore, and Carole Cadwalladr, "How Trump Consultants Exploited the Facebook Data of Millions," New York Times, March 17, 2018, https://www.nytimes.com/2018/03/17/us/politics/cambridge-analytica-trump-campaign.html.
4. Carole Cadwalladr, "'I Made Steve Bannon's Psychological Warfare Tool': Meet the Data War Whistleblower," Guardian, March 18, 2018, https://www.theguardian.com/news/2018/mar/17/data-war-whistleblower-christopher-wylie-faceook-nix-bannon-trump.

第 19 章：吐露真相、承擔後果

1. Matthew Weaver, "Facebook Scandal: I Am Being Used as a Scapegoat—Academic Who Mined Data," Guardian, March 21, 2018, https://www.theguardian.com/uk-news/2018/mar/21/facebook-row-i-am-being-used-as-scapegoat-says-academic-aleksandr-kogan-cambridge-analytica.
2. Selena Larson, "Investors Sue Facebook Following Data Harvesting Scandal,"

CNN, March 21, 2018, https://money.cnn.com/2018/03/20/technology/business/investors-sue-facebook-cambridge-analytica/index.html.

3. Andy Kroll, "Cloak and Data: The Real Story Behind Cambridge Analytica's Rise and Fall," Mother Jones, May/June 2018, https://www.motherjones.com/politics/2018/03/cloak-and-data-cambridge-analytica-robert-mercer/.
4. 同上。
5. 同上。
6. Joanna Walters, "Steve Bannon on Cambridge Analytica: 'Facebook Data Is for Sale All over the World,'" Guardian, March 22, 1018, https://www.theguardian.com/us-news/2018/mar/22/steve-bannon-on-cambridge-analytica-facebook-data-is-for-sale-all-over-the-world.

國家圖書館出版品預行編目資料

操弄【劍橋分析事件大揭祕】：幫川普當選、讓
英國脫歐，看大數據、Facebook如何洩漏你的
個資來操弄你的選擇？／布特妮‧凱瑟（Britta-
ny Kaiser）作；楊理然、盧靜譯. -- 初版. -- 新北
市：野人文化出版：遠足文化發行, 2020.01
　　面；　　公分. -- (地球觀；55)
　　譯自：TARGETED: The Cambridge Analytica
Whistleblower's Inside Story of How Big Data,
Trump, and Facebook Broke Democracy and
How It Can Happen Again
　　ISBN 978-986-384-404-4(平裝)

1.資料探勘 2.資訊戰 3.網路分析

312.74　　　　　　　　　　　　108021043

操弄【劍橋分析事件大揭祕】

線上讀者回函專用 QR CODE，你的
寶貴意見，將是我們進步的最大動力。

野人文化　　野人文化
官方網頁　　讀者回函

操弄【劍橋分析事件大揭祕】

幫川普當選、讓英國脫歐，看大數據、Facebook 如何洩漏你的個資來操弄你的選擇？
TARGETED: The Cambridge Analytica Whistleblower's Inside Story of How Big Data,
Trump, and Facebook Broke Democracy and How It Can Happen Again

作　　者　布特妮‧凱瑟（Brittany Kaiser）
譯　　者　楊理然、盧靜

野人文化股份有限公司　　　　**讀書共和國出版集團**

社　　　長　張瑩瑩　　　　　　社　　　　　長　郭重興
總 編 輯　蔡麗真　　　　　　發行人兼出版總監　曾大福
選書策劃　蔣顯斌　　　　　　業 務 平 臺 總 經 理　李雪麗
責任編輯　陳瑾璇　　　　　　業 務 平 臺 副 總 經 理　李復民
協力編輯　余純菁、溫智儀　　實 體 通 路 協 理　林詩富
助理編輯　李怡庭　　　　　　網路暨海外通路協理　張鑫峰
專業校對　林昌榮　　　　　　特 販 通 路 協 理　陳綺瑩
行銷企劃　林麗紅　　　　　　印 務 經 理　黃禮賢
封面設計　萬勝安　　　　　　印 務 主 任　李孟儒
內頁排版　洪素貞

出　　版　野人文化股份有限公司
發　　行　遠足文化事業股份有限公司
　　　　　地址：231新北市新店區民權路108-2號9樓
　　　　　電話：（02）2218-1417　傳真：（02）8667-1065
　　　　　電子信箱：service@bookrep.com.tw
　　　　　網址：www.bookrep.com.tw
　　　　　郵撥帳號：19504465遠足文化事業股份有限公司
　　　　　客服專線：0800-221-029
法律顧問　華洋法律事務所　蘇文生律師
印　　製　成陽印刷股份有限公司
初版首刷　2020年1月
初版三刷　2020年2月